U0652451

荷衣蕙带

中西方内衣文化

THE LINGERIE CULTURE BETWEEN CHINA AND THE WESTERN WORLD

潘健华 著

人民美术出版社

目录

导言

中西方文明发生碰撞以来，百余年的中国内衣文化建设无可避免地担当起双重使命，梳理和探究中西方内衣文明的根源与脉络已成为我们理解并提升自我要义的借镜，整理和传承中西方内衣文化是时代赋予的使命，中西方内衣文化的交汇共融乃是塑造现代中国内衣精神品格必由之路。

理清中西方内衣文化的思想脉络，梳理中西方内衣文化的各方各面。在长期收藏、整理、考析中西方内衣物件的特点与文化过程中，凭借一件件遗存的精美内衣，邂逅相悟，深度交流，勾起了我对中西方内衣文化的品味思量与热情冲动。清代张金鉴在《考古偶编》中有云："鉴赏家心领神会，判决了然；纵历千年之久，如与古人相晤对。"这正是道出了我对中西方内衣文化研究的那种情怀。每当一件件巧夺天工的艺术品展示在眼前，便让我仿佛神交到了内衣文化所蕴含的灵性、情绪、睿思等种种鉴赏的通感中去，孕育了对中西方内衣文化长远的发现、鉴识、考析的研究过程。

中西方内衣文化在价值理想中有相同点更有相异处。相同在于都是对身体的防护与表现，具有实用功能和装饰功能，而两者之间的对装饰的理想截然不同。中国内衣从汉代的汗衣，到唐代的抹胸，从宋代的主腰，到民国的肚兜，注重于理想化、内敛式、以"藏"为主的理想与情爱寄寓，民俗性极强。西方内衣从克里特岛的半裙到文艺复兴的紧身胸衣，从紧身胸衣到现代的胸罩与比基尼，以"显"为主，艳情与表现身体始终是贯穿的主题。西方内衣以对身体的展现为主，将身体视作肉欲的平台，强调姿色就是力量，在表现身体、展露身体、塑造身体、显示财富等方面不遗余力。15世纪晚期开始，一直就强调表现女性的身体，内衣上沉醉于性爱的迷人魅力。西方学者洛伦佐·瓦拉（Lorenzo Valla）早在1431年的《论享乐》中就论述道："有什么比美丽的脸蛋与身体更可爱，更让人快乐，更值得去爱？"瓦拉对女人不将其身体最漂亮的部分展露给世界而感到愤慨。此后，在画家和诗人的作品中表现身体与脸蛋成为一种共识。

西方紧身胸衣通过各部分的比例协调来强化对身体美的表现。法国宫廷的奠基者弗兰西斯一世认为女人缺少了身体的展露，"就像一年中缺少了春天，或是春天中缺少了玫瑰"（维尔纳·桑巴特《奢侈与资本主义》P5）。反观中国内衣，却是以不同的图腾来寄寓不同的理想与生活姿态，并和习俗相对应，例如端午节穿"虎驱五毒"，春节穿"富贵牡丹"的大红肚兜，而且身体不能示众。中西方内衣不同的造物理念，体现的是不同的文化观念。

社会与文化的变革也直接影响着内衣的革命，正如20世纪的实用主义哲学乃至此后的机能主义与中性风格，成为内衣文化古今的分水岭。所谓实用主义即是"有用就是真理”。这是实用主义奠基人美国著名哲学家威廉·詹姆斯的实用理念。他在1907年的著作《实用主义》和1912年发表的《彻底经验主义文集》中都提到我们的活动中凡是能帮助我们获得成功的，能够达到满意效果和观念的就是真理。“你可以说它是有用，因为它是真的，也可以说它是真的，因为它是有用的。”詹姆斯把抽象的实用主义原则发展成为一个比较系统的理论体系，并且让人们将这种理论实际应用到生活中去分析解决各种问题。20世纪内衣正是在这种大的意识背景下更加强调“功利”与“效用”。“功利”与“效用”又体现了20世纪西方文化的突出特点即非理性主义，也就是对资产阶级的理性和上帝的否定，对资产阶级文化的否定以及形式主义至上，用新颖离奇的形式来迎合资本主义的高度商业化。

将中西方内衣的生成与衍变，视作一部文化史，与它各自的社会制度、生活方式、审美习俗、生命价值理想有关。内衣文化的最大特性在于它淡化保暖遮体的生理功能的要求，而自生成起便成为管理身体、表现身体的工具，表达的过程也是吐露穿着者内在心思与意欲的过程。如果说款式结构是中西方内衣之父，美学理念是母，那么文化意义就是它们的灵魂。例如对身体表现中“量”的处理与立意：中国的内衣的“量”是“思量”，体现道德伦理与节令习俗；西方内衣的“量”是“数的几何形分割”，通过比例及形态来修身塑形。二者之间在“量”上就反映了鲜明的文化差异与价值理想。

无论中西方内衣有多大的差异，在功能与动机上它们都借内衣的载体来表达所拥有的精神境界，将之看作情感寄托、才智呈现的平台，从此来平衡、弥补、充实生活，使生活的兴味、生存的乐趣达到一种自我生命升华的境界。以内衣文化中“身体与性表现”的理想价值为例，“忍”与“露”清晰地折射了中西方文化中的不同社会属性。“忍”是一种受中国传统道德伦理所影响的“不见可欲，使心不乱”及“将欲取之，必固与之”（老子《道德经》）的身体蕴藏；“露”是一种强调“姿色就是力量”及“姿色就是财富”的身体表现欲望：

身体与性表现

中国			西方		
名称	表现层面	深层动机	名称	表现层面	深层动机
桃、石榴、梅、荷花等纹样	生育、女性外阴、阴性	艳情、生命寄寓	紧身胸衣、比基尼、文胸	胸、腰、臀	强化性征、物欲平台

中国内衣对身体与性表现的“忍”是忍在心思，故不直接表现身体，而是以一种比拟与象征来更精神化、联想化地表达；西方内衣的“露”展露式地表现并强化身体，视内衣为物欲的平台与性行为的载体。

中西方内衣演变的轨迹与时尚潮流一样，具有鲜明的钟摆现象，在“人为与自然”、“硬与软”、“塑形与自由身体”、“连体与分离”等一系列循环转化中顺应一定的社会与文化、嬗变与流行。尽管如今的文胸、比基尼等已经演绎成女子身体的内在装饰程式符号，但仍然具有紧身胸衣的基因，例如钢圈与罩杯内衬的塑形表现胸乳；而另一方面时尚式抹胸的裹缠所淡化的对胸乳的表现，也同样被时尚人士所青睐。

之所以将中华内衣定性为“民俗之符”，主要缘于它出自非官颁服志的特征，它不受服志的制约与限定，是顺从生活习俗与生命价值理想的自然生成，具有习俗化、民间化、自发化等一系列民俗生活特征。它在功能上更多的服用于节庆与习俗，例如春节用大红兜、端午节用虎符兜、女儿节用蛙符兜。西方内衣定性为“性之偶像”，因为四百多年来紧身胸衣一直被视为造型艺术所“包裹的裸体”与身体的外延，也是性趣的焦点及性爱中欲扬先抑的平台，正如斯蒂尔所言：“内衣就是身体，身体在内衣的怀抱下有了它的形状，内衣因为有了身体填充而与它合二为一。”

内衣之物虽微，却受社会变革及文化所系。20世纪以来，人们的生活理想与价值理念产生了根本的变化，受多元文化及生活水准提升的影响，传统内衣理念发生了革命性的变革，新时代的内衣理念成为时代的一种表情符号，开放、多元、个性的新思维也在内衣中得以充分体现。其一，借内衣来表现身体习以为常，性感至上，内衣成为表现女性胸乳欲擒故纵的一种幌子。如今所有大众时尚类杂志，由内衣衬托的丰胸美乳比比皆是。其二，品牌内衣在创造产品过程中，不遗余力地追求性感与财富，通过垫、衬、托、吊等一系列工艺来对乳房整形，缀以珠宝钻石来强化财富及身价，产品分类细化到年龄及职业。其三，市场经济与传媒的力量使内衣成为当今社会“美女经济”中一种炫色载体，在层出不穷的选秀中，文胸、比基尼的形象是必选项目，而且成为考量营利或收视率的一种指标。所有这些都是对传统内衣理念的颠覆。内衣原本具有“内在”、“贴身”、“私密”的性质。“内衣是秘密的衣服，它们藏在外衣里面，就好像身体藏在衣服里面一样。人们只是在卧室里和亲人面前才显示内衣”（斯蒂尔《服装与性》P42）。如今，这个理念越来越淡化，“内衣外穿”、“内外衣混搭”均成为一种时尚的潮流。为此，内衣的交流对象从亲密者之间拓展为公众交流空间，从私密走向了公共空间。

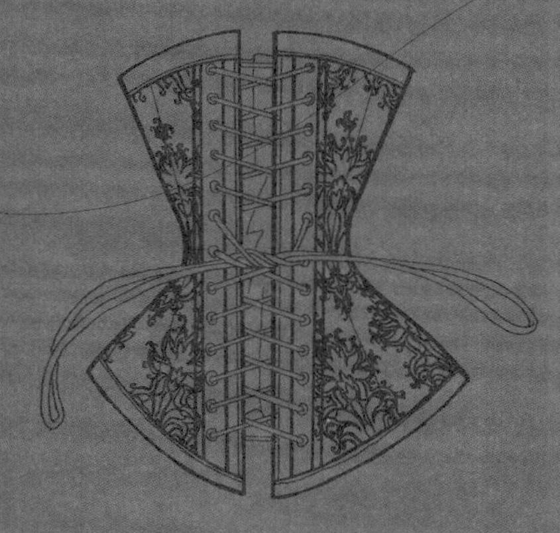

名称与形制

中西方内衣的命名与形制，均具备不同的文化特征与价值理想，不同的造物理念与形态特征反映着不同的审美差异，几乎每个名称与形制都如同一面镜子，折射出不同的时代面貌与文化印记。从款式命名的总体思路来看：西方内衣直率而功利，表现身体与强调特征直奔主题（图1、图2）；中国内衣内敛而隐语化，强调寓意与联想，不管其名称是一款一名，还是一款多名，均遵循这个定名的思路（图3、图4）。

出自不同的生活态度及习俗，中西方内衣命名生成于不同的社会文化背景，这一点不容置疑，然而它们林林总总的名称之间又有着共性的规律：要么以形态的结构功能来命名，要么以表达特定的寓意与社会效应来命名。一种是表述式，一种是表意式。

一、结构功能的命名

以结构功能来确定名称，主要是以内衣的形态外观、结构方式、穿着状态来命名，通过名称直接地表达对身体包装的外显效应，诸如紧身胸衣、胸罩、抹胸、肚兜、主腰等。

1. 紧身胸衣

紧身胸衣（corset）是文艺复兴之后直到20世纪中叶流行于欧洲的一种最常用内衣，

图1 时尚内衣
分体式红色紧身胸衣式的内衣，透露性感与俏皮。

图2 时尚内衣
束绑式黑色时尚内衣，通过对身体的线条勾勒表现性感。

图3　胸衣
绿底绣花，配以金线装饰，清雅中带有华丽，寓意四季如春。

图4　肚兜
以“蝶恋花”为主题的绣纹，寓意美好爱情。

图5 石雕
克里特晚期的大理石女神像，已见西方紧身胸衣的雏形。

图6 壁画（摹本）
克里特时期壁画中王子像的腰布也是西方内衣的雏形。

它源自于公元前1700年前克里特人的“半裙”形制（图5、图6），后被文胸所替代。

紧身胸衣的形成大约在16世纪上半叶，开始于贵族妇女们使用的鲸须紧身内衣——在布制胸衣上添加更为坚固的鲸须、兽角、硬布等材料，使之对胸乳有支撑。先流行于意大利，随后迅速风靡于欧洲（图7）。1579年一位学者亨利·艾蒂安曾描述过这种胸衣：“女士们称鲸须紧身内衣是她们的支柱，穿于胸腹之间，可使腰身更为颀长挺拔。”这种前中心带“支柱”的内衣通常被称为“胸衣”。后出于需要，紧身内衣两侧又加上额外的骨条与支柱，使丰满的身体与贴身束体的衣服结合得天衣无缝（图8）。

紧身胸衣有不同的名称，常见的名称有：Fathingale、Basquine、Corset、Waist、Busc、Busk等。各个名称之间有微妙的局部差异，例如Fathingale包含下半身的裙撑，busc为法国人的称呼，busk为英国人的称呼。将Fathingale、Basquine、Corset、Waist、Busc、Busk归纳为紧身胸衣的门类，因为它们之间具有共同的造型要素与装饰理念，具体呈现在以下几个方面：

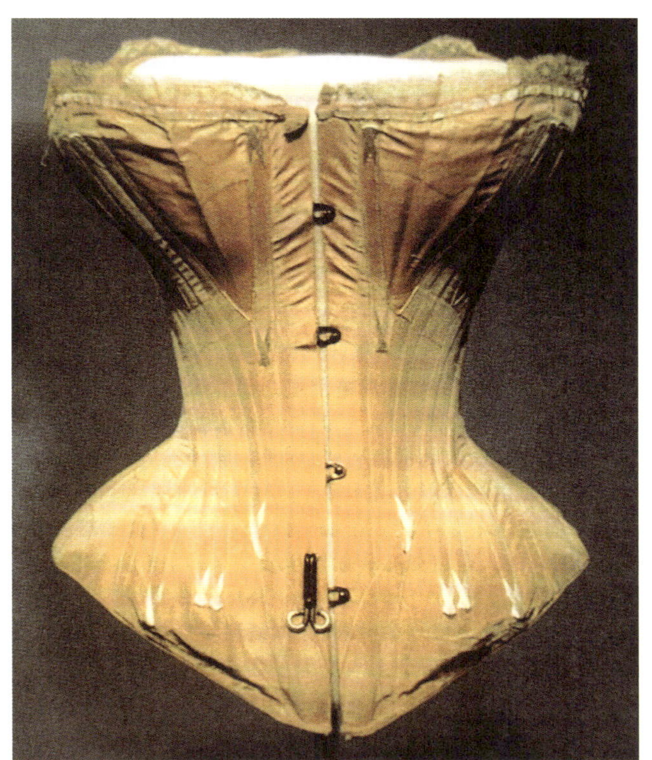

图7　紧身胸衣
19世纪60年代的胸衣，已经开始强调对乳房的托举功能。

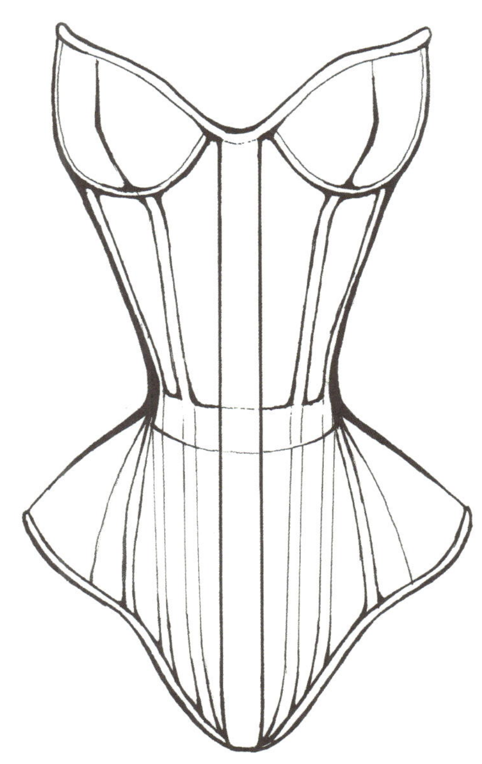

图8　复古风格的紧身胸衣
20世纪后的复古型连体紧身胸衣，以不同面料拼接，两侧骨条修形，使性特征更为鲜明。

a.沙漏外形的紧身三围（close-fitting）（图9）

b.内有骨架作为塑形支撑（boned supporting）（图10）

c.花边、吊袜带、编织物作为装饰附件（lace、garter、hook）（图11）

紧身胸衣造型的首要功能是对身体第二性特征的强调，极尽功利地表现丰胸、细腰、丰臀而将身体看做性爱与引诱的平台（图12）。为了强化对性特征的表现，借助于鲸须骨、金属、象牙等材料做造型的结构支撑物，同时再配以花边、缎带等装饰材料进行点缀，进一步营造身体第二性特征的诱惑与情色意味。

2. 胸罩

胸罩（Bra.），亦称文胸、乳罩、胸衣，是现代女性保护乳房、美化乳房的常用内衣之一，一般由罩杯、系扣、肩带、调节扣环、金属丝、填塞物等组成（图13）。

胸罩的雏形来自1859年美国人亨利“对称圆球形遮胸”的设计专利，1907年美国版《VOGUE》出现了“胸罩”（brassiere）一词，继而开始被大众所熟悉且接受。胸罩真正流行始于1938年美国杜邦公司发明了弹性纤维之后，加之全新的十字交叉与回旋织造工艺生产的圆锥形罩杯问世，使胸罩的罩杯形态如同蓄势待发的鱼雷一样风靡一时且流行至今。

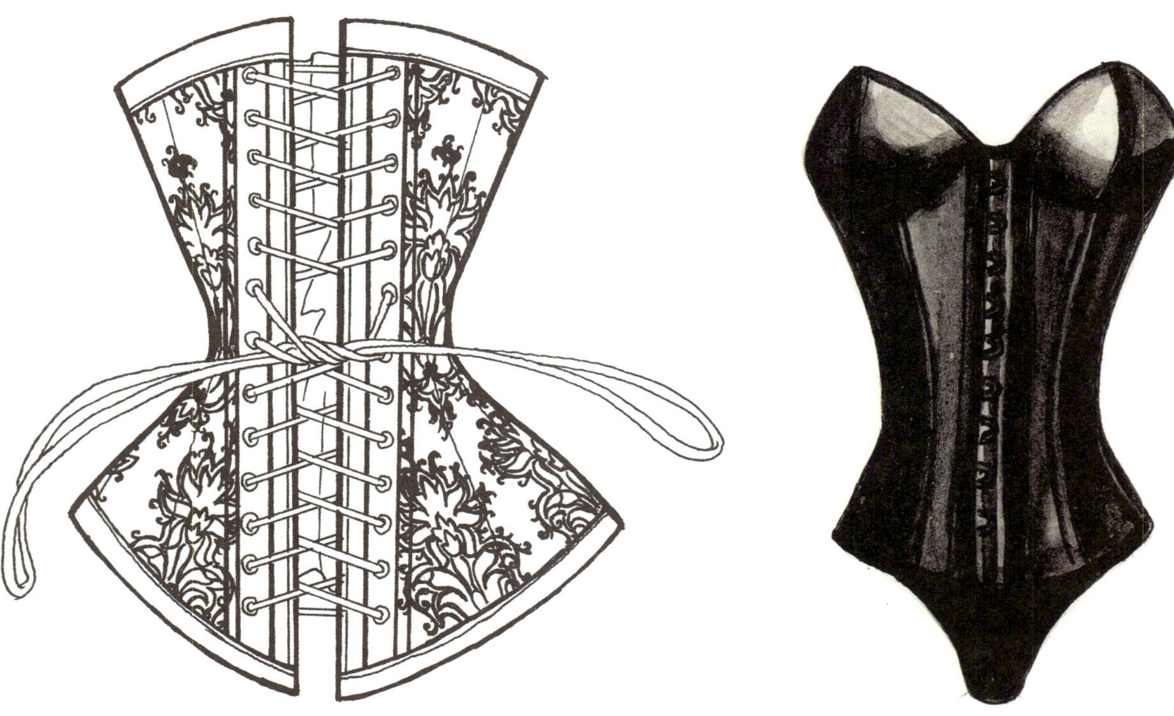

图9　复古风格的紧身胸衣
紧身三围强调沙漏形，淡绿底色配以墨绿花纹装饰，华贵大方。

图10　复古风格的紧身胸衣
连体黑色皮质紧身胸衣。内嵌的骨架起支撑沙漏型的作用。

图11　复古风格的紧身胸衣
带有薄纱、花边、吊袜带的整套紧身胸衣。

图12　插画（摹本）
穿着紧身胸衣和蓬体裙的女性。丰胸、细腰是她们赢得男人目光的最好筹码。

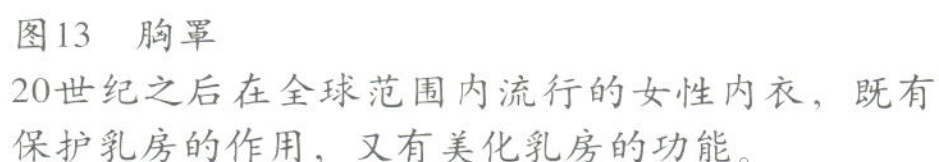

图13　胸罩
20世纪之后在全球范围内流行的女性内衣，既有保护乳房的作用，又有美化乳房的功能。

图14　抹胸
宋代淡土黄色抹胸，表里材质均为素绢，内有丝绵夹层。长55厘米，宽40厘米，上端束带长35厘米，腰际束带长36厘米。

胸罩与紧身胸衣最大的差异在于，胸罩仅对胸围与乳房进行美化和托举，而且以乳房的下胸围线为表现中心，从而强调乳沟的表现及还原乳房应有的姿态，而紧身胸衣对乳房的表现是挤压式的，使胸脯看上去像满溢而出的牛奶。胸罩比紧身胸衣更具有穿着的舒适性及装束塑形的功能，也符合人体工学绩效所要求的卫生性。

3. 丁字裤

丁字裤（G-sting），亦称“T”字裤（T-back），因其造型类似“丁”字而得名。丁字裤是人类最早的内衣形式之一，起源自七万五千年前的非洲撒哈拉地区。由于气候炎热，人们仅用它作遮盖及护饰男性生殖器之用，如同亚洲地区日本两千多年前的“芳达喜”（fundoshi）。

20世纪70年代，南美巴西人将之用作泳装的主流款式，目的在于强调臀部的性感与自然美，而且便于运动。丁字裤在20世纪20年代的西方社会，已作为脱衣舞女或色情舞者的职业服装。

4. 抹胸

抹胸（图14）是唐代之后中国古代妇女亵衣的一种常用形制，最鲜明的特征是“上可覆乳，下可遮肚”。这种“上可覆乳，下可遮肚”的款式名称还有多种称呼，如抹肚、抹

图15 肚兜
肚兜的鲜明特征是“上可覆乳，下可遮肚”。此款肚兜中心绣以“将门女子”纹样，表示对忠烈的敬拜。

腹、帕腹、抱腹、裲裙、心衣等。

抹肚。《中华古今注》载：“盖文王所制也，谓之腰巾，但以缯为之；宫女以彩为之，名曰腰彩。至汉武帝以四带，名曰袜肚。”（注：“袜”通“抹”。）

抹胸。《金瓶梅词话》第六十二回：“（李瓶儿）面容不改，体尚微温，脱然而逝，身上止着一件红绫抹胸儿。”《红楼梦》第六十五回：“只见这（尤）三姐索性卸了妆饰，脱了大衣服……身上穿着大红小袄，半掩半开的，故意露出葱绿抹胸，一痕雪脯。”

帕腹。《释名·释衣服》：“横帕其腹也。”也就是在胸腹之间有一块幅巾，以饰掩身体。

抱腹。《释名·释衣服》：“抱腰，上下有带，抱裹其腹，上无裆者也。”指在胸腹之间的一块幅巾上有带子来系束。

心衣。《释名·释衣服》：“心衣，抱腹而施钩肩，钩肩之间施一裆，以奄心也。”（注：“奄”通“掩”。）指在胸腹之间的一块幅巾上又有肩带的系束。

5. 肚兜

肚兜，亦称兜肚（图15）。属于中国古代内衣“上可覆乳，下可遮肚”及“只有前

图16　肚兜
菱形肚兜上端裁成平行构成两角，左右均有绳带，方便绕颈而系结。腹部左右两角绳带用于系结后背。

片，没有后片”的抹胸一类。在称呼上将之独立，是因为它比抹肚、抱腹等形制更有特色及功效，体现在以下一些方面。

其一，肚兜，是明清至民国时期较为时兴的内衣形制，受众面广，为男女老少及不同时令所用。

其二，胸腹之间的幅巾通常呈菱形与长方形结构（也有葫芦形、腰形、三角形等异形结构）。一般菱形的上端裁成平行而构成两角，两角左右再缝缀系带，以便穿着时绕颈而系结，腹部的左右二角缝缀系带便于系结后背（图16）。

其三，强调纹样的装饰及多彩色布的运用，手法上以绣为主，而且所装饰的纹样必强调吉祥寓意的表达，如“莲生贵子”、“百蝶穿花”、“五福和合”等传统纹样（图17、图18）。

其四，不同的节庆与时令中肚兜的色彩与纹样也各不相同。如春节时用喜庆的红色，端午时节用“虎驱五毒”纹样为孩童消灾祈福（图19）。

其五，具有治腹疾的功能。年长者用双层肚兜来为胸腹保暖，在肚兜上缝制一个兜袋，并放置相应的中草药来治腹疾。曹庭栋《养生随笔》中载：“腹为五脏之总，故腹本喜暖，老人下元虚弱，更宜加意暖之。办肚兜，将蕲艾捶软铺匀，蒙以丝绵，细针密

图17 肚兜
类似于马甲的形制。以近似色和低明度来融合多种色彩。“蝶恋花”的绣纹主题表达女性对美好情感的寄寓。

图18　肚兜
民国时期直身式圆领肚兜，淡蓝绸底配以蓝绿色系五彩绣，清雅秀丽。“蝶恋花”主题表达对缠绵爱情的祈盼，绣以菊花表达女性对“铮铮傲骨”精神的赞美。

图19　肚兜
清晚期黑底饰蓝色绸缎双层肚兜。“虎驱五毒”纹样表达对孩童平安健康的寄寓。

行，勿令散乱成块，夜卧必需，居常亦不可轻脱。又有以姜桂及麝诸药装入，可治腹作冷痛。”有妇科疾病的女性也喜欢穿藏有治理腹痛中草药的肚兜。

6. 主腰

主腰（图20、图21），亦称“柱腰”。“柱”有扣、系、扎的含义，“柱”与“主”谐音，此名称的内衣以不同数量与方位的纽带系扎胸腹之间为形制特色。

主腰是元明时期妇女常用的贴身内衣，形款上比较多样，有的与抹胸一样，有的形款与背心一样，有的还有半袖。主腰最具特征的是巧妙地在胸、腰、肩处分别缀以系带，通过穿着时的系扎而达到蔽体修身的目的。如江苏泰州出土的明代三品命妇张氏主腰一件，形制与背心相似，长至腰部，前身衣片左右各缀三条系带，可分别对胸乳及腰进行“围势”的收蓄，上下各缀两条系带，可进行“长短”的调节，充分体现了主腰修身塑形的功能。

二、表达特定意味的命名

表达特定意味的命名，主要指内衣的名称来自它所产生的社会影响力，侧重于对应重大的社会事件或文化定势，从而体现它的特殊社会效能与历史价值。此类名称强调内衣的社会功能与文化意味，淡化对结构功能与形制表象的描述，诸如比基尼、诃子、合欢襟等等。

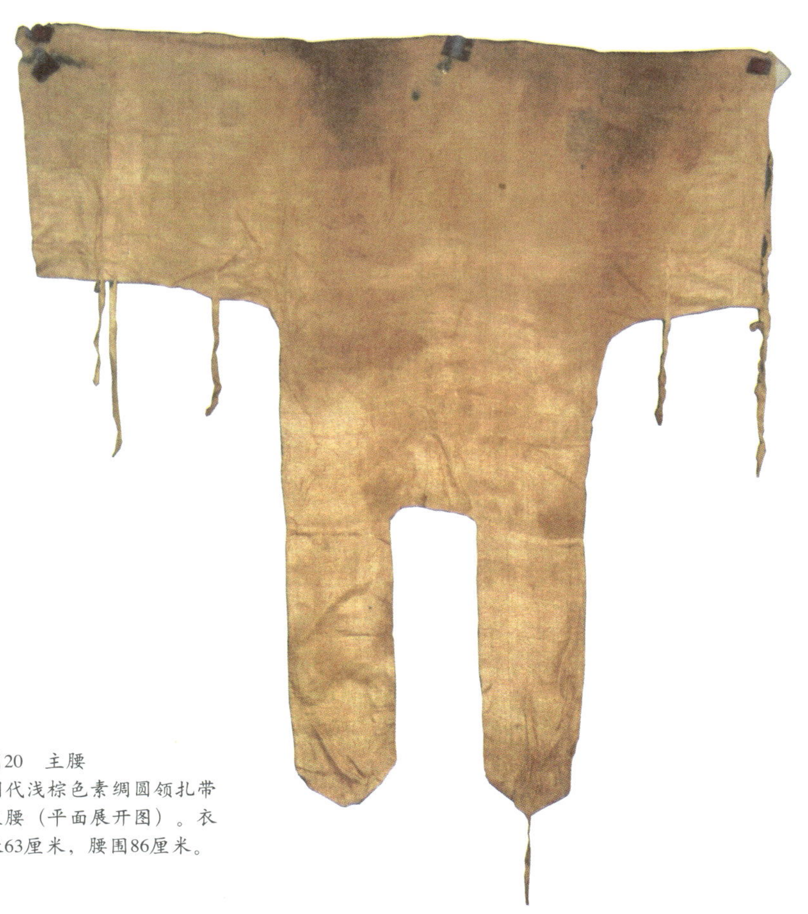

图20　主腰
明代浅棕色素绸圆领扎带主腰（平面展开图）。衣长63厘米，腰围86厘米。

图21 主腰
明代浅棕色素绸圆领扎带主腰（正面穿着结构）。左右两边三根扎带从后向前围至胸前扎紧。既有修形作用，又有一定的尺寸余量。胸腰部用束带是明代“主腰”的一大特色。

1. 比基尼

比基尼（Bikini）（图22），原本是位于北纬11°35’、东经165°25’归属于马绍尔群岛的堡礁名称。在1946年至1958年之间，美国人在此岛上进行了约60多次的原子弹与氢弹试爆。与此同时，1946年7月中旬，法国人路易斯·里尔德（Louis Reard）推出了类似胸罩与三角裤组合的泳装，并雇用一名应招女郎做模特在公共泳池展示。一周后，此款式就风靡于欧洲。由于这种款式的泳衣相当暴露，完全突破当时人们的传统紧身胸衣的造型底线，“做了撑架做不出来的事”（《时代》1965年12月31日），发明者认为其影响力在时尚界无异于一次核爆，故取名为“比基尼”泳衣。而1952年将比基尼从室内公共泳池引入到室外黄金海岸的是澳大利亚设计师保拉·斯塔福德。

“（比基尼泳装）引起了轩然大波。海滩巡查约翰·英法特立即抓了一个穿着保拉设计的短泳装的模特，‘太短了’，他一边声嘶力竭地叫着，一边押送着这个模特离开海滩。保拉并没有被吓倒，她让另外五个姑娘穿上比基尼泳装，通知了当地报纸并邀请了市长、一位牧师和警察局长。什么事也没有，但却取得了惊人的宣传效果。”（杰尔·艾《澳大利亚时装二百年》，1984年版）

比基尼泳装（图23），在内衣史上的视觉冲击力不亚于原子弹爆炸，反映在以下几个

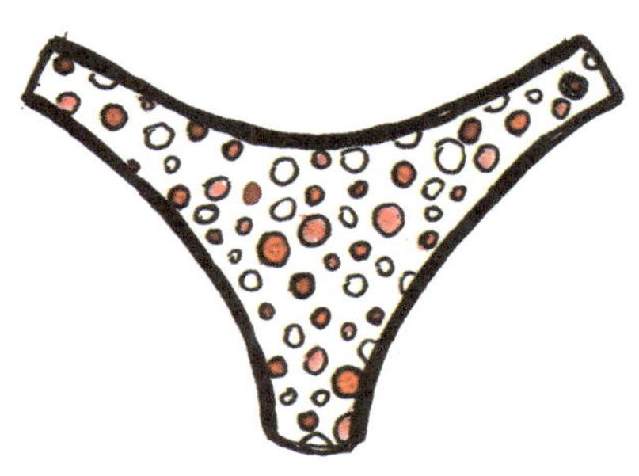

图22　比基尼
红白圆圈装饰的比基尼，基本款式为上身二片三角形衣片，下身三角形底裤。

图23　比基尼
比基尼泳衣是西方内衣史上的革命性创举，追求女性身体的自由流露而不是对身体的刻意造作。

方面：其一，此款式对女性身体的表现“做了撑架做不出来的事”（《时代》1965年12月31日），它利用了女性身体的原形，而不像此前的紧身胸衣那样用胸撑与裙撑来再造一个身体；其二，此款式否定了此前的连体造型而分上下两部分；其三，顺应了该时期崇尚体育运动及健美时尚的理念，是一次内衣史上的华丽转身，目的在于强调女性身体自由的流露，放松对身体“性”的刻意造作。

2. 诃子

诃子，本是一种四季常绿的乔木，叶子形态有圆形与椭圆形。诃子作为女性内衣的名称源自唐代杨贵妃掩饰与安禄山偷情的历史典故。据宋代高丞《事物纪原》中引《唐宋遗史》载：“贵妃私安禄山以后，颇无礼，因狂悖，指抓伤贵妃胸乳间，遂作诃子之饰以避之”，“自本唐明皇杨贵妃作之，以为饰物。”

诃子，性质上如同抹胸，是一种胸间小衣，与抹胸不同的是，在胸乳之间增添了一种小面积的装饰，以作点缀。

3. 合欢襟

合欢襟是元代内衣的名称，自蒙古族入主中原以后，内衣形制受蒙古族的影响，穿法上从后及前来护胸腹，胸与背之间多用一排盘扣或绳带来束系组合，面料也以团花一类的四方连续织锦为主。

合欢襟的名称极具中华内衣的文化意味。“合欢”有和合欢乐、男女交欢、和乐美满等吉祥寓意。“合欢”古时亦作“合驩”、“合懽”，表达两者之间的和合契约。汉代焦赣《易林 · 升之无妄》：“二国合欢，燕齐以安。”明代梁辰鱼《浣纱记 · 采莲》：“自从西施入宫，妙舞情歌，朝懽暮乐，算不得尽了千遭云雨之情，记不起喫了上万钟合懽之酒。”清代纪昀《阅微草堂笔记 · 如是我闻二》：“夫妇亦甚相悦，视其衾已合欢矣。”“合欢”也是一种花木的名称，合欢树亦称苦情树，此树开花即合欢。传说古时一位秀才寒窗苦读十载，准备进京赶考前，妻子指着苦情树对他说：“夫君此去，并能高中，只是京城乱花迷眼，切莫忘了回家的路！”秀才应诺而去，却从此杳无音信，妻子在家盼到青丝变白发也不见夫君回，在生命垂危之际来到树前，用生命发下重誓：“如果夫君变心，从今往后，让这苦情开花，夫为叶，我为花，花不老，叶不落，一生同心，世世合欢！”说罢气绝身亡。第二年，所有的苦情树真都开了粉柔柔的花，还有淡淡的香气，且花期只有一天，花朵晨展暮合。人们为了纪念这位女子，也就把苦情树改名为合欢树了。浪漫的传说真切地反映了人们对和乐美满生命的理想寄托。同时，“襟”也有左右契合及胸怀坦荡之意，合欢襟的命名充分体现了中华内衣的文化内涵及生活理想。

综合来看，中西方内衣的名称林林总总，难以一一罗列且有待专项的考据。然而，它们均摆脱不了以下几个共同的生成要素。其一，它们受政体与经济的影响与制约，是该时代人们生活方式、文化习俗、审美观念的直接体现，例如“文胸”、“肚兜”、“合欢襟”。其二，它们是对造物结构形态与穿着功能的描述，例如“紧身胸衣”、“主腰”。其三，它们服务于一定的穿着对象，具有特定的身份性，例如“丁字裤”、“诃子”。可见，中西方内衣从命名开始就具备了各自特有的文化规定性，这些特有的文化规定性经过不断的展开与沿革，构成了不同的中西方内衣文化的历程。

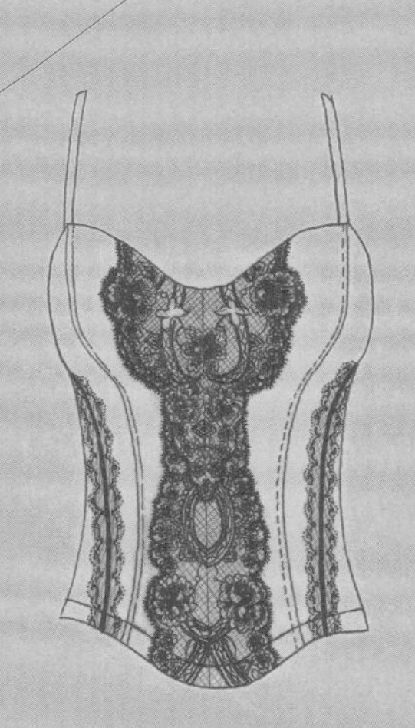

变革历程

纵观中西方内衣，其生成与演变历经了数千年的岁月。不同的历史文化背景造就了它们各自的发展轨迹。二者不同的价值理想、造物理念、功利动机以及对人体结构包装的人文精神构成了不同的文化厚度和历史深度。中国内衣的衍变经历了从先秦到清朝的偏重于遮掩身体且表达伦理与生活理想的平裁式的漫长过程，直到20世纪与西方内衣相融合，最终发展到与国际接轨的立体塑形人台式服装文化。中国内衣从秦汉的汗衣到唐代的抹胸，再到民国的肚兜，西方内衣从克里特岛的“半裙”到哥特时期的立体构成服装，再到风靡数百年的连体式的紧身胸衣，最后发展为上下分体的胸罩和内裤，这些均体现了中西方不同的精神文化孕育出了具有各自特色的物质结晶。

洞察中西方内衣文化嬗变的内含本质，可以说，中国内衣是被寓意化的：中国内衣对身体的包装尽管是一种私密的装饰，但它同样与外衣的形态、装饰、功用一样具有鲜明的个性特征，集中表现在刻意于寄托社会伦理与生活的价值理想，充满对生命、生活、性爱、情欲等不同内容的隐喻。由此而生的形态与装饰主要反映在视觉的“正面律”、结构的“平面化”、图案的“图腾装饰的理想化”等方面。它尽管没有服饰制度规定的内衣体系与穿着方式的限定，却受到民俗民风的制约与影响。而与之大相径庭的是，西方内衣是被结构化的：从克里特岛的袒胸半裙开始一直到如今的文胸，总是强调对身体理想化的表现，以三维、立体、数字几何式结构来修形塑身，也可以说它是一种包裹的裸体，是一种物欲的平台。

一、被寓意化的中国内衣

亵衣是中国古人对近身衣的总称。“亵衣，亲身衣也。”（唐·杨倞）。“亵”字含有“不庄重”之意，可见在中国这样一个礼仪之邦，亵衣是不能出现在公众场合的，所以它不能轻易外露。衵服、汗衣、鄙袒、羞袒、心衣、抱腹、帕腹、袙腹、腰彩、宝袜、诃子、抹胸、抹腹、抹肚、襕裙、肚兜、小马甲等都属于亵衣。内衣名称在不同时代、不同资料中都出现过。这些内衣有些是同种事物使用了不同名称，有些是因为形制不同而有不同称谓。

亵衣的出现在先秦时期已有记载。“季康子之母死，陈亵衣。敬姜曰：‘妇人不饰，不敢见舅姑。将有四方之宾来，亵衣何为陈于斯？’命撤之”（《礼记·檀弓》）。在周代，妇女所着亵衣被称为“衵服”。“陈灵公与孔宁仪行父通夏姬，皆衷其衵服，以戏于朝”（《左传·宣公九年》）。“衵服”之称谓直到南北朝时期仍然存在，如《南齐书·郁林王记》：“居尝裸袒，着红縠裈，杂采衵服。”

此外，若论先秦服装中对后世之内衣有着深远影响的服装形制，不得不提到深衣与冕服中的蔽膝。深衣是非常具有中国特色的一种服装形制。《五经正义》中记载：“此深衣，衣裳相连，被体深邃。”深衣之“上衣下裳”相连的服制形式一直影响着后来服装款式的发展。《礼记·深衣》记：“古者深衣盖有制度，以应规矩，绳权衡。”说明古代深衣的制作是具有一定规矩的，例如，袖要平、领要方、背缝直、下摆平等。这些方、正、平、直的要求都与做人的道德规范有关，所以说“以应规矩，绳权衡”，更决定了此

图24　肚兜
红黑撞色，以渐变蓝色贴布作为装饰纹样。

后的中国内衣始终回避曲线的表现。冕服中的蔽膝，又称“芾”。“芾，太古蔽膝之象，冕服谓之芾”（《左传》）。蔽膝原本用来遮挡腹部与生殖部位，后来逐渐成为礼服的组成部分表“礼”，再后来就纯粹为表示贵者尊严了。另外，蔽膝还用来表示对先祖服装的纪念：古代最早的衣服形成是先有“蔽膝”之衣，先知蔽前，后知蔽后。“后五易之以布帛，而犹存其蔽前者，重古道不忘本也……以人情而论，在前为形体之亵，宜所先蔽，故先知蔽前后知蔽后，且报芾于前，是重其先蔽而存之也。”（孔颖达《诗·小雅·采菽》）

后来出现的中国古代内衣——“兜肚”，有“上兜”、“下兜”之分，兜肚有“有袋”、“无袋”之分（图24—图26）。兜，一是指“袋”，通常用来贮藏物品；二是指它缠绕、包裹、遮挡的穿着方式。兜肚的“兜”是一种广义上的称谓，其核心含义是“包缠胸腹”、“遮掩身体躯干”。据考据上兜受古代“深衣”的影响，下兜由古代“蔽膝”而

图25 肚兜
肚兜下摆前圆后方以应“天圆地方”，体现“天人合一”的理念。

图26 肚兜
上下不同色块拼接肚兜。绣有蟾蜍的纹样具有避邪的意义。

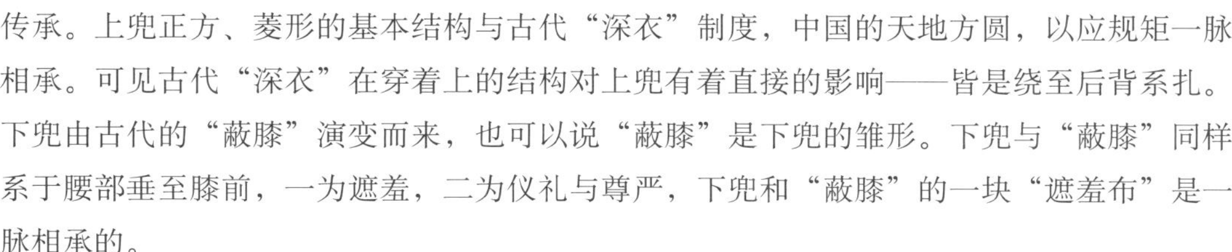

传承。上兜正方、菱形的基本结构与古代“深衣”制度，中国的天地方圆，以应规矩一脉相承。可见古代“深衣”在穿着上的结构对上兜有着直接的影响——皆是绕至后背系扎。下兜由古代的“蔽膝”演变而来，也可以说“蔽膝”是下兜的雏形。下兜与“蔽膝”同样系于腰部垂至膝前，一为遮羞，二为仪礼与尊严，下兜和“蔽膝”的一块“遮羞布”是一脉相承的。

公元前221年，中国历史又开始了一个新的时期，即秦汉时期。中国古代内衣自这个时期开始，其内涵就与儒家学说中的“礼”相汇交融了。内衣，不仅顺应体现了当时的生活水平、风俗习惯以及社交礼仪的一致性，而且非常强调“正名”。秦汉时期辨正礼制等级的名称和名分，控制着人们的“欲”不超出由“名分”规定的度量范围。“鄙袒”、“羞袒”的内衣名清晰地将内衣贴身受汗的功能价值导入“正名”之中。《释名·释衣服》：“汗衣，近身受汗垢之衣也”，“或曰鄙袒，或曰羞袒，作之用六尺，裁足覆胸背，言羞鄙于袒而衣此耳”。所谓“羞鄙于袒”，就是说赤膊不太雅观，所以用“六尺”之布裁成小衣，遮覆胸背。同样，作为内衣的“膺心衣”，其名分不仅是对“胸”、“心”部位遮掩的确定，更是“非礼勿动、非礼勿言”的人生信条在服装行为方面所体现的精细守则，与“劳勿袒，暑勿褰裳”（《礼记·曲礼》）的准则相吻合。秦称内衣为“膺心衣”，汉代的“心衣”同秦朝“膺心衣”，汉代也称“抱腹”，后世亦谓之“袙腹”、“肚兜”。“心衣”的基础是“抱腹”，“抱腹”上端不用细带子而用“钩肩”及“裆”就成为“心衣”。两者的共同点是背部袒露无后片。《释名·释衣服》：“袍，苞也。苞，内衣也。”这种形制沿至秦汉而演变为男女不分的袍服，形制也日趋繁复，在领、袖、襟、衿等边缘处有缀饰。《释名·释衣服》：“上下连，四起施缘，亦曰袍。”看来中国历代的袍服形制与早期的内衣“苞”有着密切的关联，作为内衣的“苞”也就成了历代袍服由简到繁、由内而外的“母体”。

与汗衣相比，心衣的形制就比较简单。心衣通常做成单片，上可遮胸，下可掩腹，且两端缀有钩肩，并在钩肩之间加一横裆。穿着时，双臂可从钩肩处进出。《释名·释衣服》：“心衣，抱腹而施钩肩，钩肩之间施一裆，以奄心也”，“奄，掩同。按此制盖即今俗之兜肚”（清·王先谦）。由此可推断，心衣是由抱腹发展而来的，因此在抱腹上施以“钩肩”和“裆”，可以“掩心”，所以形成新的内衣形制，即“心衣”。王先谦曾将心衣比作后世肚兜。“帕腹，横帕其腹也。抱腹，上下有带，抱裹其腹，上无裆者也”（《释名·释衣服》）。可见，“帕腹”是“抱腹”的基础。即在横裹在腹部的帕腹上加上带子，起到系结固定的作用，形成“帕腹”（亦称袙腹）。

魏晋南北朝在服装史家的眼中是精神上极其自由、解放，而且富于智慧、最浓于热情的一个时代，因为这个时代以儒学独尊为内核的文化模式的崩解和文化多元的发展。中国古代内衣在此段岁月中不为礼俗所拘，以袒露、宽博为境界的装束风度，与以士大夫为首的阶级所崇尚的虚无、轻蔑法度、落拓不羁的精神匹配。魏晋脱略之人所追求的美，强调气质与聪慧的显现，并不是以披锦衣绣、涂脂抹粉的一味人为的“错彩缕金”为美。这种以举止、言谈、才气、见识所构成的富有资质的美，体现了“形貌与内在神智的统一”。以阮籍为首的“七贤”，着宽敞的内衫袒露胸怀，这种披搭与敞胸完全是对汉代儒教礼俗的蔑视并体现对现实政治的反叛。被称之为“袙複”或“袙腹”的女子近身衣，在形制上也充满想象，以“开孔裁穿”的特殊结构而载世。此时还有一种内衣，名曰“裲裆”。“裲裆”来源于北方游牧民族服饰，后传入中原。“裲裆”与“抱腹”、“心衣”的区别在于它有后片，既可挡胸又可挡背。

公元618年至907年，中国唐朝书写了一部繁盛绚烂的历史篇章。唐朝女性审美受“胡服”的浸染发生了巨大变化，由魏晋时期的尚纤瘦一变为尚健硕丰腴，装束也由褒博宽敞转为修形称身。“长安胡化极盛一时”对“近身衣”的渗透更多地体现于对飒爽豪气、气度非凡的人文精神的宣扬，而非仅仅是形款上的模仿和借用。

以宫女形象为代表的内衣形象呈现给世人的是一种养尊处优、锦衣玉食、闲来无事、奏乐自娱的华贵、惊艳式的外在符号，传载着“唐源流出于夷狄，故闺门失礼之事不以为异”的信息。依赖“近身衣”来展示“承间欢合”、“相许以私”的习俗与生活方式，是当时社会风尚开放的一种态度（图27）。唐诗中“粉胸半掩疑暗雪”、“长留白雪占胸前”的诗文，素描式地勾勒了以“抹胸”为代表的内在装束所体现的无限魅力与表现肌肤的功利色彩。尤其是中晚唐时期流行的轻纱蔽体式抹胸，其“绮罗纤缕见肌肤”显得尤为大度与开放。自此始，“近身衣”的情色价值及功利色彩也更为明显。属内衣形制的“诃子”记载着杨贵妃与安禄山私通，两人颇为狂热而杨贵妃胸乳间被抓伤，遂作“诃子之饰以蔽之”。宋代高丞在《事物纪原》中对“诃子”的胸饰有记载：“自本唐明皇杨贵妃作之，以为饰物。”归属内衣的“诃子”其一用于掩饰“胸乳间”，其二用于取绿叶形态作

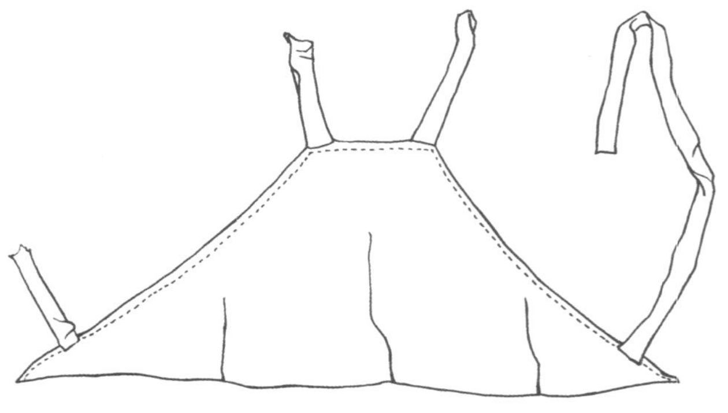

图28　抹胸（摹本）
宋代素色丝绸抹胸，“T”形结构形态，丝绸作底，上宽15厘米，下宽83厘米，高30厘米。

图27　仕女图（摹本）
身着高腰无肩带抹胸的仕女。唐朝的抹胸，无论有无肩带，都遵循“高腰线”的造型理念。这种腰线上移的造型对日本的和服以及朝鲜的高丽裙都有着深远的影响。共同的高腰线式造型，构成了东方服饰美学特征的一种形象符号。

点缀，其三充当着异性间愉悦、欢合之际的诱情物。另一种以束在胸际间的长裙充当内衣也是在唐时一大特色，《簪花仕女图》、《宫女图》、《纨扇仕女图》中均清晰地展现了这种形制，在装束行为上使肩、胸前与后背全部袒露或双肩披透明罗衫而时隐时现，均体现了唐代服饰文化的开放气度及人文精神中精彩绝艳的异彩。唐将妇女裙腰束得极高，见杨贵妃浴后事及唐时所作的壁画陶俑等，裙腰均半露胸乳。周濆《缝邻女》诗“慢束罗裙半露胸”，李群玉《赠歌姬诗》“胸前瑞雪灯斜照”，方干《赠美人》诗“粉胸半掩凝晴雪”，欧阳询《南乡子》“二八花钿，胸前入雪脸如花”，都是此类装束的传神写照。

从南朝到隋唐这段时间，妇女的亵衣由“宝袜”简称为“袜”。“袜”与“抹”谐音，也是抹胸的一种称谓。关于“袜”，有很多历史诗歌可作为考证依据：“钗长随鬟髮，袜小称腰身”（梁刘缓《敬酬刘长史咏名士悦倾城诗》），“锦袖淮南舞，宝袜楚宫腰”（隋炀帝《喜春游歌》），还有唐朝李贺《追赋画江谭苑》诗中所描述“宝袜菊衣单，蕉花密露寒”，指的都是这种亵衣。明代杨慎在《丹铅总录》对此有详细注解：“袜，女人胁衣（即“亵衣”，也称“小衣”）也……崔豹《古今注》谓之‘腰彩’。注引《左传》：‘衵服’。谓日日近身衣也，是春秋之世已有之……”袒露胸乳在唐代是一种流行的习俗，妇女们不但颈部裸露，胸部也有相当一部分暴露在外，舞女们尤其如此。“舞女胸部半裸，然而其他陪葬的雕像却证明她们舞蹈时胸部是全裸的。显而易见，唐代的中国人毫不认为妇女裸露胸部与乳房是什么坏事，但是在宋朝以后，这一部分被长袍上端的折边……高领遮盖起来了”（高罗佩《中国艳情》P224）。

唐代以后，妇女的亵衣也称“抹胸”。“抹胸”，胸间小衣，以方尺之布为之，也称“襕裙”，后来发展成为清朝的“肚兜”。五代毛熙震《浣溪沙》：“静眠珍簟起来慵，绣罗红嫩抹苏胸。”宋洪迈《夷坚志》：“两女子丫髻骈立，颇有容色。任顾之曰：‘小子稳便，里面看。’两女拱谢。复谛观之，曰‘提起尔襕群（裙）’。襕群者，闽俗指言抹胸。”明凌濛初《初刻拍案惊奇·西山观设箓度亡魂》：“‘小娘子提起了襕裙。’盖是福建人叫女子抹胸做襕裙，提起了，是要摸她双乳的意思，乃彼处乡间谈讨便宜的说话。”《金瓶梅词话》第六十二回：“（李瓶儿）面容不改，体尚微温，脱然而逝，身上止着一件红绫抹胸儿。”《红楼梦》第六十五回：“只见这（尤）三姐索性卸了妆饰，脱了大衣服……身上穿着大红小袄，半掩半开的，故意露出葱绿抹胸，一痕雪脯。”福建一带，则将抹胸称作为“襕裙”。田艺蘅《留青日札》：“今之袜（抹）胸，一名襕裙。隋炀帝诗：‘锦袖淮南舞，宝袜楚宫腰。’……宝袜在外，以束裙腰者，视图画古美人妆可见。故曰楚宫腰。曰细风吹者此也。若贴身之衵，则风不能吹矣。自又名合欢襕裙。”

始于公元960年的中国宋朝，衣冠服饰总体来说比较拘谨保守，式样变化不多，色彩也不如以前那样鲜艳，给人以质朴、洁净和自然之感（图28）。冠服制度的限制与后期程朱理学的影响有密切的关系。奠基于程颢、程颐而由朱熹集大成的理学，又叫道学，号称继承孔孟道统。它强调封建的伦理纲常，提出所谓“存天理、灭人欲”。在宋代后期，理学逐步居于统治地位。在这种思想的支配下，人们的美学观点也相应变化。在服饰上的反映更为明显，整个社会舆论主张：服饰不应过分华丽，而应当崇尚简朴，尤其是妇女服饰，更不应奢华。如袁采《世范》一书，就曾提出女服“惟务洁净、不可异众”。各朝皇帝也曾三令五申，多次饬令服饰“务从简朴”、“不得奢僭”。

受当时风气的影响与制约，宋代服饰总的趋于平和淡雅、简朴素洁，女性服饰以“窄、瘦、长、奇”替代了“肥、丰、露、透”。此时的“近身衣”同样趋于短而窄，《宋徽宗宫词》中“峭窄罗衫称玉肌”，即形象地形容了内在服饰紧幅狭窄的风格。“襦”，是一种宋代妇女常用的内衣，衣身长至腰际，窄袖。《急救篇》注：“短衣曰襦，自膝以上，曰短而施腰者襦。”《说文》：“短衣也。”宋人诗词中“龙脑浓熏小绣襦”，记录着“襦”作为内衣不但有色彩而且加以刺绣。“抹胸”与“裹肚”在宋时成为常用的内衣形制。“抹胸”穿着后“上可覆乳，下可遮肚”，整个胸腹全被掩住，因而又称“抹肚”，用纽扣或带子系结。《格致镜原·引胡侍墅谈》记：“建炎以来，临安府浙漕司所进成恭后御之物，有粉红抹胸，真红罗裹肚。”而“抹胸”与“裹肚”的差异在于前者短小，“抹胸”也能“系之于外”。此类“抹胸”与“裹肚”为清代“肚兜”的流行奠定了基础。

考古中发现的宋代妇女抹胸实物，有的形制为：上覆乳、下遮肚，因此抹胸又有“抹肚”之称。“抹肚：盖文王所制也，谓之腰巾，但以缯为之；宫女以彩为之，名曰腰彩。至汉武帝以四带，名曰袜肚。至灵帝赐宫人蹙金丝合胜袜肚，亦名齐裆”（《中华古今注》）。上述提到的“腰巾”、“腰彩”、“抹肚”、“齐裆”这些名词，均为抹胸的异称。

辽、金、西夏、元等政权从公元907年开始，控制中国天下长达四个多世纪。这些时期都是以少数民族为统治的政体，辽以契丹族为主，金以女真族为主，西夏以党项族为主，元以蒙古族为主。这些政权建立之后，不仅在政治上统治汉人，在生活习俗乃至衣冠服饰方面，对汉族人民的限制也很大，更多地体现了少数民族的特点。

中国“近身衣”富有异彩的华章该数辽、金、元时期。它们共同的生命力表现在具有异族情调的服饰文化因子输入装束系统之中，中国服饰文化与外域服饰文化的聚合呈现绚丽多彩的内衣奇观（图29）。“华机子”（纺织提花机）的发明与黄道婆推广的棉纺织技术，对“衣被天下”及棉织品的普及意义深远。辽代的女性“抹胸”简洁于“一横幅布帛，裹于胸部”，契丹女子大胆将“抹胸”作为“女飐”（女子相扑运动员之称）的比赛服装，以“抹胸”来“通蔽其乳，脱若褫露之，则两手覆面而走，深以为耻也”。甘肃漳县徐家坪出土的元代亵衣，胸前有一排密密排列的“盘花扣”，穿用时以纽扣绾结，是一大特色，与其他缚带式亵衣不同。元代的“合欢襟”由后向前系束是其主要特点。穿时由后及前，在胸前用一排扣子系合，或用绳带等系束。

“汗塌”、“汗替”的称谓隐喻着元代以游牧民族为首的民族勇猛精进的性格。“汗塌”，是邯郸土语对背心的称谓。汗塌之称谓元代时就有了。欧阳玄《渔家傲·南词》之五有“血色金罗轻汗塌，宫中画扇传袖法”的词句。汗塌又写作汗，清代文康《儿女英雄传》第三十八回写道：“揪着只汗袖子，翻来覆去找了半天。”汗塌又叫汗衫，五代时马缟《中华古今注》：“汗衫，盖三代之衬衣也。汉高祖与楚交战，归帐中汗透，遂改名汗衫。”《中国博物别名大辞典》：“贴身内衣，因受汗汁，故名。”汗塌又称汗衣。《释名·释衣服》：“汗衣，近身受汗垢之衣也。”过去，汗衫是用棉布做成的衬衣。大名、魏县一带称为“汗褂子”。现在，汗塌已专指机织的棉毛细布做的背心了。人出了大汗，背心前后片都“溻”在身上，称“汗塌”倒很形象。

中国明代自太祖朱元璋起，历经了二百多年的风雨，直到17世纪中叶退出历史舞台。其内衣的变化在中国历史上可以说是前卫而大胆的。明代内衣对多样性、开放性、情色性的追求以及对明丽色彩的趋向，与社会风尚演变中“导奢导淫”、“鄙为寒酸”的美学价值及缙绅大夫放纵声色的影响有关。“秦淮灯船之盛，天下无所……薄暮须臾，灯船毕集。火龙蜿蜒，光耀天地，扬槌击鼓，蹋顿波心。”生活消费的发展，有力地突破了传统理智对于服饰森严井然的规范与制约，商贾游食之徒与明娼暗妓的拍合，使内衣形制与色彩、用料趋向于“尊崇富侈”，“非绣衣大红不服”、“非大红裹衣不华”成为明代中后期的社会生活潮流（图30）。推动此时段内衣情色功利化的另一个原因是社会思潮中活跃的对肉欲赤裸裸的追求。《肉蒲团》、《玉娇女》、《绣榻野史》等一大批性文学的不断涌现，使作为身体包装最内在、最羞袒的内衣充当了对禁欲主义反叛的符号。“这女儿……描眉画眼，傅粉施朱，梳个纵鬓头儿，着一件扣身衫子，做张做势，乔模乔样。”“宫女们……用阔幅纱绫，加以刺绣，来之于胸腹间，名曰主腰。”“主腰”外形与背心相似。开襟，两襟各缀有三条襟带，肩部有裆，裆上有带，腰侧还各有系带将所有襟带系紧后形成明显的收腰。被称之为“主腰”的贴身内衣“仅仅一方布帛，以带缚于胸间”，以“露”表达对身体禁秘性的抗争，在中国服饰文化中体现对理学禁欲主义冲击的一大特征。

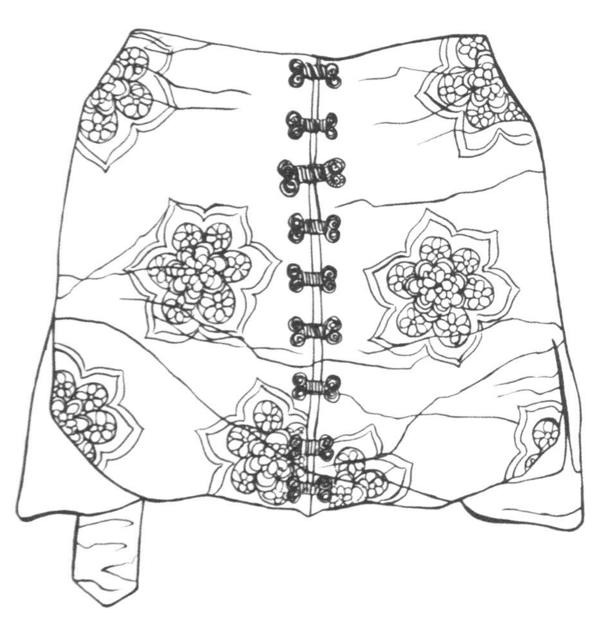

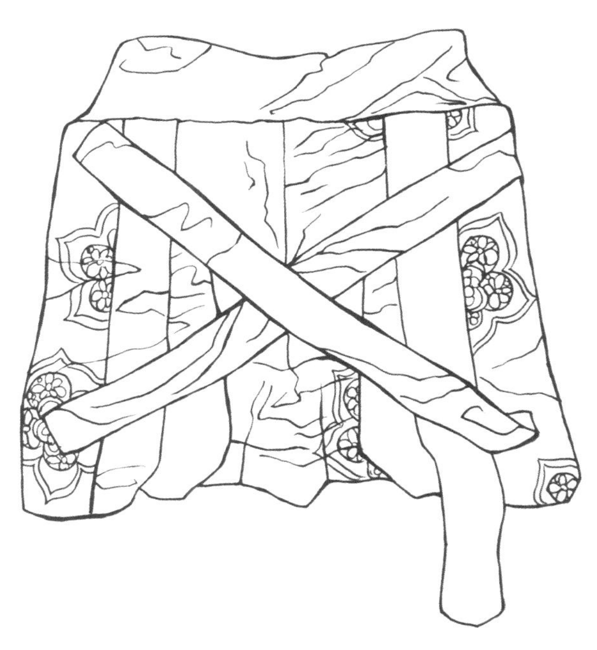

图29　亵衣（摹本）
元代系扎式宝相花绸地男子亵衣。胸前有一排盘花扣，胸后有两条交叉的宽带相连，与吊带的结构不同。面料为宝相花绸缎。

图30 主腰
明代五彩绣盘龙纹套头式红绸缎主腰。仅以一根简约的绳带在颈部套系，形制极为大胆。胸际处的两处抽裥，已包容着“以量变来修饰乳房结构”的人体工学理念。

图31　肚兜

菱形肚兜上端左右两角均有绳带，方便绕颈系结。腹部左右两角绳带用于系结于后背。绣以“鱼儿戏莲花”纹样，表达生殖崇拜。

图32　肚兜

肚兜左右两根带用来系结起到调节腰围的作用。鱼、狮子、孩童的纹样为祈求祥瑞及子孙兴旺。

元明时期妇女的内衣名曰“主腰”，其制有繁有简，简单的仅用方帛遮覆在胸前，而复杂的形制比较像背心，因为它带有衣襟和纽扣，更有甚者还装上衣袖，形制如同半臂。元代马致远《寿阳曲·洞庭秋月》：“害时节有谁曾见来，瞒不过主腰胸带。”清朝西周生《醒世姻缘传》第九回：“计氏洗了浴，点了盘香……下面穿了新做的银红棉裤，两腰白绣绫裙，着肉穿了一件月白绫机主腰。”秦兰徵《天启宫词》：“泻尽琼浆藕叶中，主腰梳洗日轮红。”自注：“以刺绣纱绫阔幅束胸间，名曰主腰。”《水浒传》第七十二回：“见武松同两个公人来到了门前，那妇人便走起身来迎接，下面系一条鲜红生绢裙，搽一脸胭脂铅粉，敞开胸脯，露出桃红纱主腰，上面一色金纽。”田艺蘅《留青日札》：“今襕裙在内，有袖者曰主腰。”这些都是女子穿着主腰的考据资料。另外，考古发掘中也有发现主腰，有的主腰处于乳房下面的地方缀有一条带子，由此我们可知明朝妇女已经有了束胸的习惯。

公元1616年，满人统治中国，建立清朝。清代“抹胸”又称“肚兜”，一般做成菱形。上有带，穿时套在颈间，腰部另有两条带子束在背后，下面呈倒三角形，遮过肚脐，达到小腹（图31、图32）。材质以棉、丝绸居多。系束用的带子并不局限于绳，富贵之家多用金链，中等之家多用银链、铜链，小家碧玉则用红色丝绢。

明代妇女的束胸习俗，在清代得到了继承。清代韩邦庆《海上花列传》第十六回：“杨媛媛乃披衣坐起，先把捆身子纽好，却憎鹤汀道：‘耐（你）走开点呢！’”第十八回：“淑芳见浣芳只穿一件银红湖绉捆身子，遂说道：‘耐（你）啥衣裳也勿着嘎！’”这种捆身子即束胸的发展和延伸。

“兜肚”，也是我们常说的“肚兜”。它有各种各样的形制，但一般上端都裁成平直形，成角的两端各缀有一条带子，使用时可将两条带子系结于脖子上。肚兜左右两侧也各缀一带，用来系结于背后。在明清时期比较流行，是当时男女老少通穿的服装。肚兜上所绣的各种纹样都有独特的寓意，比如：儿童所穿肚兜上多绣以狮子、老虎，用来保平安、辟不祥（图33、图34）；妇女所穿肚兜上绣蝶恋花以求夫妻恩爱（图35），绣石榴以求多子（图36、图37）。这些都反映了人们对美好生活的向往，均为寄情于物的真实体现。另外，肚兜还可做成双层（图38），内加棉絮或药物，用以保暖或治疗腹部疾病，一般老人常用。除一些传世实物外，至今保留的文字记载也可作为我们对此研究的史料。如明代冯梦龙《醒世恒言·卢太学诗酒傲王侯》：“卢才看见银子藏在兜肚中，扯断带子，夺过去了。”《红楼梦》第三十六回：“说着，一面就瞧他手里的针线，原来是个白绫红里的兜肚，上面扎着鸳鸯戏莲的花样，红莲绿叶，五色鸳鸯。”清顾铁卿《清嘉录》：“又小儿系赤色裙襕，亦彩绣为虎形，谓之‘老虎肚兜’。”曹庭栋《养生随笔》卷一：“腹为五脏之总，故腹本喜暖，老人下元虚弱，更宜加意暖之。办兜肚，将蕲艾捶软铺匀，蒙以丝绵，细针密行，勿令散乱成块，夜卧必需，居常亦不可轻脱。又有以姜桂及麝诸药装入，可治腹作冷痛。”这些记录都表明了肚兜的存在与实用价值。

不论主动还是被动、情愿还是不情愿，1840年至1921年的清末民初的中国古代内衣面对广阔的世界呼吸吞吐，接纳西方资本主义服饰文化中内衣“修身塑形”的新鲜养料，调节、完善了自己的再生机制（图39）。例如，20世纪二三十年代的小马甲，形制窄小，

图33　肚兜

狮子四周环绕铜钱、如意、文房四宝等物件，既表达对祥瑞的祈求，也寄寓能拥有才华、财富、好运等。

图34　肚兜（局部）
借百兽之长的狮子作为辟邪镇恶之神灵，祥云纹样用于神兽首尾之饰，更强化了吉祥的寓意。

图35 肚兜
清中期肚兜，色晕绣蝶恋花纹样寓意夫妻恩爱，颜色上以降低纯度与明度达到近似调和的色彩效果。

图36　肚兜（局部）
石榴纹样用来表达对子孙兴旺的期盼。

图37　兜肚（局部）

纳梢（纳梢的设置部位一般在内衣左右角隅两侧与系带链接的契合处，回避“断”、“接”的不吉之说，同时也有“出境生花”、“出境生情”或“出缘必饰”的意义。）处，绣以石榴纹样亦有期盼多子多孙的寓意。

（前）　　（后）

图38　肚兜
民国时期元宝式女童肚兜、五彩钉绣麒麟踩云纹样装饰，绸缎质地，前后双层结构。

通常用对襟，襟上也施数粒扣，穿着时就讲究胸腰裹紧。应该说小马甲的款式在外形上已经与西方的胸罩有了某些相似之处。内衣生机勃勃的新质细胞在中国服饰文化肌体内由隐而彰、由弱而强、由内而外地分蘖、繁殖起来，习俗之变将“缠足”与“束胸”的陋习兴然变除。“……爱华兜兴，女兜灭……”“束胸”的千年沿俗被抛进了历史的垃圾箱。“适于卫生，便于动作，宜于经济，壮于观瞻”（《孙中山全集》第二卷）的科学理念同样体现在内衣的变革上，最具特色的内衣形制即“肚兜”（或“兜肚”），到了此时，发展为对胸、腹的部分遮掩，有尺寸的大小，强化纹饰寓意，以吉祥文字作饰，具有功能化要求的提升等全新内涵。以“束带”改为“扣饰”，以“掩盖”改为“展露”，以对胸脯的“裹隐”改为对乳房的“托举”，以功能上对身体的“摧残”改为“卫生适体”……一系列中西方内衣文化的交融与创新，使“肚兜”形制更具魅力和文化价值。

到了民国时期，一种极为紧窄的背心成为女性的流行内衣。这种前胸开襟的背心上钉有一排密密的纽扣，穿着时需要从后面绕到前部，扣上纽扣作为固定。天笑《六十年来服装志》：“抹胸倒也宽紧随意，并不束缚双乳，自流行了小马甲……多半以丝织品为主，小家则用布，对胸前双峰高耸为羞，故施百计掩护之。”1927年出版的《北洋画报》对这种束胸的小马甲还有刊载。

图39　广告画（摹本）
20世纪20年代西方画家所绘的上海风情画。橱窗内的西方内衣模特引来国人的好奇。

图40　石雕
克里特时期大理石持蛇女神像雕塑，展现了西方紧身胸衣的最早形态。

二、被结构化的西方内衣

公元前3000年，克里特文明已经开始。它又被称为“米诺斯文明”（源于古代希腊神话中克里特王米诺斯的名字）。克里特文明属于青铜时代中、晚期文化。在公元前2250年至1200年之间，克里特岛就成为一个海上帝国中心，在政治上和文化上扩大它的影响及于爱琴海上诸岛和大陆的海岸……它的自然主义美术值得最高的赞美，它享受着在许多方面就其舒适性而言比古代世界的其他任何地方更“现代化”的文明。

克里特岛的伊拉克里翁考古博物馆（Iraklion Archaeological Museum）收藏的黏土小雕像米诺斯蛇女神（Minoan Snake Goddess）（图40）是公元前1900年至1600年前后，米诺斯第三代王朝中期的作品。女神身着的收腰塑形服装——Half Skirt，被认为是最早的紧身胸衣的雏形。这种表现身体曲线的裙形在后来基本上成为了欧洲女裙的固定形态，基本造型为上衣与裙子组合的上下分离式，上衣很短，立领，领口开得很大，整个乳房全部裸露在外，衣襟在乳房下系合，从下面托起丰硕的双乳，腰部由宽带勒紧。裙子为带有很多褶襞的下摆宽大的吊钟形态。尤其是上衣以其天才的裁剪技术创造了紧身合体的沙漏形态，率直表达出对人体第二性征的追求。克里特壁画与雕塑中，贵妇所穿的袒领衣，就是此类服制形态与程式。这种强调第二性征的服装的出现与当时的文化有着很密切的关系。克里特时期是母系社会，出于对生殖的崇拜，着重表现女性用来哺育后代的胸部是非常自然的事情。另外，据记载当时妇女喜爱追求美丽而理想的身体曲线，这也是她们为什么在服装上有所追求，突出表现细腰圆胸丰臀的原因。当然，她们强调理想中的这种身材也许并不单纯为了表现性感，同时也是表现作为女人特有的第二性征的美。公元前1450年前后，宫殿遭到人为破坏，可能是由于巴尔干半岛希腊人的入侵。从这时起希腊人成了克里特岛的主宰，并逐渐与当地原有居民融合，克里特文明亦随之结束。随着克诺索斯宫殿遗址的发掘和出土，古希腊克里特岛就是紧身内衣的发源地这种说法的可信度与日俱增。

在后来很长一段时间中，表现身体曲线的服装都没有出现过，取而代之的流行服制是宽松而随体的。

直到罗马风格的出现，凸显身材的服装终于回来。苛蒙（Arcisse de caumont），一位法国考古学家，在其1825年的著作中把哥特式建筑以前的中世纪建筑样式称为“Roman”，后来人们就用“Romanesque”（意为“罗马式的”、“罗马风格的”）这个词，来泛指11、12世纪的所有文化现象（包括绘画、雕刻、建筑、音乐和文学等）。

罗马式时代的文化是南方的罗马文化、北方的日耳曼文化、东方的拜占庭文化以及西方的基督教宗教精神融合的产物。罗马式以前，男女服装尚无明显差别，到了后期，女服开始通过收紧腰部来表现身体曲线。这一举动，逐渐划开男女服装的造型界线，呈现出明朗表现服装性差的前兆。罗马式时代服装的外衣——布里奥（bliaut），是讲述此时期服装变化的最好例证。在穿着布里奥时，需将一条长长的腰带在腰围一圈绕住，即由前方绕到背后交叉或系一下再绕回前方，最后在腹部低腰处系住，垂于身前的穗饰增添了服装的美感和趣味性。到12世纪后半叶，人们开始考虑身形的曲线，将布里奥两侧向内收紧。然而从服装的裁片工艺上可得知，这时期的收身服装，仍属于平面裁剪的范围。人们将衣服的前片和后片的两侧修剪成有腰线的凹形，并在后片的正中央开口，开到腰部，然后在这个开口的两边挖很多小孔，将绳子或带子穿进去，类似于我们今天穿鞋带的方法，穿好衣服后将带子抽紧即可。这种改进使得服装与之前不收身的形制相比肯定较为符合自然体形。另外还有一种更符合人体的裁剪形制就是在身体两侧开口，同样用绳子或带子抽紧。与此同时，人们在裙形的改变上也有所思考，他们将三角形的布帮结在裙子上，使下摆增大，裙子的后片底边就拖在地上呈现出扇形，这样整个服装看起来具有非常漂亮的曲线感。

哥特式初期的服装以宽敞的筒形为主，所以男女服装的区别并不明显。罗马式时代布里奥的变化，唤醒了人们发展收腰合体服装的意识，于是13世纪出现了立体裁剪的服装。这种裁剪方法将服装从过去的二维平面空间形成推向三维空间立体构成。过去宽大服装属于古典式或东方式的平面裁剪，罗马式时代的服装虽然也有向收腰合体方向迈进，但仍然只是在平面裁剪的基础上简单地将前后衣片两侧向内挖出曲线形来做出合身的衣服，在根本上还是没有摆脱平面裁剪的性质。而这时期的服装裁剪方法却出现了大的突破，即是从服装的前、后、侧三个面去掉胸腰之差形成的余量。更有进步的是，在从袖根到下摆的侧面加进去若干三角形布块，这些不同的三角形布之间在腰身处形成许多菱形空间，这就是我们如今所说的服装上的“省”（或“省道”）的雏形。（省，英语为dart，本意为投枪、梭镖，因与形成的菱形空间相似而得此名。）因此，服装上就出现了一种过去不曾有过的新侧面。也正是这个侧面，将服装从古代的平面二维空间分离出来，从而成为近代三

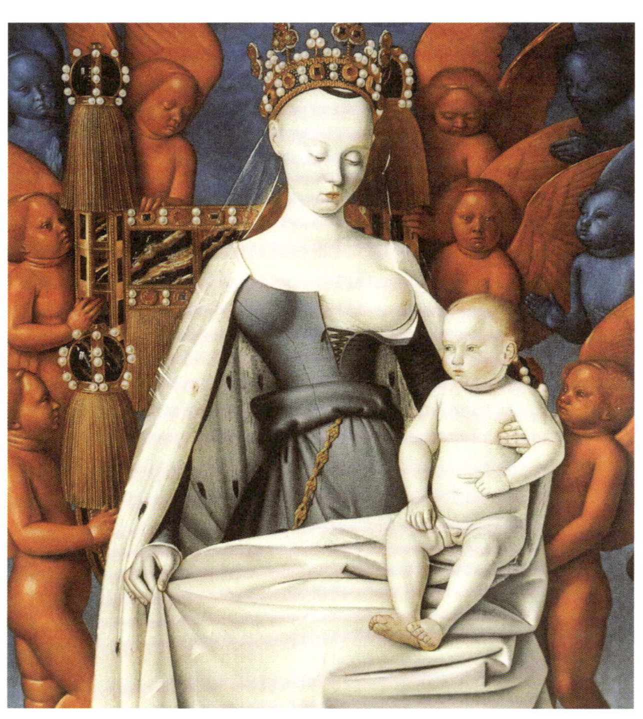

图41 圣母玛利亚和圣子（油画）
1450年，让·富凯。图中圣母穿着紧身胸衣，颠覆了以前中世纪内衣无性别特征的形象。

维立体服装结构的里程碑。也就是这个时候，东西方服装在形式构成和成衣观念上明确了各自的体系。所以，三维立体裁剪的出现，成为了不仅是东西方服装同样也是古今服装构成的一个分水岭。省道的利用在之后的服装上一直发挥着重要作用，它的出现更好地贴合并突出了人体曲线，尤其在女装轮廓的表达上更为明显，它把女性玲珑有致的身材淋漓尽致地勾勒出来。

13世纪的服装审美就是对人体严密的包裹，人们总是尽量将自己的肌肤给藏起来。那时的颈布就是用来包缠下颌和脖颈的。然而到了14世纪，服装的形制却与此大为逆转，开得很大的领口将女人们的前胸和肩部展露无遗，成为非常受欢迎的款式。这种情况的出现，与13世纪省道的发明有着必然的联系，这种立体的裁剪方法使人们更重视自己的身材，他们用体形来表现服装的美。服装的潮流趋向于奢华和富丽，以往所呈现的宗教色彩也在逐渐消失，自然爱美的人性被召唤苏醒。比如14世纪出现名为“克塔尔迪”（cote hardi）的外衣，就很好地诠释了这一着装理想。克塔尔迪起源于意大利，14世纪后流行于西欧，这种外衣从腰到臀部都非常合体，领口大到袒露双肩，臀围以下的裙子上又被插入很多三角形布，从而形成曳地长裙，所以它能很好地将优美人体轮廓勾勒出来。

文艺复兴之后，风靡西方数百年的紧身胸衣问世，一直到20世纪在欧洲都十分流行。文艺复兴时期的人文主义反对封建神学，反对教会禁欲，强调以人为中心，以人性代替神性，倡导个性解放等等。所以这时期的文化艺术等方面都发生了巨大的变化，同时也对服装产生了重要影响。服装在外观上就体现了男女的不同：男子服装呈上重下轻的倒三角

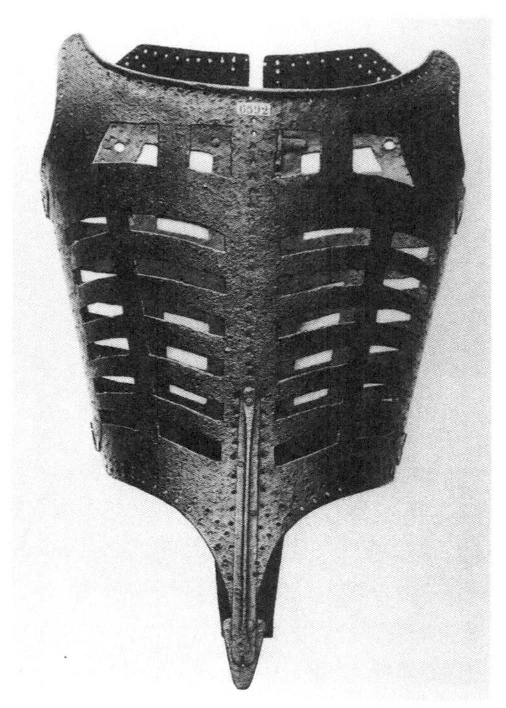

图42　铁制胸衣
16世纪晚期的金属内衣，起初是用来纠正变形脊椎的。

图43　穿着紧身胸衣的女性（摹本）
这种紧身胸衣的开口在前胸的中央位置或者背部，前胸与后背依赖线绳的抽缩调节尺寸，下边缘有一圈装饰布，与下裙对接。

形，通过加强上半身的重量来体现男子的健壮，收紧的下半身则体现出男子的性感；而女子服装刚好相反，呈上轻下重的正三角形，紧身胸衣的使用高高托起了女子的胸部，收紧的纤细腰肢和下部膨大凸起的裙子形成鲜明对比，强化了女子身体性感的曲线。

15世纪的时候，时髦的欧洲女性已经开始穿着裹身的衣服来凸显有曲线的身材，尤其是胸部。这种服装被认为是近代紧身胸衣的雏形之一（图41）。另一种被认为是现代紧身胸衣雏形的内衣起源于16世纪的西班牙，是中世纪末期妇女所穿着的紧身内衣。这种内衣为背心式，虽然能够勾勒身形，但依然是用布料制作的，另外，内衣还附带铁环或鲸骨圆环短裙。这种紧身内衣后来迅速风靡法国和意大利。

到了16世纪，随着工艺和版型的不断修正，紧身胸衣已具有较完备的形制，在服装大系中占有独立的地位，担任塑造女性胸腰臀部曲线的重要角色。16世纪上半叶，贵族妇女们便开始穿着不是单纯用布料做成的紧身胸衣了，她们的布制胸衣里嵌入了坚固耐用的鲸须、兽角、硬布等能够强制改变身形的材料。1550年至1620年时期的西班牙女装源于文艺复兴时期，当时的人们想尽一切办法来收紧女性的腰身，强调突出细腰之美，因为细腰被认为是表现女人性感的重要因素。这时出现的束腰紧身胸衣“巴斯克依”（Basquine）—— 一种嵌有鲸须的无袖紧身胴衣，就用来帮助爱美的女性贴近她们的梦想。与此同时，为了凸显纤细的腰肢，西班牙女装使用“法勤盖尔”（Farthingale，最早的一种裙撑）来夸张下半身。随后，这一审美形式愈演愈烈，为了呼应体现丰臀而越发庞大的裙子，女性的腰肢也要求被勒得越来越细，以至于铁制胸衣也被搬上紧身胸衣的

图44　紧身胸衣
西方文艺复兴时期，带有紧身胸衣结构的宫廷礼服。

舞台。这种铁甲一样的胸衣原本是医生用来纠正变形脊椎的医疗工具，但在法国亨利二世（1547—1559在位）的王妃特琳娜· 德·梅迪契的嫁妆中却出现了这种胸衣。这种铁甲一样的胸衣分为前后两片，在侧缝位置，一边装合叶用于开合，一边装挂钩用来固定，可以说是最冰冷无情的紧身胸衣了。显然，王妃使用铁制胸衣的目的不是用来纠正扭曲的脊椎，而是用来收腰塑形的，因为她心中理想的腰围大小是13英寸（约33厘米）（图42）。女性紧身胸衣的魅力不仅仅来自于暴露性感的内衣和被高高托起的胸部，男性帮助女性穿衣时所产生的性挑逗快感，也是内衣大获人心的重要原因之一。但也有另外一种说法，紧身胸衣意味着严谨与尊重，束缚了身体，也就控制了性欲。

1577年前后，名为“苛尔·佩凯”（Corps Piaue）的内衣加入西方紧身胸衣的大家庭。苛尔·佩凯也是一种非常厚硬的紧身胸衣，因为只有这样才能强制性地勒紧腰身。其做法是将两层以上的亚麻布纳在一起，布与布之间还常常加入薄衬，为了起到加固定型和更有力的收腰效果，在制作时还要在胸衣的前、侧、后的不同部位纵向嵌入鲸须。胸衣的开口在前胸的中央位置或者背部，穿时用绳子或带子系紧，达到收勒的效果，下边缘的内侧缀细带或者钩子与法勒盖尔相连接，外侧的装饰布可以盖住这一接口，使上衣下裳形成一个整体（图43）。外胸衣前部中轴线最下端的尖形叫做巴斯克（busk，法语为busc），也有的下端呈棒状，busk被理解为性暗示标志。英国女王伊丽莎白（1558—1603）曾对束腰大为倡导，因为穿着紧身胸衣的人们，不论男女，的确在身形上更为挺拔，气质上也更显高贵（图44）。瓦莱丽·斯蒂尔对这个时期的紧身胸衣有这样一段描述：“这种前中

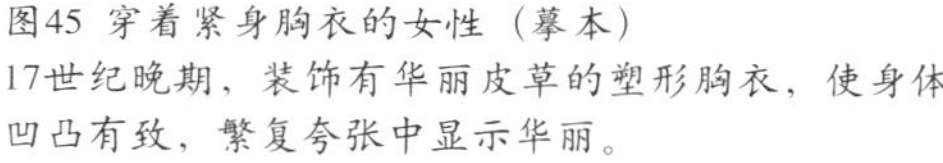

图45 穿着紧身胸衣的女性（摹本）
17世纪晚期，装饰有华丽皮草的塑形胸衣，使身体凹凸有致，繁复夸张中显示华丽。

图46 孕妇装紧身胸衣（摹本）
结构上有了一定的改进，前开口方便穿脱，没有鲸骨支撑主要减少对腹部的压力。

心带‘支柱’的内衣通常被称为‘胸衣’。处于某种需要，紧身内衣两侧还要额外加上骨条或支柱。把早期紧身内衣成为鲸须形身体这一史实是极为重要的，因为它将丰满的身体与贴身束体的衣服结合得几乎天衣无缝。身段，尤其是女性身段，在历史上的重要性被不知不觉地抬高了……紧身内衣前中央部位会加有木头、金属或者其他一些坚硬的材料，然后用丝带系紧加以固定。”

17世纪的巴洛克时期，其艺术风格一反和谐、稳重的古典风范，追求繁复夸张、生机动感、华丽宏大的气势，同时也非常强调装饰性。17世纪后半叶出现的紧身胸衣苛尔·巴莱耐（Corps Baleine）就体现巴洛克风格的特点，其表面装饰非常华美，可以直接作为外衣穿着（图45）。由于服装上下所用面料一样，所以在外观上给人一种连衣裙的整体感。为了达到细腰的目的，这时期的紧身胸衣也作了改进，除腰部嵌有许多鲸须之外，缝线从腰向上直到胸部呈放射状张开，这种立体构成的考虑能使胸衣在视觉上起到更明显的收腰效果。这时期的女孩，从两岁开始就要穿上小巧的紧身胸衣了，虽然穿此胸衣的目的是为了支撑她们稚弱的身体，防止骨骼变形，但这也的确为今后更好地塑造纤腰丰乳作了提前准备。另外，男孩也要穿这种紧身胸衣，直到他们开始穿短裤为止。

在英国，束腰的流行远比在法国影响更为深远，因为英国人认为宽大的裙摆违反了庄重的道德原则，而紧身胸衣则是严谨的道德代表。另外，紧身胸衣也是贵族的代名词，穿着紧身胸衣的人身姿挺拔、举止高雅，这无疑成为了身份和地位的象征。紧身胸衣给人们高贵和富有教养的气质，即便在劳动妇女穿了廉价的仿造品之后，紧身胸衣仍然是人们热烈追求的对象。

18世纪，英国一位服装史学家——安妮·巴克在搜集了大量的实物和文字后，说道：“紧身胸衣是劳动妇女日常着装的一部分。甚至像剪羊毛、拾麦穗的女人，也会在工作的时候在长裙或衬裙的外面罩上短小、下摆带垂片的紧身胸衣。女人们这样穿着她们的紧身胸衣，她们就不会感到自己与那些脱掉上衣干活的男人一样没穿衣了……当然，这样的紧身胸衣与贵妇人华丽的胸衣是无法同日而语的。”18世纪出现的一种短上衣，叫做“裙裾”（英文为jumps，来源于法语jupe，原本意思为“裙子”）。这种新款的紧身胸衣是正面系带的，所以穿起来要方便很多，因为即使没有别人的帮助，穿着者也可“自食其力”。据说当时英国的中产阶级以及贵族的女性都喜欢把这种胸衣当作便装，甚至是孕妇装来使用（图46）。18世纪洛可可时期的胸衣发展，相比以往任何时期都可以说是有过之而无不及。为了博取男性的关注和欢心，当时的女装对形式美的要求极高，所以当时的胸衣在鲸须的嵌入数量和嵌入方向上都比巴洛克时期更加突出女性的性感曲线。女人们为了拥有纤弱又惹人怜爱的腰肢，从未成熟的少女时代就开始不分日夜地禁锢自己柔嫩的身躯，以便获得理想体形。到了需要盛装出席的时候，她们更是不顾一切地拼命把自己挤进更小一号的紧身胸衣里，由于胸腹部血液流动受阻，导致袒露的胸部上青色的血管分明可见，然而这一点却也成了当时极具诱惑力的性感条件。有些女人为了给自己增加这种纤弱的性感美，甚至用颜料在胸部画上青色血管，来博得男人们的青睐。

到了18世纪中期，苛尔·巴莱耐的制作技巧有了更大的进步。比如把要嵌入胸衣的鲸须事先按照体形调整好曲线，哪怕在胸衣上沿也要嵌入已固定成形的鲸须。背后直线形的鲸须，用来压平凸起的肩胛骨，使背部显得平顺，腰身显得挺拔。由于胸衣和裙撑上需要大量使用鲸须，荷兰甚至为此专门成立了捕鲸公司。

另外，紧身胸衣前部的下端处向下呈很尖的锐角形状，这样不仅可以使腰部显得更为修长和纤细，而且还能把人们的视线指引向女性的私密处，这个锐角可以说非常具有挑逗性和诱惑力。

18世纪90年代，女装中出现了一种高腰式新古典主义长裙（图47），这种长裙与紧身胸衣搭配穿着，很快流行起来，但是也引起了不少讽刺。1796年，英国曾流行这样一首诗——《牧羊人，我的腰不见了》：

牧羊人，我的腰不见了，你有没有看到它？
我一下子变成了个圆铁桶，这就是时尚的代价啊。
我放弃了神赋予我的腰，一切都是为了美啊！
它就这样不见了，我的奶酪饼干、糕点继而果冻便从此没有了家。
理智的头脑你回来吧，否则我再也不会见到它。
只有它回到身体和腿的中间，我才会忘记伤心、笑开花。
从什么时候起，美丽让女人变得愚蠢又虚假？

图47　身着白色女士长裙的年轻女人肖像
18世纪末，新古典主义风格的内衣，简约而随性，强调褶纹的装饰性。

18世纪末爆发法国大革命以后，人们为了表达对希腊式自由民主精神的向往，连女装也向希腊风格靠拢。帝政时期，拿破仑对古罗马的推崇使得女装向直线形发展。这个阶段的女人们短暂性地摆脱了紧身胸衣的枷锁。

关于19世纪的紧身胸衣在人们生活中扮演的角色，瓦莱丽·斯蒂尔在她的《内衣，一部文化史》这本书中描述到："紧身内衣还是许多风趣和色情印刷品的主题，因为在19世纪的很长一段时间里，除了高雅艺术外，描绘裸体女子是违法的行为。而紧身内衣不仅起到了替代人体的作用，它还是裸体和性爱的象征。"

1810年前后，随着拿破仑宫廷对华丽式样和内衣的重视和推崇，紧身胸衣风潮再一次回归。与以往不同的是，此时兴起的紧身胸衣不再用鲸须嵌入塑形，而是将多层斜纹棉布细密地缝合在一起，或者在亚麻布上涂胶，做成长至臀部的紧身胸衣，能够有效地将腰腹部勒紧、压平。在丰满的胸部或臀部，制作上采用插入三角形裆布的立体裁剪方法，使紧身胸衣更为合身，也能更好地托起胸部。这种新型的紧身胸衣在穿着时在背部用绳子扎紧。

19世纪至20世纪的西方，紧身胸衣也随着历史舞台上不断更替的时代角色而发生变化。1825年至1850年，浪漫主义时期最能体现服装变化的就是非活动性的女装。1822

图48　插画（摹本）
19世纪初“S”形时代的女装，上穿紧身胸衣将腹部压平，突出胸部，下身则在臀部垫上很厚的裙衬，强调前凸后翘的身材。

年，女装腰线已经开始从高腰位置逐渐下降，直至1830年回落到正常腰线位置。另外，腰部开始被缩小，与此对应的是袖根的戏剧化膨大和裙形的夸张外扩，“X”造型成为女装上美的象征。为了突出女性纤细的腰肢，紧身胸衣“苛尔赛特”（corset），成为必不可少的整形工具。苛尔赛特大多在背后开口，若是前开，便使用挂口进行扣合。为强调视觉上细腰效果的前中心锐角部分的装饰线又回归到紧身胸衣上。这时，不仅女人们爱细腰，男人们也同样利用紧身胸衣来塑造自己纤细的腰身。这一塑形工具和腰腹部呈锐角的审美一直延续到1850年至1870年的新洛可可时代。

1870年至1890年是内衣的巴斯尔时代，17世纪末和18世纪初出现过的臀垫——巴斯尔（bustle）又一次在女装中流行开来。为了与后翘的臀部相呼应，就需要用紧身胸衣把胸部托起。为了达到更优美的“S”形曲线，强调前凸后翘，还需要用紧身胸衣将腹部压平。这种竭力追求完美的“S”形的热潮，甚至让后来的服装界将90年代称作“‘S’形时代”。“S”形时代，要使得侧面看起来有完美的“S”曲线（图48），紧身胸衣起着不可忽视的作用，当然，工艺制作的新技术也推动了紧身胸衣的不断发展和进步。19世纪70年代前后到20世纪初，紧身胸衣的制作方法大致分为两种：一种是在胸臀部加入三角形裆布的方法，这种方法可以更好地包裹和突出丰满的乳房和浑圆的臀部；另外一种方法是通过若干形状不一的布片，纵向拼合成符合人体曲线的胸衣。1860年末，蒸汽定型法用于紧身胸衣的制作，即先把胸衣做好，然后整个涂上糨糊，再放进金属模子中用蒸汽定型。到了70年代，人们发明出一种前襟开合的紧身胸衣，法国人称“buscenpoire”。20世纪，嘎歇·萨罗特夫人（Madame GachesSarraute）发明了所谓的“卫生型紧身胸衣”，这种紧身胸衣前面有金属条或鲸须嵌入，目的是为了塑造平直的小腹。这种紧身胸衣上部开口非常低，使女性被挤压的丰满乳房呼之欲出，这样的结构是通过布的纵向拼接实现的。

到了1890年至1900年间，人们才开始广泛认同由医生们所不断提醒的紧身胸衣对身体的危害，主张健康、实用的着装理念。这种呼唤改革紧身胸衣的浪潮，在当时被称之为“反时装运动”（anti-fashion campaign）：

“The corest was a danger to health. This is true of all corests，but the one which produced the sway-back carriage gave rise to vociferous demands for its replacement by something more healthy and practical，and this in turn led to a movement for reform called the ‘anti-fashion campaign’.”(Henny H ·Hansen 《Costume Cavalcade》 P150)

从20世纪初乳罩的诞生，到第一次世界大战爆发，男人们奔赴前线或战死沙场，女人们不得不参与到社会工作当中去。为了方便活动和干活，束缚身体的传统女装被彻底摒弃，取而代之的是强调机能性和实用性的服装，紧身胸衣再也不是女人们的选择了。虽然在一战后，紧身胸衣曾短暂地复兴了一段时间，但是随着现代机能主义、实用主义等一系列思想变革和左派思想的蓬勃发展，紧身胸衣还是被乳罩所取代。

就内衣的中性化及简约主义而言，20世纪80年代起，以卡尔文·克莱恩（Calvin Klein）为代表的美国设计师，开始以特有的美国式自由精神所创立的服饰改革，冲击了西方内衣几百年“表现身体”的传统观念，通过自然朴素、舒适、中性的设计理念在纯粹的极简主义中表现出来。他在1982年间推出的一系列女士内衣设计，以白、灰、褐等中性色系，抛弃传统的配色方式，款式结构上主张“less is more”（少即是多），不愿将女性身体看成是一种装饰与异性的附庸，而是通过中性化的简约设计，既适应快节奏的生活，又体现实际、自信、忙碌的创造精神：

“从一开始，‘Calvin Klein’便具有自己的顾客定位——为那些工作的女性，而不是无所事事为打扮和宴会而生活的贵妇们服务。它抛弃了时装中过分的夸耀、娇柔的色彩和造作的形式，开创了具有美国程式的着装新外观：宽松的丝制衬衫、外套和长裤，赤脚穿着平底的鞋。这种简单化的形式寻求新的变化和时尚，穿上它的女士们可以自由地适应不同场合：从办公室到鸡尾酒会，从日常公务到商务旅行。这种代表着现代生活方式的简约主义给女性带来新的流行风范。”（赵化《女人华衣》P166）

自20世纪始从文胸到比基尼，从比基尼到中性内衣的革命，所呈现出来的机能主义与对身体解放，除强调自由舒适的理念之外，其中有一点不可忽视，就是弹性新材料与斜裁工艺的问世为它提供了物质与工艺保证。这种设计理念与材料运用一直沿革至今：

“As new building materials have given rise to new building techiques，so within the last thirty years new fabrics have been produced to the demand for simple, 'functional' clothes.

At the turn of the century it was often said that everyday dress should resemble tighis in allowing freedom of movement while being neither too consticted nor too heavy. The present period uses for this purpose rubber and elastic（弹性）, material cut on the cross(斜裁), and knitted fabrics. Women' s clothes are both close-fitting and elastic； they allow unresticted movement while at the same time clinging to the lines of the body."(Henny H · Hansen 《Costume Cavalcade》P154)

20世纪末的90年代，由于新材料与新技术而得到改进的紧身胸衣也再次流行，乳罩变得像外衣那样，不再是朴实与掩盖的功能，而是具有丰富色彩与图案装饰的处理。"有的妇女将乳罩作为朴实或外衣的一部分，用新材料做成的内衣给人传达的不再是'低贱'的印象，而是奢侈及享受的形象"（休谟《ELLE》1992年4月版P144）。"内衣外穿"成为一种时尚，只是在卧室里和亲人面前才能显示的内衣，开始走向公共空间，也为公开的色情表现与性感营造充当了载体。在西方文化中，一整套通过内衣的变化反映出来的道德观与身体规则受到挑战（图49、图50）。

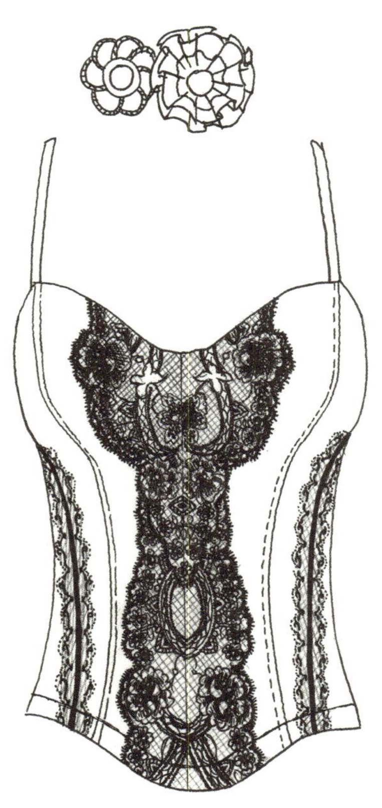

图49　女士内衣
现代的女士内衣不再压迫身体，改为调节体形，对胸部有托举作用。

图50　复古风格的紧身胸衣
结合东方元素的紧身胸衣设计，为中西合璧的风格。

隐喻式情色

中国内衣中的情色表达含蓄而内敛，受社会制度与宗法的限制，总是以一种隐喻的方式来呈现。古代闺阁女性在内衣创造中的才情表达，都是悄悄、默默、含蓄地在自己翻阅，品味过程中的真情流露与摇曳美丽的境界。它不像外衣创造那样重在对品第与服饰制度的结构评定，而更侧重于对其中“情”的阐扬与表现。作为女性心理比男性更重感情，也更细腻，身为女性，不由会将自己的心理与情感同化，渗透到内衣的创造中去（图51）。对于女性而言，爱情是生命中最美丽和最令人向往的，几乎可以成其生命的全部内容，尤其在古代。所以对“情”的追求和看重是女性心灵中的一致之处，如同黑格尔所说：“爱情在女子身上显得最美，因为女子把全部精神生活和现实生活都集中于爱情和推广成为爱情。她只有在爱情里才找到生命的支持力。如果她在爱情方面遭遇不幸，她就像一道光焰，被一阵狂风吹熄掉（图52）。”

情色，是人的自然天性，《礼记 · 礼运》即谓“饮食男女，人之大欲存焉”。马克思说：“情欲是人强烈追求自己的对象的本质力量”，“男女之间的关系是人与人之间的直接的，自然的，必然的关系”。由此可见，对异性的追求包括着对情欲追求的这一本质力量，对“情”的追求是和对“色”的追求紧紧结合在一起的。自以压迫为特征的阶级社会以来，无论在东方还是西方，都开始如临大敌般把人类自身的情欲作为“恶之花”加以诋毁和禁止。而且，对于女性情欲的约束甚于男性。在中国古代封建社会，就有打着所谓“礼法”旗号而对女性作出的种种约束规范，如“女子十年（岁）不出”——十岁以后不许出门，“女子出门必拥蔽其面”。而且还有专门为女子遵守封建行为规范而制定的

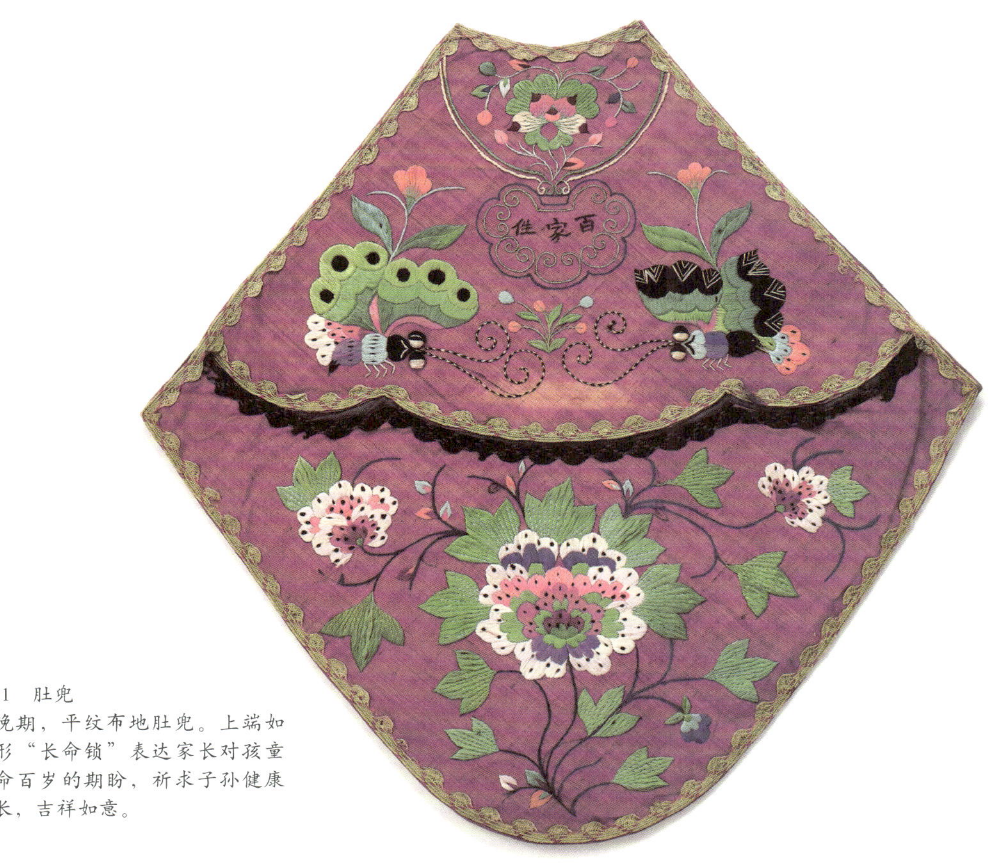

图51　肚兜
清晚期，平纹布地肚兜。上端如意形“长命锁”表达家长对孩童长命百岁的期盼，祈求子孙健康成长，吉祥如意。

图52　肚兜
以夫妻相敬如宾的画面纹样，寓意幸福美满的婚姻生活。

一些清规戒律之明文。汉代的班昭身为女性，为维护封建统治作有《女诫》一书，认为“《礼》，夫有再娶之义，妇无二适之文，故曰夫者天也。”到了明代，在奉程朱理学为官方统治思想的重压下，女性受着更为严厉的束缚。明代对女性的文训禁令之多，贞女烈妇之多前所未有，出现了一些《女鉴》、《女苑》、《女训》、《女教经》、《女四书》之类“女教之书”。然而，明中叶以后，王阳明心学的兴起，传承了程颢和陆九渊的心学传统，进一步批判了朱熹“去心外求理、求外事外物之合天理与至善”的修养方法，认为“所谓致知格物者，致吾心之良知与事事物物也”（王阳明《传习录》）。在这种新的心学思想下，生活中对个体、情色、私欲的重视和宣扬也掀起了反叛的浪潮，对情欲又有了宽容放纵的社会氛围。在这样宽容的氛围里，女性的情色之欲、女性的人性自由、女性长期以来在感情婚姻情色方面所受到的不平等的社会待遇得以改善。具有进步思想的人们也开始为此发出了不平的呼声，如《二刻拍案惊奇》中作者借主人公之口言：“天下事有好多不平所在！假如男人死了，女人再嫁，便是失了节，玷了名，污了身子，是个行不得的事，万口訾议；及至男人丧了妻，却又凭他续弦再娶，置妾买婢，作出若干勾当，把死的丢在脑后，不想起了，并没有人道他薄幸负心做一场说话。就是生前房室之中，女人少有外情，便是老大的丑事，人世羞言；及至男人家撇了妻子，贪淫好色，宿娼养妓，无所不为，总有议论不是的，不为十分大害。所以女子愈加可怜，男子愈加放肆。”在这样整体社会意识都有了一定的觉醒，对女性情色意识的张扬也有了一定的理解的大氛围里，《牡丹亭》中杜丽娘的“情”与“色”意识的觉醒、萌芽也是自然而然的，并且是具有时代进步意义的。而在这样张扬情、欲的时代思潮中以杜丽娘为代表的女子对“情”的追求也必然是包括着对“色”的爱慕以及对异性之情，对美好良缘的追求当然也会包含着对“色”的爱慕，“情”与“色”是紧紧相联的（图53、图54）。

一、祈盼良缘

在封建社会的环境下，男女不可能有长期接触生情的机会，只有靠父母之命、媒妁之言，或是寄望于偶遇，只能在梦中见到自己的梦中情人。为了这份似乎虚幻的感情，有的女性甚至付出了生命。试问哪个女孩子没有心中的白马王子，哪个女孩子没有对感情的幻想。正如《牡丹亭》中的杜丽娘可以在梦中与自己渴求并能够欣赏自己美色的书生见面相爱，哪怕付出生命，却又死而复生，最终与这位梦中人团聚。似乎是杜丽娘的不幸，却又是杜丽娘的大幸。在封建时代，很多女孩子面临这样的困境，她们不能自由地和青年男性交往，如杜丽娘那样的经历虽然是“理之所必无”，却又是“情之所必有”。阅读杜丽娘，她的奇迹般的经历，真正为“传奇”，正让情感不得志的女性读了在情感的宣泄与共鸣中找到安慰和寄托。正如《才子牡丹亭》批曰：娇慧女郎心中无不有一“人数”。“想幽梦谁边”是全书眼句。聪明人必靠“想”度日，想中幻设，必有一等世界，一等部署，一等眷属。事过与“想”过，其迅疾变灭，曾无少异。玉茗曰：“吾闻情多想少，流入非类。吾情多矣，‘想’亦不少，非莲社莫吾与归矣。”所以内衣中的“鹊桥会”、“牡丹亭”等素材装饰肚兜大量出现（图55、图56）。

图53　肚兜
清晚期肚兜。以一对传情男女、蝶与花的画面来表达对美好爱情的向往。

图54　肚兜
蝴蝶于人物和花朵之间上下翻飞，配以小船流水的画面，表达对浪漫爱情的追求。

图55 肚兜

清晚期，菱形红绸地肚兜。借“断桥”故事来歌颂浪漫动人的传奇爱情。

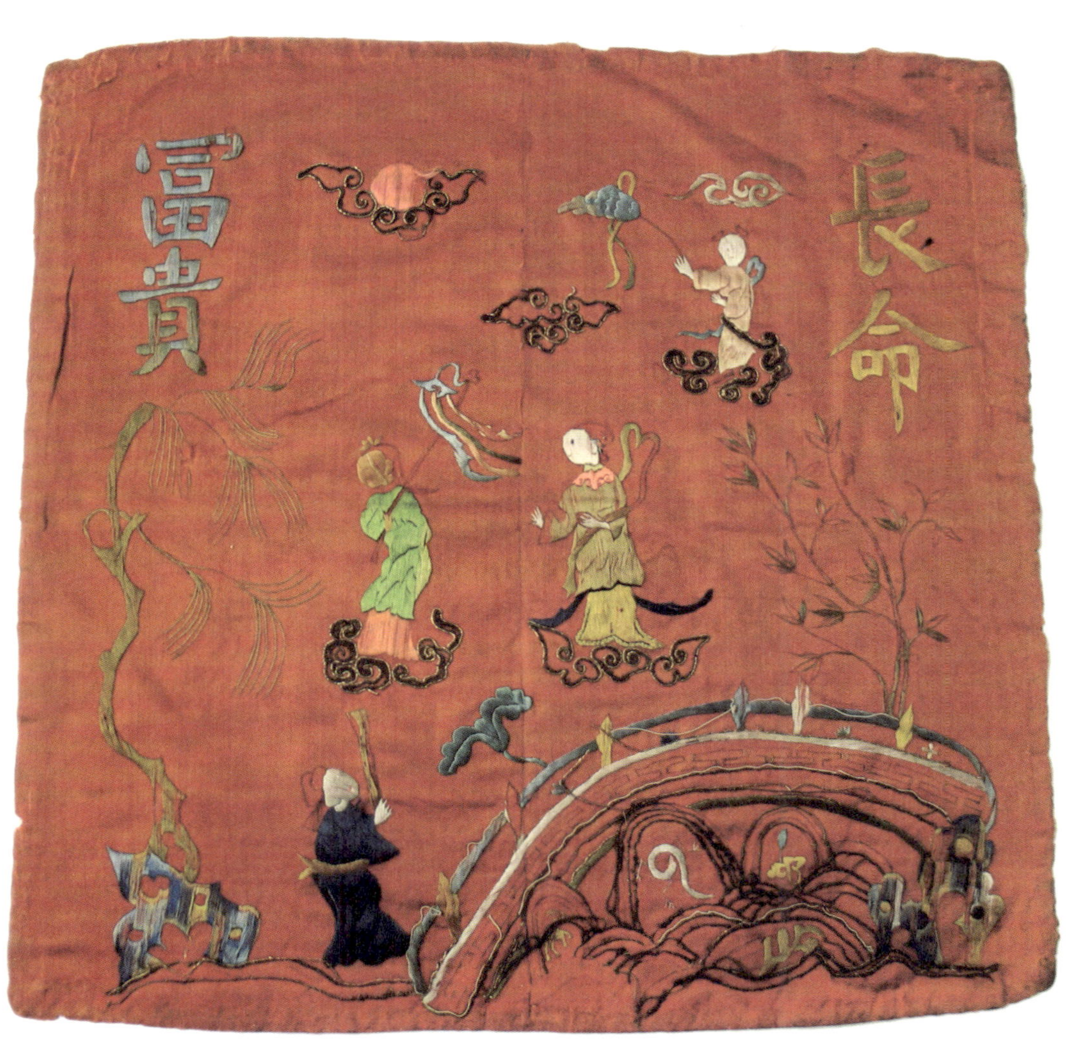

图56　肚兜
以“鹊桥相会”传说为纹样表达对婉转缠绵爱情的歌颂。

富貴

二、生殖与性爱

古人说："食、色，性也"，"饮食、男女，人之大欲存焉"。在漫长的封建社会，社会对女性性、情的禁锢使妇女将性爱看作生育繁殖的途径而淡化两性愉悦的价值，所谓性是"为后也，非为色也"，由此中国女性因性、情而喜，因性、情而悲，因性、情而怒，因性、情而活，因性、性而殉葬的事例举不胜举。内衣艺术作为女性生活态度、生命理想、情感的寄托，在其造物表现中同样传达着对性、情、爱的价值姿态，以一种主题化、图腾化的语言形式来对性、情、爱进行崇拜与物象对应的观照。手中"针线活"传达了中华文化中生殖（生育）崇拜、性爱功利、情爱姿态等丰富的生殖与性爱内容，体现了中国女性突破传统礼制的性、情与婚恋观念，抗拒禁欲主义的束缚而追求浪漫的情爱寄托（图57）。

对中国古代女性来说，生殖的需求几乎是压倒一切的需求。她们的基本生存观念，一是生存，二是繁衍。而在成婚之后，后者的重要性似乎超过了前者。"不孝有三，无后为大"，如果没有子嗣，"无以事宗庙"，那可是死后都无面去见列祖列宗的。内衣艺术对生殖崇拜的表达，也是以物象图腾来观照对应而达到寄寓，例如"百子图"以及类似的图形，就是崇拜"广断嗣"的生殖价值，子女越多越好（图58），"周文王生百子"，"郭子仪七子八婿团圆"，都被女性视为祥瑞多福之兆。

古人对女子不孕而"断了香火"的忧虑很看重，所以内衣艺术常借"送子观音"来体现生殖崇拜。清·赵翼《陔余丛考》："许洄妻孙氏临产，危苦万状，默祷充观世音，恍惚见白氅抱一金色水龙与之，遂生男。"也有对传说"麒麟送子"的神话崇拜，麒麟是"积善人家"的神兽，如无子裔，它会驼一个孩子给他们。生殖崇拜中的"求子"理念在内衣艺术中还有许多表达，如用"早生贵子"、"四喜人"、"三多"等图腾来反映（图59、图60）。

内衣艺术中的生殖崇拜以鱼与莲图腾表达最具特征。鱼、莲在民间为妇阴的象征物，鱼的口唇宛如女子的两片大阴唇，中间还有孔缝且鱼的繁殖力也很强（图61）。莲（莲花）也是女阴的隐喻之物。《金刚经》："金刚部入莲花部，乃大乐事。"其中"金刚部"指男根，"莲花部"指女阴。至今陕北民谚民歌中也有直言不讳点明这个隐喻物的内容。《黄陵民谚》："鱼儿戏莲花，夫妻两个没麻瘩"（图62、图63）。《安塞民谚》："人人儿踩莲花，两品儿好缘法。"《延安民歌》："腊月里来贴对子，黑格悠悠睡下一对子，荷叶开花两扇扇，哥哥搂定个二妹子。"内衣艺术围绕着鱼、莲这对象征女阴符号的造型，以及变体出与鱼、莲相关的图腾理念，均是女性借生殖

图57　春宫图（摹本）
春宫图中，肚兜是最常见的内衣形态。

图58　肚兜
“百子图”表达对子孙兴旺的期望。“白菜”寓意“百财”，借此表达对子孙富贵的美好祝愿。

图59　肚兜
清中期，贴布绣红缎肚兜。借“麒麟送子”的神话传说，祈祷香火延续，早生贵子。

图60　肚兜
以“麒麟送子”的美好祈愿，表达对生殖的崇拜，也是中国古代女性生命价值理想的一部分。

图61　胸衣
清晚期，半背式胸衣。米色三多缎绣以石榴、莲花、鱼等，表达生殖崇拜。结构上前身长后身短，前身长掩腹，后身短露腰；前身下摆平以应地，后身下摆圆以应天。

图62　胸衣
以“鱼儿戏莲花”寓意夫妻生活的美好和谐。

图63　胸衣
绣以鱼、莲花，表达对快乐美好夫妻生活的期盼。

图64　胸衣（局部）
用孩童、莲花纹样来表达对生命繁衍的崇敬。

图65 胸衣
借莲花与孩童的图腾寓意延续生命，表达生殖崇拜的理念。

崇拜观念来表达对生命繁衍不息的寄托（图64、图65）。根据史料记载，中国女性在性爱时，除了裸身之外，抹胸是一种最常用的贴身装束，它与下身的长裤及腿套构成一个装束系统，正如荷兰汉学家高佩罗先生所言："她们的贴身内衣似乎是抹胸，即一种宽大的乳罩，在前面扣住活用，四根角上的带子系在背部。色情木刻表明，妇女性交时若不完全裸体，那么唯一穿在身上的便是腿套和抹胸（图66、图67）。仇英为《列女传》所作的插图之一，画的是一些正在脱衣的妇女。我们注意到长裤是用一根带子系在腰部，小腿则穿过腿套，此外还有她们的乳罩。"

图66　春宫图
描绘性爱场面的图样中，女性穿有抹胸样式的贴身内衣和腿套。

图67　春宫图
图画中描绘的性爱场面中，女性多穿有肚兜和腿套。

三、秘戏图文

中国内衣艺术以图腾语汇来作为性爱主题表现的平台，主要途径是以“春宫图”为摹绣对象。春宫图也称“秘戏图”、“女儿图”。“秘”是指男女性行为的私密性，“戏”体现为男女交合之欢愉（图68）。春宫图是典型的性文化崇拜，古人曾经形容性行为是一种“欲仙欲死”、“飞腾精魄”的人生乐趣。《佛说秘密相经》中也有对男女性事的描述：

作是观想时，即同一体性自身金刚杵，住于莲华上而作敬爱事。作是敬爱时，得成无上佛菩提果。当知彼金刚部大菩萨入莲华部中，要如来部而作敬爱。作是法时得妙快，乐无灭无尽……汝今当知彼金刚杵在莲华上者，为欲利乐广大饶益，施作诸佛最胜事业。是故于彼清净莲花之中，而金刚杵住于其上，乃入彼中，发起金刚真实持诵，然后金刚及彼莲华二事相击，成就二种清净乳相。

经文中的“金刚杵”象征男根，“莲华（莲花）”象征女阴，金刚入莲花就是男女性交，“作法时得妙快，乐无灭无尽”是对性事的正面歌颂，有着性交崇拜的寓意。

将记述性事的春宫式图腾引用于内衣中，更着重于对性的启迪，尤其对新婚夫妇（图69）。新婚之夜，私密空间与床第之间，女子将娘家“压箱底”的出嫁物取出给夫君看，其中会有母亲事先为女儿悄悄准备好的绣有不同性交姿态的内衣品肚兜（或“春宫图”），以便女儿在洞房花烛夜能循图文（纹）示范来与夫君行交合之欢。《红楼梦》第七十三回写道：“傻大姐”在山石背后拾到一只春宫荷包，荷包内层绣有“春宫图”纹样，上面是两个赤条条的人盘踞相抱。这痴丫头不知此是春意，心中盘算：“敢是两个妖精打架？不然必是两口子相打。”这个春宫荷包后引发了抄检大观园事件。内衣上也常以秘戏图文来寓意“男欲求女，女欲求男，情意合同，俱有悦心”（《素女经》）的本能欲念。

图68　春宫图（摹本）
“女儿图”中女性形态的装束以肚兜为主，配以腿套与三寸金莲。

图69　肚兜
春宫式图腾引用于内衣，着重于性教育的启迪。被称之为“压箱底”的物件，以利新婚之夜所用。

四、情爱寄托

与生殖崇拜、秘戏图文相比，内衣艺术上以浪漫、传奇而具有文学性、传奇性、典故性的情爱表达，显得更为含蓄而富有遐想，对情爱的渴求更具理想化的人文色彩。

“蝶恋花”。本来是词调名称，属唐代教坊曲，原名《鹊踏枝》，因宋代晏殊词而改名至今。内衣装饰上借其对男女情爱的比喻而生动立意。五代词人张泌《蝴蝶儿》：“蝴蝶儿，晚春时。阿娇初着淡黄衣。当窗学画伊。还似花间见，双双对对飞。无端和泪拭燕脂。惹教双翅垂。”明代诗人杨升庵诗：“漆园仙梦到绡官，栩栩轻烟袅袅风。九曲金针穿不得，瑶华光碎月明中。”清代诗人沙琛《蝴蝶泉》：“迷离蝶树千蝴蝶，衔尾如缨拂翠湉。不到蝶泉谁肯信，幢影幡盖蝶庄严。”一系列赞叹彩蝶焕然奇丽、缠花飞舞的诗文，浪漫而形象地对应女性心中对男女情爱的理想比拟（图70、图71）。

“人面桃花”。桃花在内衣艺术中被借用为青春、爱情、婚姻的写意象征。据载唐人崔护赴长安考进士落第后，独游郊外而遇一娇柔美艳的女子，翌年追忆往事，情不可遏，又往探访，唯见桃花景象如旧，却门上多挂了一把锁，空不见人，他怅惘之余挥笔诗于门扉：

去年今日此门中，人面桃花相映红。

人面不知何处去？桃花依旧笑春风。

回想起去年此时，正是春风殆荡桃花盛开，那个姑娘就倚在桃树下，人面花光、互相辉映……（图72）内衣艺术借桃花题材来“以花拟美人”，将景色与人物融合而为一。唐·白敏《桃花》：“占断春光是此花。”《周礼》：“仲春令会男女，奔者不禁。”《诗经·周南》：“桃之夭夭，灼灼其华。之子于归，宜其室家。”桃花既为春的象征，

图70　肚兜
五彩绣“蝶恋花”表现女性对浪漫、美好爱情的寄寓。

图71　肚兜
美妙缠绵的“蝶恋花”图腾是女性心中对男女情爱的理想比拟。

图72 肚兜
“人面桃花相映红”，以花拟美人，表达“处处春芳动，春情处处多”的情感祈托。

图73　肚兜
以石榴、藕等图腾来寓意男女间美好的情爱以及期盼子孙的兴旺。

图74　肚兜

用莲、藕、孩童等纹样表达对缠绵爱情、子孙兴旺等美好生活的寄寓。

图75 肚兜
借用“牛郎织女”的神话来歌颂坚贞专一的永恒爱情。

图76　肚兜
以“鹊桥会”故事来表达对自由爱恋和恒久情感的追求。

又为爱情与婚姻的比拟，内衣艺术中所表现的艳丽桃花为借景移情，转为“处处春芳动，春情处处多”的情感祈托。

“怜、偶、思”。“怜”、“偶”、“思”来自对莲花的谐音假借。“怜”与“莲”、“偶”与“藕”、“思”与“丝”三者谐音。内衣艺术借此来表达对男女间情爱的寄寓。皇甫松《采莲子》：“船动湖光滟滟秋，贪看年少信船流。无端隔水抛莲子，遥被人知半日羞。”李珣《南乡子》：“乘彩舫，过莲塘，棹歌惊起睡鸳鸯。游女带香偎伴笑，争窈窕，竞折团荷遮晚照。”欧阳修《蝶恋花》：“越女采莲秋水畔。窄袖轻罗，暗露双金钏，照影摘花花似面。芳心只共丝争乱。”作为内衣品的床帐，常以此图腾来隐喻男女主人双宿双飞、恩恩爱爱（图73、图74）。

“牛郎织女”。牛郎织女是先民将自己的想象、风俗、情欲带进理想王国的寄寓。牛郎、织女，古来就称为“双星”，一在“天河之西，有星煌煌”，一在“天河之东，有星微微”。二星隔河相凝望，到农历七月七，二星相近，会于鹊桥，妇女们借此时机向织女乞求内衣智巧。《乞巧歌》：“乞手巧，乞容貌；乞心通，乞颜容；乞我爹娘千百岁，乞我姊妹千万年。”“七巧”由此而得名。内衣寄寓着女性对织女星的崇敬，例如肚兜上常常绣有“柔情似水，佳期如梦，忍顾鹊桥归路”的字样，寄托着情爱与对自由的向往。尽管现实生活的礼法制度不许私自相恋，但男女之间的男欢女爱、心心相印的浪漫情思无法掩抑与扼制。《内衣余志》：“暮闺翘首觉添，凿壁书生隔翠烟。独向嫦娥再三拜，殷勤为我到郎边。”（图75、图76）

“断桥”。断桥源自传说许仙与白娘子相识杭州西湖，在断桥上二人同舟归城，借伞定情。白娘子温柔婉约、贤良淑德（虽是蛇精化身），对人类的爱情充满幻想，宁愿下凡到人间也不愿再做天仙。许仙是翩翩少年郎，相貌堂堂，举止优雅，谈吐大方，既重感情又富同情心，对白娘子百般呵护，体贴入微。双双演绎出一曲婉转缠绵、动人心肺的传奇爱情。内衣艺术借此引证，体现着女子对真情实感的挚爱向往与祈求以及对传统婚恋“男女无媒不交”的无声抗诉（图77）。

“一妻多妾”。一妻多妾是内衣艺术中女性对男权社会婚姻制度的一种认同，体现女性对有造化、有身价、有地位男子的崇敬与爱慕。古代社会一夫一妻制的婚姻模式中，女子处于从属地位。《孔子家语》：“女子者，顺男子之教而长其理者也。”在男权社会中，一夫一妻制实际上是“一夫一妻多妾制”，也就是说一个妻子只能有一个丈夫，而丈夫则可以拥有许多女妾。《礼记·郊特牲》：“男先乎女，刚柔之义也；天先乎地，君先乎臣。”内衣品的图腾中男性位于中央，四周妻妾相拥，形象地表述着女性对丈夫因妻妾成群而光宗耀祖的认同，爱蕴藏在一种宽宏大度并富有牺牲精神的寄托之中（图78）。

中国内衣中的情色与性意味不像西方内衣那样表现得纯粹与直率，它们通常以图腾来表达它的情色价值，例如古代把桃视为女性生殖器的象征（图79）。王母娘娘在西天种的桃树上长有仙桃。人们也认为桃木和生殖之间有密切的关系，因而相信它有驱邪的能力。把赎罪的字句刻在桃木做成的书板上，新年伊始挂在大门口，后来的门神便起源于此。门神有两个专门吞吃魔鬼，他们的形象一直被贴在中国房屋的大门上。另外梅也是生殖和创造力的一种象征，因为一到春天，它多节而似乎干枯的树枝又开出了花朵，从而令人想到

图77 肚兜
“断桥”图腾体现女子对真情实感的挚爱的向往与祈求。

图78　肚兜
"一妻多妾"的图腾表达了中国古代社会的婚姻价值观。

图79　肚兜
古人认为桃与生殖之间有密切关系。绣以孩童，进一步表达对生殖的崇拜。

图80　肚兜
纳梢处（左右两侧的装饰）的梅花是生殖的象征，与“一夫多妻”的图腾纹样共同表达对子孙兴旺的期盼。

它在严冬之后复生的生命力（图80）。内衣上常见绣有梅花的图案。除桃之外，还有一种瓜果常被比作外阴，这就是石榴，它也有繁殖的意思。两种含义都来自包裹种子的红色果肉，因为它能引起人的某种联想（图81）（高佩罗《中国艳情》P327）。可见，这些桃、梅、石榴图腾在内衣上的大量运用，不仅是修饰的美化功能，还潜藏着生殖与性的暗示及联想。

肚兜中的八卦纹样与太极纹样，分别以虚线与实线及黑白阴阳来表示男性与女性。八卦中完整的实线表示阳性和男性的力量，虚线代表阴性和女性的力量。太极的阴阳以右边为阳，其中黑斑表示它所含阴的胚胎，左边是阴，其中的白斑表示它所含阳的胚胎。八卦与太极是一种对男女性关系为宇宙生活一部分的理解。《易经》强调指出，性关系是宇宙生活的基础，宇宙生活是宇宙力阴与阳的一种表现。在《易经》第一部分第五节中指出："一阴一阳之谓道，生生之谓易"（徐志锐《周易大传新注》P414）。象征性结合的八卦还有"坎"、"离"之分，"坎"代表"水"、"云"、"女人"，"离"代表"火"、"光"、"男人"，这种组合表现男女互相补充的完展和谐，相互交替如同天地在暴风雨时的交合，也就是文学中男女性爱之事的"云雨"表述的来源。象征性结合的阴阳太极晚于八卦的出现，也体现国人对"每个男人自身都含有一种强弱程度不等的女性成分，而每个女人则含有发展程度不同的男性成分"（高罗佩《中国艳情》P69）的两性心理现实的理解。

倒三角纹样也是肚兜图腾中对性的承袭式表现。根据新疆吐鲁番洋海古墓群发掘的文物显示，早在3000年前，人们对三角形纹样的运用就极为普及，从彩陶文化直至内衣上最常用的边缘饰纹，倒三角形纹样被视为"女性外阴的形象符号，从远古姓氏图腾到彩陶文化，三角形图腾用来表达生命祈求，并广义于对'丰产'的托福"（吕恩国《吐鲁番史前考史的新进展》2005年）。

五、娼妓职业装束

中国内衣还为娼妓这个特殊行业的女性提供了一种装饰性符号来增加其售卖身体中的可视化效果。古代娼女起源于音乐，"优"和"倡"不分，到了唐朝，"倡"变化成"娼"。赵璘《因话录》说："陈娇如，京师名娼。"组建近代式的娼妓实始于唐。而且唐以后娼妓俱以女性为大宗了。《说文解字》中说："妓，妇人小物也。"与妓女意义毫不相干。后代用为女妓之称，实如魏晋六朝，为后起之义。《华严经·音义》上引《埤苍》说："妓，美女也。"又引《切韵》说："妓，女乐也。"所以六朝人著书均以妓为美女专称。

声妓繁盛，娼妓化妆技术与内衣装束的强调，均推唐代。《西神脞说》说："妇人匀面，古唯施朱敷粉，至六朝乃兼尚黄。"唐代女子及娼妓装饰，大要亦不外乎此。《东南记闻》说："宣和之季京师士庶，竟以鹅黄为腰腹围，谓之'要上黄'。妇女便服不施衿纽，束身短制，谓之'不制衿'，始自宫掖，而通国皆服之。"关于娼妓乐人服色之特别规定，《元典章》说："至元五年中书省台，娼妓穿皂衫，戴角巾儿，娼妓家长并亲属男子，裹青头巾。"《新元史·舆服志》说："仁宗延祐元年定服色等第诏：娼家出人，只

图81　肚兜
石榴图腾表达生殖崇拜，寓意多子多孙。

服皂褙子，不得乘坐车马。”《太和正音谱》说：“赵子昂曰娼妇所作词，曰绿巾词。”《明史·舆服志》说：“教坊司冠服，洪武三年定。教坊司乐艺青‘卍’字顶巾，系红线褡专，乐妓明角冠皂褙子，不许与民妻同……教坊司伶人常服绿色巾，以别士庶之服。”刘辰《国初事迹》说：“太祖立富家乐院于乾道桥，男子令戴绿巾，腰系红褡于，足穿带毛猪皮靴。不许于道中走，只于道边左右行。或令作匠穿甲，妓妇戴皂冠，身穿皂褙子，出入不许穿华丽衣服。”

到了清代，娼妓装束以江南样式为主，追求淡妆素抹，《海陬冶游录》说：“以青楼之趋向为雅俗。沪城之妓，皆从吴门来，故大半取吴为式。其时下妓多呼缝人，授以新样，备诸组织，穷极巧糜。若其淡妆素抹，神韵独绝者，当别具只眼物色之……”芬利它行者《竹西花事小录》说："曲中装束，尽效苏台。金泥裙带，翠袖，芙蓉，模仿未必全工。而规模亦已粗具……"《秦淮感旧集》说："三五年来……每见秦淮名妓，最著者不施粉黛，淡扫蛾眉，或效女学生装束，居然大家。是以胡海滨朋，乌衣子弟，糜不目眩神迷，逢迎恐后，情长七气短，沉溺日深。"至上海娼妓衣服之别裁，尤骇人耳目。清季每逢秋赛，游客如云，争相夸美，皆鲜衣盛服，斗艳于十里洋场中。尤其流行大红缎织金衣，镶以珠边，力求光彩四射，于是各妓争相仿效，竞尚浓艳。足见内衣与妓女的职业装束很有关系。

中国近代随着通商口岸的开辟，铁路的兴建，商业的繁盛，军队的驻扎以及政治行政中心的变动等，娼妓业得以发展和繁荣。

以上海为例，妓女是分等级的。一般来说，妓女的等级是以其所在妓院的等级而定的。《沪游记略》、《新增申江时下胜景图说》中描述，在上海妓院中"善歌者曰书寓，较长二尤请贵焉。其来子姑苏者最多，故声口皆作苏音，宁波、扬州皆能歌之。""书寓、长三、幺二三者宗名曰堂子，装潢陈设如王侯，床榻、几案、帘帏以外，洋镜、藤椅及玻璃灯、时辰钟色色皆备，以精粗为等差焉。"

上海的妓女有"野鸡"、"咸肉庄"、"咸水妹"等各种名堂。"野鸡"指夜间在马路上拉客，没有上捐的妓女。上海的四马路、五马路（今福州路、广东路）的僻静角落是她们做生意的地方。她们拉客的口头禅是："到我们那里去玩玩吧！"至于"咸肉庄"里的姑娘是不挂牌不上税不领牌照的。这些暗中卖淫的女人不一定是穷人，有些是赌博输了钱或想找些零用钱的小姐、姨太太。每宿三五十元不等，最低等的"咸肉庄"每宿收费才三元。"咸水妹"也是不挂牌的私娼，她们性服务的对象是来到上海码头的外轮水手和船员，也是自己去码头兜揽生意的。另据马寅初的考证："上海之咸水妹，初不知其命名之意义，后闻熟悉上海掌故之某外国人云，当外人初至上海时，目睹此辈妓女，誉之曰'handsome'，积久，遂译音为咸水妹云。"此时期妓女的内衣比较多样，既有舶来品的文胸与小马甲，也有传统肚兜与中式小袄，内衣装饰也开始运用西方社会的工业化花边与贴花，不同身价与等级的妓女对内衣的选择也各不相同。

在古代上等妓院中，有才华的女子才属上等，而不是长得漂亮。权衡妓女才华除了聪明灵巧、能歌善舞及具有文学才华外，就是要掌握女红技巧，能绘能绣，并以华美的内衣来炫耀与美化自己的身体，让异性由"性"转为"情"，以利最终能赎身于意中人而托付终身。"上等妓院的妓女，在社会上有公认的地位，她们的职业是合法的，没有什么耻辱可言，与社会底层的娼妓相反，她们并不受到社会的歧视。宋朝时的妓女在婚礼中特别起着合法的作用。当然，所有妓女的最高理想都是被一个爱她的男人赎身。妓女按照才能分成等级。只靠长得漂亮的妓女一般都属于最下等，她们集体住在一栋房子里，受到严密的监视"（高罗佩《中国艳情》P218—219）。独立的客厅也是妓女们对内衣等女红品进行手工织绣以及交流技艺的场所。

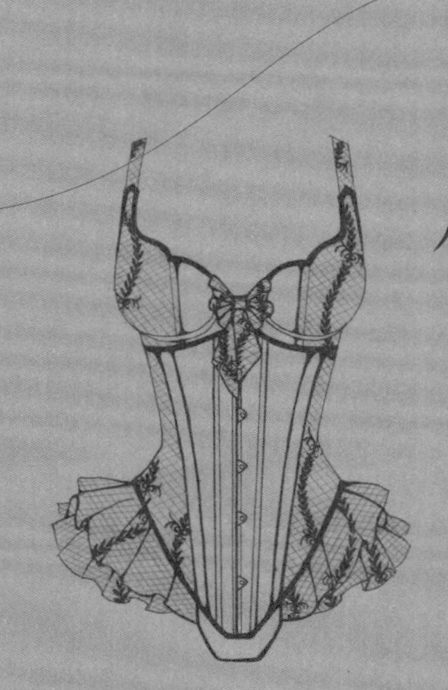

展露式情色

西方内衣自克里特岛半裙至文艺复兴兴起的紧身胸衣（图82），直至20世纪的胸罩、比基尼等，通过表现、展露来使身体情色化的动机贯穿始终，也可以说内衣是一种“身体的外延”，是性爱过程中一个欲擒故纵、欲扬先抑的性暗示手段。正如西方学者彼得·布克斯在《人体艺术》中所言：“内衣就是身体。身体在内衣的怀抱下有了它的形状；内衣因为有了身体的填充而和它合二为一。”（图83）

内衣之所以在西方文化中被看作“包裹”的裸体，与西方文化中的裸体崇拜有关。自古希腊起裸体成为人体学科的表现形式，到了文艺复兴时期，理想的肉体美已顺理成章地被公认为美的最高形式（图84）。

图82　壁画（摹本）克里特时期身着半裙的人们。

图83　插画（摹本）
1906年，身着前身挺直款紧身胸衣的女性。内衣将她的身体紧紧包裹，形成当时人们普遍追求的“S”形。

图84　插画（摹本）
1795年—1799年间的胸衣，表现胸部的挺拔，更体现西方文化中对理想人体美的追求。

一、理想的肉体美

就理想的肉体美而言，自文艺复兴起，以新兴阶级为代表，人们提出了健康、充满活力的一整套观念以对抗中世纪的禁欲主义。新兴的人文思想与生活理想成为一种真正现实主义的新气象，剥去了对身体表现的神秘外衣，从天上接引到地上，首先以人为中心。对亚当和夏娃的肉欲观念随着人的社会存在变化也有相应的变化，人从超越尘世灵魂的工具转化为欢乐理想的工具，自亚当与夏娃之后的“人”的第二次被发现，把人的理想宣布为做典型性感的人，比其他任何生命都能激发异性的爱及两性间的爱欲。西方文化中对理想肉体美的推崇由此建立。男子身体有发达的体表特征，表示强壮、精力充沛、性机能旺盛，便被视为美男子；女子身体有母性必需的一切条件则被视为美女。16世纪法国波特在《人的体貌》中是这样描绘男子体貌美的：

体格魁梧，宽脸，眉毛微弯，大眼，下颌方正，脖子粗壮，肩肋结实，宽胸，腹部收缩，胯部骨骼大而突出，四肢青筋虬结，膝盖结实，小腿强壮，腿肚鼓起，两腿匀称，虎背熊腰，步伐沉稳，嗓音洪亮。性格应是宽宏大度，心地单纯，公平正直，无所畏惧而爱惜自己的名誉。

至于女子的体貌美更有相关的描绘，如阿里奥斯托的长诗《热恋的罗兰》：

她的喉部像牛奶一样白嫩，脖子雪白，圆浑而秀美，胸部宽而丰盈，双乳一如微风吹动的海浪轻轻起伏。浅色衣衫内是阿耳戈斯的眼睛也看不到的旖旎风光，不过人人明白，里面也是一样的美艳。胳臂秀美，像象牙雕成的手，十指纤纤，手掌上看不见一丝青筋。婀娜多姿的身子下露出一双浑圆的秀足，美若天仙，透出夺目的光艳。

在理想的肉体美中，对于女人，丰腴比娇媚和优雅更受欢迎，直接影响了紧身胸衣的造型，这也是紧身胸衣无论怎样变幻款式，都将对乳房与臀的丰腴表现放在第一位的原因。女人应当既是朱诺（罗马女神），又是维纳斯，谁能通过胸衣来显示她的丰盈双乳，谁就会博得众人的赞赏。尤其是少女，都视高耸的乳峰为一种荣耀与财富。女人高头大马、丰乳宽胯为美，也可以从鲁本斯（17世纪德国画家）的绘画中得出结论。生活中，男人总会吹嘘自己的妻子或情人人体如何之美，并愿意给朋友亲眼领略，穆纳《傻瓜园》中写道：“可以找到很多傻瓜，逢人便炫耀他们的老婆，他们会反复说他们的老婆多么多么漂亮，你见了准会目瞪口呆。”布朗当也这样写道：“我认识几位先生，他们向朋友夸他们的妻子，而且还要把她们的美详细地描述出来。”一个人称赞他妻子的肤色，像象牙一般洁白，白里透红，红里又透着白，手像绸缎一样柔和。另一个人夸他的妻子身体丰满，乳房富有弹性，像“两只大苹果，红艳艳的乳头极美”，或者像“两只形状优美的球，上面各点缀一颗红彤彤的浆果，像大理石般坚硬”，而她的胯股，则“像个半球，能给人以最大享受”。有的人吹嘘他的妻子有双鬼斧神工雕刻出来的粉腿，“两根轩昂的柱子支撑在一个美轮美奂的三角体下面”。这些人甚至连最隐秘的细节也不放过（图85）。

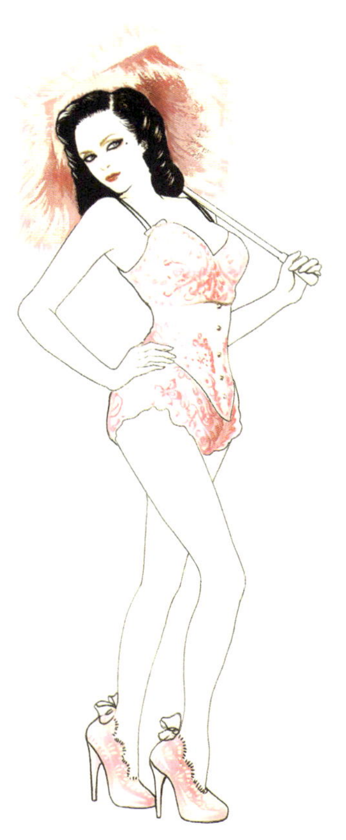

图85 时尚内衣
雪白的肌肤和粉嫩的内衣尽显女性的娇媚。

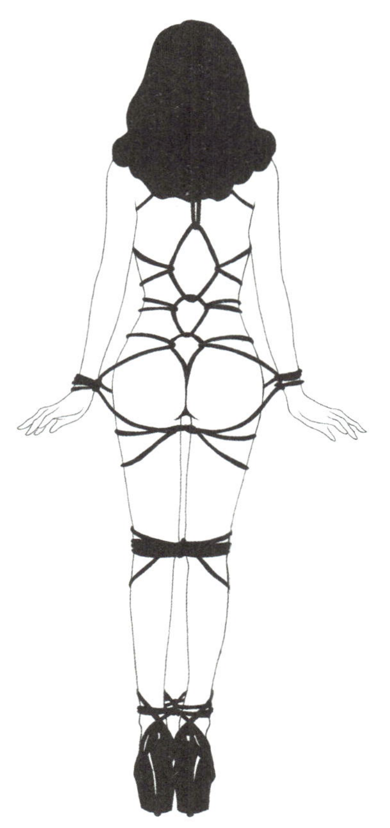

图86　时尚内衣
以线条缚束的性感内衣与女人的身体相映成趣。

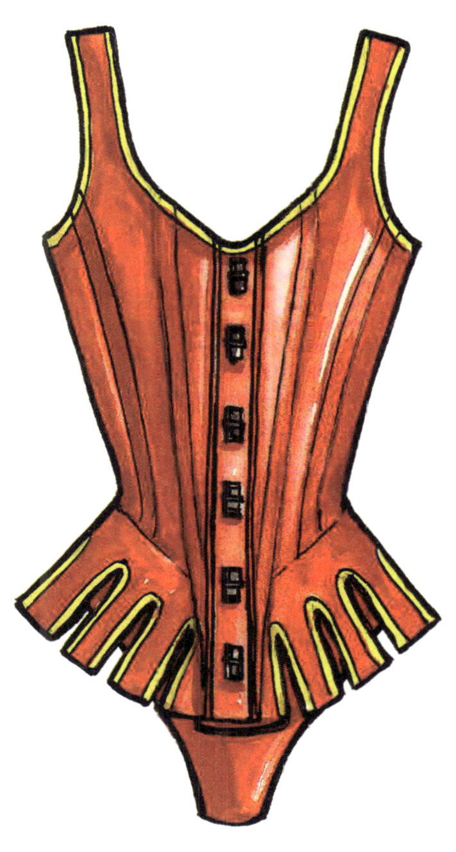

图87　复古风格的紧身胸衣
紧身胸衣使女人的身体更具性感魅力，是身体崇拜的充分体现。

无论是贵族的风气，还是宫廷的节庆及贵族生活圈，人们关于妻子或情妇的精神品质，那是根本不屑一提的。只要是美丽的肉体，却要从头到脚，再从脚到头纤细描写品评一番。口说无凭，往往还要做到眼见为实，找个机会让朋友亲眼看看妻子出浴或者梳洗打扮，更乐意领他到妻子的卧室。妻子正在那里睡觉，怎么也不会想到有外人窥视，赤条条地让他看个够。有时丈夫居然亲自出马，掀开自己妻子的被子，让好奇的朋友把妻子的春光一览无余地看个够。此时的丈夫像献宝一样，把妻子的肉体美献给大家欣赏，以得到大家的羡慕，也消除掉大家心底的疑虑。妻子也常常听任丈夫带他的朋友到她的床前，甚至在她睡觉的时候掀开掩住身体的被子。当时的作家曾多次提到这种事例，故事里也常有这种情节，由此可见其时对于身体的崇拜是多么登峰造极（图86、图87）。

裸体与紧身胸衣在西方文化中是密不可分的一个整体，紧身胸衣无论形态还是意念表现均是身体的魅惑。著名的画家马奈曾经描述：“也许我们可以将缎制的紧身胸衣看成是当代的裸体塑像。”在他那幅十分出名的油画《娜娜》上主人公穿着浅蓝色缎制紧身胸衣，评论家们称其身上的盛装（又称豪华的晨衣）才是整幅油画的点睛之笔（图88），其中有一段文字：“赤裸得不能再赤裸，罩着那蓬松又轻盈的内衣，美丽而纯洁的少女，透出那苗条的身材和迷人的魅力……”为什么人们会认为画中少女身上的内衣是如此挑逗如

图88　娜娜（油画）
1877年，马奈。

图89　时尚内衣
通过紧身胸衣装点的身体比裸体更具迷人魅力。

此色情，并且把紧身内衣与赤裸相提并论呢？艺术史学家玛西亚·波音顿认为，裸体画是一种“可视的修辞法”。而安·霍兰在她的《透视服装》一书中也提出她自己的观点，这就是着装并非赤裸的反义词，它只不过是裸体的另一种形态。在当时服装被视为“身体的外延”和“可剔除的派生物”，它作为“可耻的媒介物”而存在，与身体和文化的概念有着若即若离的关系。马里奥·珀尼奥拉进一步提出：“在绘画艺术作品中，性吸引就恰恰产生于着装与裸体之间。因此，吸引的产生是以服装转化的可能性——由一种状态到另一种状态——为前提条件的。有些服装就在‘象征性地遮掩身体’方面起了不小的作用。很明显，紧身内衣的部分魅力就恰恰来自于它作为内衣时的情形，它介于传统意义上的裸体与着装之间，一个穿着内衣的人，既可以说穿着衣服也可以说一丝不挂。”从这些言论中可以看出，紧身胸衣已经作为情色与服装之间那微妙的遮挡媒介，也正通过这种紧身胸衣的修饰，让情色有了一层更加唯美的包裹（图89）。

到了19世纪，内衣一下子就变成了“性趣”爱好者们关注的焦点。传统观点甚至认为，为内衣而疯狂的人，归根到底是为裸体而痴迷，穿内衣的身体只不过是赤身裸体的间接表现形式，是性爱的前奏曲，因此穿上它只不过是为了掩人耳目，遮羞也不过是在内衣力所能及的范围之内，效果极其有限。虽然此种观点有失偏颇，但也从侧面看出人们几乎把裸体、情色与内衣画起了等号（图90）。舆论认为妓女和女演员是穿着花里胡哨内衣的始作俑者，除了她们没有人会愿意为了吸引匆匆过客一转头的目光而在内衣上大花本钱。

图90　时尚内衣
具有挑逗性的内衣更具有诱惑性。

图91　插画（摹本）
“女为悦己者容”，即便穿着紧身胸衣痛苦又费力，女性还是对它有种无法自拔的迷恋。

因为在19世纪70年代，大多数女人仍然穿着式样普通的白色内衣，所以在马奈油画中的娜娜穿着的那件蓝色的缎织内衣更显特别之处，上面的每一寸似乎都记录着她的风流韵事。19世纪90年代是女性内衣繁荣的时代，而且对那个时代的男性而言，穿紧身胸衣的女人要比一丝不挂更为性感（图91）。例如在一幅法国漫画《圣安东尼奥的诱惑》中就有一位面对裸体女人心无杂念的圣徒，但是那位女郎一穿上内衣裤和紧身胸衣，他就再也无法掩饰心中的兴奋了。紧身胸衣作为女性服饰中的一种，充分显示了其独特性和故事性，尤其是在体现身体情趣方面（图92）。德加在他的笔记本里有一段自警的话：“任何与人有过接触，曾经被人使用或伴人生活的物品都是有生命的。比如内衣，即使已经脱下来，它还是保持着身体原有的轮廓等等。”紧身胸衣潜伏在体面外表的下面不断使人注意到肮脏思想和行为的存在，西方学者康佐在《反女权主义的服装改革》中作出结论：束腰及随之而来的低领服装作为一种时尚而首次出现于14世纪中叶并一直苟延到第一次世界大战的现象，并非历史上的偶然。束腰和低领服装是西方服装增强性感的主要手段（图93）。

通常情况下，西方内衣中的文胸、三角形底裤、吊带丝袜这三大件是最常用的基础装饰，最简易的内衣也就是丁字裤（图94）。

然而在色情文化下的衍生与推波助澜，使内衣的情色功能更为鲜明。西方社会与“性”有关的东西屡见不鲜。在电视、电影、音乐、文字和各种表演中，在商业、广告和美术作品中，在多种报章杂志中，色情文化被看成是现代西方文化的一个特征，色情文化

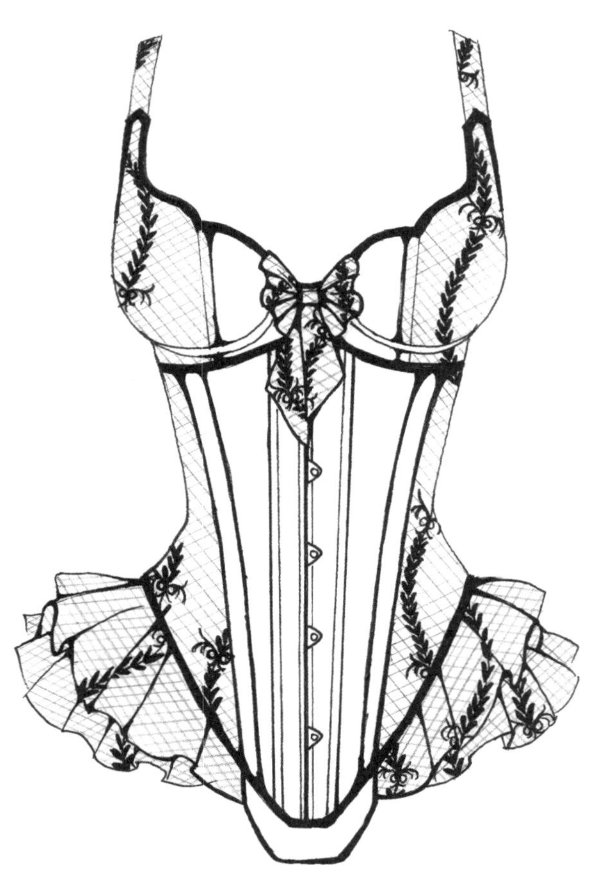

图92　时尚内衣
具有情色风格的内衣赋予女性迷人的风情。

图93　时尚内衣
紧身胸衣是服装潮流中不可或缺的重要部分。

和暴力文化已成为西方文化的重要组成部分。1999年2月凯瑟家庭基金会的一份调查报告被路透社发表，报告称，美国电视中带有性描写的节目已达到56%。同时，其他文化内容也有不少性交文字，85%的肥皂剧亦充满了性描写，83%的电影、28%的倾谈节目、58%的戏剧、56%的情景戏剧、58%的新闻杂志都存在大量性描写。加之色情杂志、网络文化、电脑动漫等一系列色情文化极大地促进了情趣内衣行业的高速发展，此类内衣的设计与穿着均强调性的诱惑与私密器官的表现，在“露”或“半露”的结构、“透”或“半透”的纱质材料（图95）、“清纯”或“野性”（带有金属及皮革的受虐式狂野）之间徘徊（图96）。随着计算机与网络文化的普及，如今电脑游戏的主页面几乎都是穿着性感内衣而表现身体的画面（图97）。

西方社会虽然在古希腊和一些民族的某些特殊时期，那些出色的娼妓被人们当作名人一样崇拜，但是大部分历史时期，娼妓仍被视为淫贱和堕落者。为娼者大多是年轻、美貌、具有性诱惑力的女子，这些女子的职业就是想方设法诱惑男人，这也刺激了化妆术、服装业的发展。哈佛大学夏奈尔博士认为，娼妓业的兴盛体现了“姿色就是力量”的理

图94　时尚内衣
甜美风格的蓝地蕾丝装饰内衣套装，包括文胸、三角形底裤、吊带丝袜三大基础装饰。

图95 时尚内衣
“露”与“透”的内衣设计极具情色诱惑。

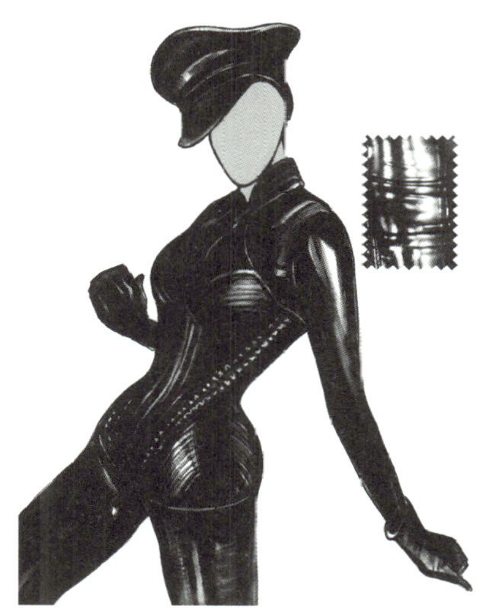

图96　时尚内衣
皮质材料与金属扣合成的内衣尽显狂野。

图97　日本动漫《天降尤物》
传达性感的内衣也带动了成人动漫行业。

图98　给自己涂胭脂的女人（油画）
1889年—1890年，乔治·修拉。身着紧身胸衣的女性在人们眼口总是私密而性感的。

念，娼妓业带动了内衣行业的急速发展（图98）。在当今一些西方城市的许多第一流街道上，这样的风气仍可见到。马道宗《世界娼妓史》：“在漂亮的马德里街道上有不少房屋，厚颜无耻的姑娘们就站在门口。在这里您可以看到油头粉面、描眉画眼的女主人，她们穿着前胸开口极低的衣服，使整个胸部都被暴露得一览无遗，嘴里叼着一根香烟。她们有时变得非常放肆无礼，拦截所有过路人。”

图99　时尚内衣
这种被称之为“鱼雷成”造型的尖耸胸罩，刻意强调女性第二性征，使乳房成为注目的焦点。

图100　穿着宫廷裙衣的玛丽·安托瓦妮特（油画）
约1778年。丰满的胸部、细而挺拔的腰身以及宽大的裙摆是贵族们引领的潮流。

二、胸乳表现

西方社会情色内衣的功能，首要是表现与强调乳房的美与性魅力。只有美的肉体才能激起男子的爱，只有女人的肉体才能使男人动心，才能赢得男人的倾慕。在文学作品的女性身体描绘中，被赞美得最多的是胸部。雪白的乳房宛若象牙雕就，像两只糖球或维纳斯山丘在胸褡之外凸显，像“两个太阳冉冉升起”，像“两个矛头”等等，到处是对女人乳房的赞歌（图99）。凡是给女人的赞歌，就数乳房被唱得最多最响亮。诗人汉斯·萨克斯是这样颂扬他的美人的：“她的雪白的脖子下面是两只布满细细青筋的乳房，好像是花纹装饰。”

自文艺复兴时代起，紧身胸衣对于胸乳的描绘简直是登峰造极，空前绝后。它的理想化形象成为那个时代永不枯竭的情色主题之一。在那个时代，女人的胸乳可谓是最大的美的奇迹。不管人们如何表现女人的生活，他都能找到赞美女人胸乳的机会，而且总是颂扬它的健康的自然美，亦即在适当原则上建立起来的美。这样的胸乳总是那种创造出来让人从中体会生命力的乳房，在此，紧身胸衣成为对乳房赞美的一种载体（图100）。

图101　超人（影视形象）
内裤外穿成为男性强化性感的符号。

三、内裤外穿

在内衣系统中，自远古到20世纪美国文化中的超人形象，男性用内裤来充当性感的符号一直沿传至今。在1991年阿尔卑斯山发现的具有五千多年历史的冰人，身着皮革缠腰带，被认为是男性内裤的雏形。小小的皮革在裆部的缠绕不仅是为了保暖与遮盖，更是奥兹民族男性征服异性而体现勇猛的象征。希腊罗马时期的男性角斗士，身体可无寸缕，但裆部必用腰布，除了防护之外，更多的是为了征服。文艺复兴时期男性的紧身裤已开始在裆部另外附上绣片花卉或民族图腾的内裤，强调对裆部的重点表现。这个时期（1485—1520）出现的一种男性套在紧身裤上的三角内裤，绣有美丽的花纹及种子纹样，是一种

图102　超人总动员（动漫形象）
内裤外穿的形象成为一种符号，内衣形象带动了“超人”的多媒体产业。

鲜明的性暗示，它有专门的名称“酷比思”（codpiece），为男性内裤首次外穿的记录。亨利八世（1507—1547）是为人熟知的好女色之徒，他将内裤看作是男性“隐秘的勋章”，与男性的力量、财富、色欲紧密联系起来。到了20世纪，内裤已完全成为性感的符号，“男内裤现在看上去充满性感和诱惑力”，“男内裤对阴茎的强调促使人们购买这种内衣，这样，在经历了许多世纪的强烈禁止后，阴茎作为一种形象的一部分而公开出现”（珍妮弗·克雷克《时装的面貌》）。1935年美国芝加哥Jockey公司发布了第一条“Y”字形三角内裤，“内裤”一词被正式收入词典，成为男装的一个单独分类。到了20世纪30年代，家喻户晓的漫画式人物“超人”出现，更将隐秘式时装的内裤放到大众眼前，外穿在蓝色紧身内衣上的红色内裤成为男性强化性感的符号（图101、图102）。如今，以美国设计师卡尔文·克莱恩为首的设计师也开始将自己的名字印在内裤上，尤其是男性内裤裆部左右插入式开襟结构的设计，是一次革命性的结构提升，它使得男性上公共厕所时不至于感到难堪，又使裆部隆起的男性生殖器官形象更整体而饱满，它不亚于女性卫生巾的发明，所有这些都为内裤新式样的发展制定了标杆。

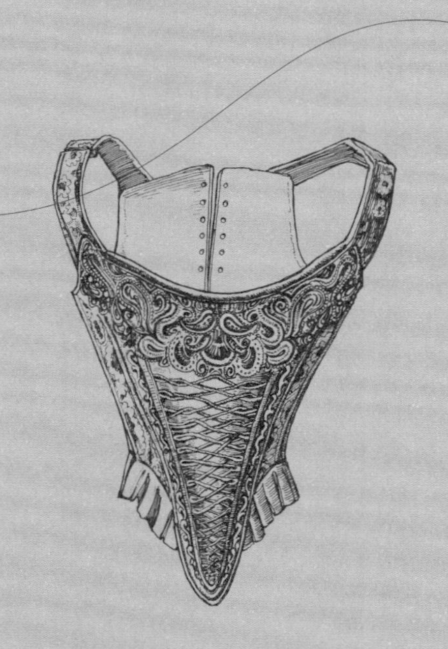

深层构建

在中西方内衣文化中，款式、服色、图腾、技艺等在文化学意义上属浅层文化结构，亦称显性文化，具有符号性特征，而潜藏在这些形态界面背后的意欲、价值观、制约性等则属于深层文化结构，亦称隐性文化。浅层文化结构与深层文化结构二者是统一并相辅相成的，前者是后者的外部表现形式，后者是前者的内在规定和灵魂。对内衣文化深层结构的研究，除了身体表现的价值理想、情色功利等内容之外，还需透过内衣的独特属性来认识其区别于其他服饰文化的个质。诸如它生成的哲学内涵，资本主义社会奢侈生活方式、宠姬理想、生育观等对内衣生成的文化构建等，从而透过表象而寻根求源，摸清其脉络的特质。

中西方内衣文化与其他文化类型相比，更具物质性与身体性，它的构建总是与具体的物质形态及身体交织在一起，以人与身体为基本物质条件，内衣为人化的物质，实际上成了精神的物化或物化了的精神。内衣文化中的隐形性，与外在服饰决然不同，它以一种非制度化的特征显呈出来。它不像外衣那样具有鲜明的品第、职业规定性，既没有像冕服、深衣、补服那样富有制度与典章，也没有像燕尾服、西服那样强调身份标志，而是围绕对女性的评价、身体的价值而展开，这种差异性构成了内衣与外衣本质的不同。

一、哲学内涵

面相即心相。人类服饰文化中的内衣系统，从外界及传统思维来看，尽管它们是人类日常生活中最密切最广泛的一种伴侣，但人们总回避论及与洞察它只可意会不可言表的生成基因。当我们梳理中西方内衣历史文化的时候，真切地感觉到那是两个不同的理想世界，中国文化基调的内敛、含蓄与西方文化中的张扬、个性清晰地显现出来。尽管中西方内衣文化两条平行流动的长河偶尔出现汇聚的小小支流，但始终遵循并坚守着各自的理想园囿，正如我们的内衣审美难以走出平面视角与宗法象征，以“藏”为特征（图103），

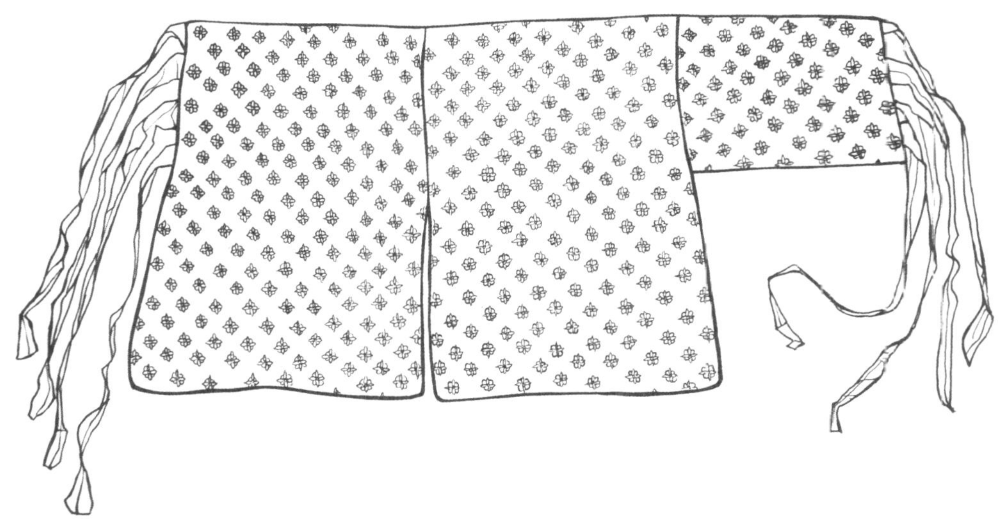

图103　金代男性内衣
黑龙江阿城金墓出土物，织金锦为面，平纹绢为里，内纳薄锦，上宽155厘米，下宽112厘米，中间衩长54厘米，两侧各缀四条绢带。平面视角的结构分割体现对身体以“藏”为主的宗法意识。

图104　时尚内衣
西方人崇尚三维立体与开放式审美，内衣设计以“显”为特征。

而西方人坚守三维立体与开放意识，以“显”为特征（图104）。

让我们拨开中西方内衣外在的纱幕，探讨它们在造物的宇宙观、思维方式、实用价值观方面的结构性差异。“作为形而上学的哲学之事情乃是存在者之存在，乃是实体性和主体性为形态的存在者之在场状态”（海德格尔《哲学的终结和思的任务》P76）。对中西方内衣为形态的“存在者之在场状态”研究，是为了更好地解构它们的存在，在传承与创新中准确把握两者之间的脉络。

中国古代服饰文化中将内衣统称为“亵衣”，同时，将遮胸蔽乳的贴身衣物称为“肚兜”（亦称“兜肚”），而不称为“乳兜”或“胸兜”，都是服从于礼教的一个原则，那就是回避对身体与性特征的表达。“亵”有轻薄、不庄重、私密等意思，用“肚兜”不用“乳兜”或“胸兜”，均源自封建礼教与礼仪规范中对女性的蔑视与妖化，也是对于身着内衣的女性所流露出的诱惑与性征的负面形容。无论是抹胸还是肚兜，遮掩胸乳仅是表象，实际是展示中国女性内敛、含蓄、委婉、悠然的意境美，通过它对身体表现的蒙眬与神秘而平添妩媚动人的浮想，隐约中深藏着暗香，对身体的“藏”为根本（图105）。反观西方，无论是公元前2500年克里特岛的袒乳束腰半裙，还是文艺复兴之后的紧身胸衣，直至19世纪末乳罩的出现，皆突出与强调女性的乳房，以唤起欲望的身体表现欲贯穿始终。这在很大程度上，源自西方人早期对于生殖与繁衍的原始崇拜、在《旧约全书·创世记》中，就有描述我们熟悉的亚当与夏娃第一性征的情节，闻名世界的维纳斯女神圆滚

图105 肚兜
肚兜展示的是中国女性内敛、含蓄、委婉、悠然的意境美。

图106　束腰（摹本）
1777年。女人们通过束腰挤出浑圆饱满的乳房，体现以“显”为美的审美意识。

饱满的乳房又强化了第二性征的特点，所有这些都体现了以“显”为美的审美意识（图106）。

中西方内衣在思维与实用价值观上的差异根基于不同的文化认同与价值理想。前者强调人与物之间的相同与互系的联系，内衣也是身体之上的一种心象。后者侧重人与物之间的直观对应，内衣也是身体管理的器具之一。以肚兜中的“百子图”为例，在西方文化背景下人的潜意识认为“百子”是一百个单个个体人，而对于中国人，内衣上的“百子”图腾，却不是“一百个单个个体人”，而是一个整数字，是互系与“多子多孙”、“子孙兴旺”的集约式寄寓（图107）。“百子图”中的“多”不仅是表示男女数量，更是对自然、社会万物及人之间相通、互变、互系的联系的表达。这种“多”也就是“一”，“一”指“一道”或“一理”，“一”在于女性必具“多子多孙”、“子孙兴旺”的生育之道。魏晋玄学家王弼曰：“万物万形，其归一也，何由致一？有言有一，数尽乎斯……”（《老子》四十二章注）。再如，肚兜中常用的七夕“鹊桥会”题材，西方人认为是一个身着古装的女性在看着一个半悬在天空的男子或两性相爱，而中国内衣上所表达的却是“在天愿作比翼鸟，在地愿为连理枝”（白居易《长恨歌》）、“我欲与君相知，长命无绝衰。山无棱，江水为竭，冬雷震震，夏雨雪，天地合，乃敢与君绝”（汉乐府《上邪》）、“枕前发尽千般愿：要休且待青山烂，水面上秤锤浮，直待黄河彻底枯”（敦煌曲《菩萨蛮》）、“柔情似水，佳期如梦，忍顾鹊桥归路”（秦观《鹊桥仙》）等女性对情爱的宣誓举动，愿天地能听到她们的誓言，愿她们的爱像高山大海一样长久，是

图107　肚兜
肚兜中的“百子图”并非一百个孩子，而是多个孩童形象，寓意“多子多孙”、“子孙兴旺”。

图108　肚兜（局部）
以“喜结连理”图腾寓意夫妻恩爱，相伴长久。

中国文化“天人合一”宇宙观与“一拜天地”婚俗的誓言，通过“鹊桥会”来相通于情爱理想与生命价值，图腾与情爱的精神理想相切换而互系，潜意识中是对爱的宣誓（图108、图109）。

我们知道中西方内衣的造物均依赖纺织材料及相应的辅料，但西方内衣善用钢条与衬料，中国内衣善用色彩与绣纹，西方内衣强调立体塑形，中国内衣多为平裁掩覆。这都不是对材料与工艺天生的爱好与习惯，而是两者在思维方式与实用价值上的大相径庭。不同民族的性格差异与文化差异决定了它们在平面与立体、柔美与刚硕、比兴与直率等方面不同的价值取向。

中西方内衣造物思维上的平面与立体，是结构形态上最根本的差异，也可以说体现了写意与写实的不同意境美追求。中国内衣以平面几何形态的分割为基础，追求物象的“正面律”，放弃造物的凹凸与阴影；西方内衣以还原身体物件的原貌为特征，自然模仿中追求几何主义与透视的三维立体效果。“正面律”的内衣造物在于以经过提炼和抽象而成

图109　肚兜

通过“喜结连理”纹样表达“在地愿为连理枝”的情爱宣誓。

图110　肚兜
装饰花卉图腾以经过提炼和抽象而成的轮廓线描来表现。

的平面化形象来表达情感与意象，强调轮廓与线条，例如结构外观的四方形、三角形、元宝形，图腾中花卉形象的平面轮廓线描（图110）。这些与西方内衣相比，超脱了具象含有的成分，以平面结构与线条来以形写神。依附于平面造物思维模式的另一方面，就是“以虚代实”，以“留白”的“虚”来衬托主体形象的“实”。“留白”亦称“佈白”，肚兜图腾上留出空白是“虚”的刻意表现，目的在于使主题图腾更鲜明强烈，也给予了观赏者更多想象的空间（图111）。“留白”处为“虚”，纹样处为“实”，两者相对，虚实相生，交互运用，“虚则实之，实则虚之，世事有时也是真假难辨”，充分体现着国人对自然生命力思辨式的哲学观。中国内衣中以肚兜为代表的装饰极其清晰地印证着中国艺术精神表现中的辩证关系，强调纹样的虚实与疏密布局关系（图112），“画在有笔墨处，画之妙在无笔墨处”（戴熙《习斋画絮》）的审美处置使装饰情与景、意与境交融化合。正如宋人范晞文曾引用伯弜《四虚序》之言：“不以虚为虚，而以实为虚，化景物为情思。”这种虚实与疏密也是古代哲学概念中的阴与阳的体现，目的在于用两种相互对立、相互消长的势力和属性来表现自然。在肚兜装饰上由阴阳派生的还有形与神，南朝宋画家宗炳云言：“今神妙形粗，相与为用，以妙缘粗，则知以虚缘有矣。”《庄子》也有言：“可以言论者，物之粗也；可以意致者，物之精也。”“粗”是指事物的外表形貌，“精”是事物的内在精神，在肚兜图腾布局中，形是外相，神是内涵。神是内在意蕴，形是外在表现。形可以直观鉴赏，神则只可心领神会，以审美思维来体悟它。例如，肚兜中五毒形象的拟人式形象，将人的面部形象与动物的躯干形象相互重构，这里的“五毒之虫”具有了人的神韵（图113）。反观西方内衣自克里特半裙式胸衣起，始终追求以三维立体“人台式”的结构理念来展露身体，还原并强化身体的原貌，将身体几何化、比例化、立体化（图114）。紧身胸衣与文胸如同它们的建筑一样，开放与透敞，此与古希腊文明中特有的酒神文化汇总追求的享乐主义与个人主义密切相关，宣扬的是健康、乐观及七情六欲折射出的体量意识，从而对身体的立体塑形强调几何分割与数的比例，比例中又刻意于节奏的变化，使身体经过三维立体式的内衣包裹后显得凹凸有致，以满足主客体

的多项欲望。西方内衣立体化、几何化、比例化地对身体进行再造，更是源于西方哲学中由柏拉图及亚里士多德开创的“模仿论”理式，并以“行动中的人”为模仿对象，把艺术造物按照“应当有的样子”去创造，“求其相似又比原来的人更美”（亚里士多德《诗学》）。紧身胸衣最能印证这个理念，它的三维形态既是女性身体的特征，又比性征更具女性意味与造型价值（图115）。

中西方内衣性格的差异也体现为柔美与刚硬的不同，如同中西方建筑，前者用木材后者用石头，木材细致、深秀、柔美，石头则刚硬、雄壮。中国内衣造型所选用的材质以丝绸、棉布为主，内衬也是软体的刮浆纺织材料；西方内衣无论是紧身胸衣还是文胸，均离不开鲸骨或钢条的内衬条支撑，强调躯体的挺拔如同古希腊柱式那般雄壮刚毅（图116）。中国内衣的柔美是内敛、含蓄而委婉的，柔美中深藏着一股股暗香；西方内衣的刚硬是对强烈视觉冲击力的营造，以表现女性诱人的胸、腰、臀等第二性征。

比兴与直率也是中西方内衣不同理念的造物差异。中国内衣表述的内在思想往往通过比兴的方式来陈述。例如，肚兜中常用的月亮图腾，西方人认为是夜晚，国人认为它是女

图111　肚兜
造物思维的另一方面，以大面积白色的“虚”衬托五彩小面积绣纹的“实”，使主题图腾更为鲜明强烈。

图112　肚兜

形象饱满、色彩鲜艳的鱼，与抽象线描的花与蝶形成鲜明对比，一实一虚，一紧一疏，张弛有度，印证了中国艺术精神表现的辩证关系。

图113　肚兜（局部）
拟人形象的“五毒之虫”，具有了人的神韵。

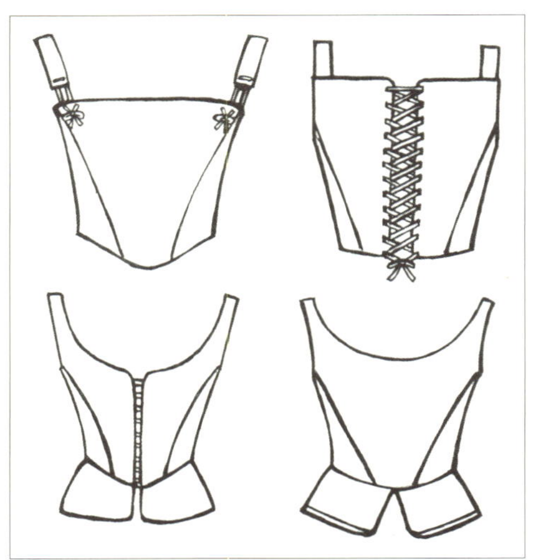

图114　紧身胸衣（摹本）
西方内衣造物理念追求几何化、比例化。

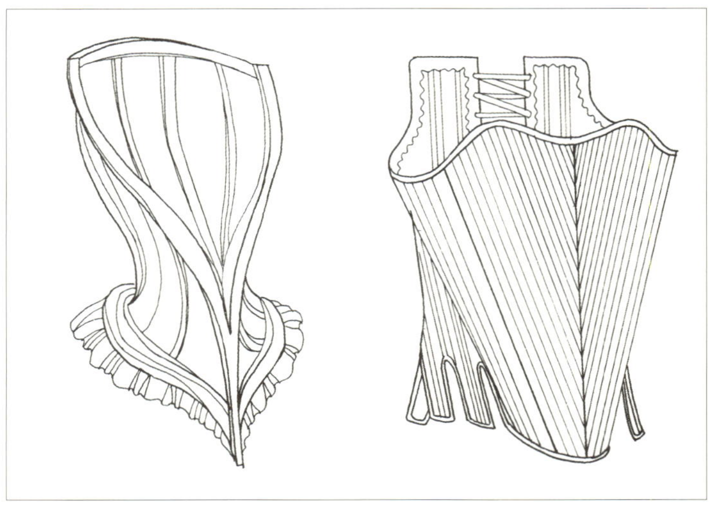

图115 紧身胸衣（摹本）
紧身胸衣的三维形态具有女性身体的特征，而且有女性意味和造型价值。

图116　紧身内衣广告
20世纪60年代，杜邦公司生产的紧身内衣用新型的“莱卡”纤维，为塑造女性挺拔的身躯提供了物质保证。

图117　肚兜
多种花果"集于一身"，以求牡丹之"富贵"、佛手之"多福"、仙桃之"多寿"。

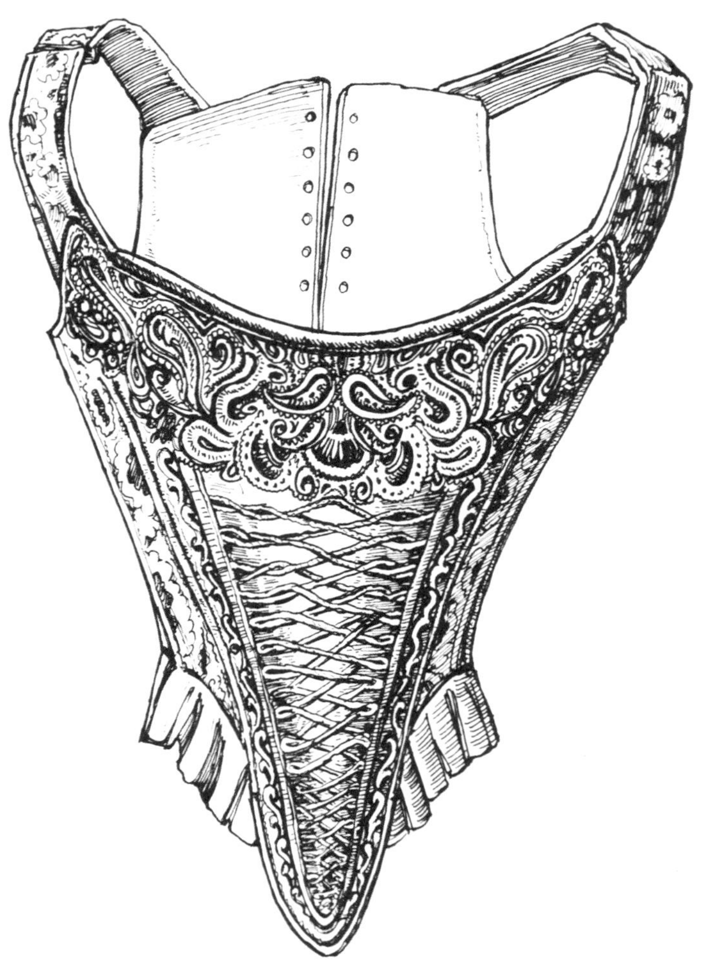

图118 紧身胸衣（摹本）
带有佩兹利纹样（亦称“火腿纹”）装饰的紧身胸衣。

性的化身，具有阴性的特征，对月亮的崇拜也是对生命与生育的崇拜。中国内衣图腾中的“比”利用不同此物与彼物某一点相似来比喻，使抽象的情感具体化，曲折地补充直说出来也不足以表达的感情，“兴”大量运用通感寄托感情，通感常与比兴手法联系来表现对情感寄寓的追求，例如不同花朵为四季常青、石榴为多子多孙、桃为长生不老等比兴手法的运用（图117）。西方内衣对身体表现直率而坦诚，它们在图腾上对生育的表达统一运用瑞果纹样（亦称“火腿纹”）来直诉繁殖的意愿（图118），结构上对身体的表露与展示，更是直言不讳，将胸、腰、臀直率地视为物欲的平台。这种直率的展露方式与西方文化中对裸体的崇拜及个人主义的自由观密切相关，正如黑格尔所言：“自由正是在他物中即是在自己本身中，自己依赖自己，自己是自己的决定者。”内衣守在身体里面，与表现身体所选择的内衣达到和谐，不是把身体交给内衣，而是在内衣中体现自己。

二、肚兜与女性社会地位

中国肚兜不单单是一种内在装束，它还体现着女性不同的社会地位与身份，具体表现

在以下几方面。

1. 女性是父权社会的经济附庸

在中国古代文化中女性地位一向为父权的从属，是父权社会男尊女卑观念的一种延续。在俗语中“嫁鸡随鸡，嫁狗随狗”，“妇凭夫贵，母凭子贵”等都是体现了这种女性的从属地位。在中国古代肚兜的纹样上均充分体现了这一特性。例如：“独占鳌头”纹样，寄寓了妇女对于夫君、儿子走向仕途成功的一种美好愿望（图119、图120），是妇女只有借他人之势才能成就自己社会价值的体现。她们丧失了家庭财产的所有权，只得借助婚姻或血缘关系，依附于男子，沦为了家庭的奴隶（图121）。旧时就有“男称丁，女称口”之说，封建时代皆以一家中“丁”的数目分配土地和担负赋税，把女性排除在外。中国古代妇女肚兜中还有“多子多福”、“早生贵子”、“百子图”等多种反映女性繁殖生育，传宗接代愿望的纹样（图122）。妇女只有通过生育才能稳固其价值体系和社会地位，这些关于生育的纹样便体现了妇女在封建社会压迫下产生的生育理想（图123）。据《礼记·内则》记载：“自妇无私货，无私畜，无私器；不敢私假，不敢私与。”这就是说，女子在出嫁前没有财产，出嫁后也没有私有物品，甚至从娘家带来的财产也一并被剥削掉，即使妇女出外求生，也被冠以“三姑六婆”受到各方歧视，有时甚至沦为男性买卖对象，陷入悲惨境地，这都是因为女性在经济地位上无法独立。泯灭女性的经济权利，令其成为男子的性奴隶和生育工具，以至于妇女只能作为一种从属的“产品”存在于男权封建社会中。

2. 女性被排除在政治之外

自阶级社会产生以来，“乾坤正位”便成为规范男女社会关系的理论基础。“女正位乎内，男正位乎外；男女正，天地之大义也。”在这种思维模式体系下，中国古代女性内衣的装饰都集中在表现自然美上，动物、植物图案的描绘与手工刺绣屡见不鲜，如“四季如春”纹样表达对于自然环境唯美的向往，“一生如意”的纹样反映对生活环境的理想追求。这些装饰纹样代表了女性在封建制度剥削压迫下仍然坚持的生活理想和生活态度（图124、图125）。虽然在内衣装饰中表达对生活的美好憧憬，但在现实中女性又不得不屈从于男人为自己设定的生活范围和既定角色中，将自己的生命价值降到次要的从属地位，从而形成了妇女无权的隐忍经历，形成了认为妇女无能的短见偏见，从而妇女本身已就成了无史的沉默群体。不仅如此，封建时代还宣扬“女祸论”，即认为宠信妇人，使之预政，必酿祸害。无论家政、国政都奉之为信条，引以为戒，使之成为限制女性预政的一件理论武器。总之，一切女性的基本政治权利在这一男权社会中消失殆尽。

3. 传统女教自始至终渗透着封建伦理的观念

儒家思想是中国封建社会的思想基石，故传统女教一向贯彻儒家的宗法伦理观念。汉代以前，就已经出现了奴化女性的封建女教，认为“妇女只许初识柴米鱼肉百字，多识字，有损无益也”，有的还认为“妇人识字多淫秽”。正是这种“女子无才便是德”的观点，剥夺了妇女学习文化知识的机会，使她们的才智开发不出来，能力不受培养，无法独立，即使夫婿妻妾成群，也毫无怨言。正如肚兜中“一夫多妾”的纹样，直接把夫婿三妻四妾的图案缝制在肚兜上，如果说这也是古代妇女所要表达的愿望，那么这个愿望是可悲

图119　肚兜（局部）
“独占鳌头”的纹样是传统肚兜中的常见图腾。

图120　肚兜
绣以“独占鳌头”纹样表达对夫君、儿子仕途前程锦绣的美好祝愿。

图121　肚兜
“指日高升”字样体现了女性借助他人之势实现自己社会价值的渴望。

图122　肚兜
“麒麟送子”、蝶与莲花的图腾表达出女性希望夫妻恩爱，早生贵子的愿望。

图123　肚兜
“莲生贵子”图腾体现女性对繁殖生育、传宗接代的重视。

图124　肚兜
“太平春富意贵”反映出对生活环境的理想追求，肚兜下摆的如意装饰表示“如意到心”的美好祈愿。

图125 肚兜
晚清时期的如意形肚兜，寓意一切如意、万事顺心。

图126　肚兜
“福”在心头，寓意万事皆福。

图127　肚兜
“一夫一妻多妾”的纹样绣于肚兜上，反映出封建社会女性对封建宗法思想、伦理道德的顺应与服从。

而又无奈的（图126、图127）。封建社会对于女性的德育尤为重视，尤其是关于封建宗法思想、伦理道德观念。西汉刘向《列女传》、东汉班昭《女诫》，成为讨论女子问题的范本，连同后来的《女论语》、《女行者行录》都在宣扬“三从四德”，“男尊女卑”。同时封建伦理观念在女性的婚姻爱情上也有诸多限制，古人讲究的门当户对、攀龙附凤都直接表现在了女性内衣的制造上。“好鸟枝头”纹样通过描绘鸟类倚在牡丹花上，来寄寓通过联姻、嫁娶而提升女性自我价值及社会价值的一种理念（图128、图129），体现女性在封建社会中没有地位却要攀上枝头变凤凰的夙愿。这是中国古代女性在封建教化下形成的固有理念，以至到现今这种思维模式还在影响着现代人择偶的行为准则。

图128　胸衣
民国时期，复合式红绸胸衣。五彩绣“好鸟枝头”表达女性择偶的社会价值观。

图129　肚兜
“飞上枝头变凤凰”的纹样寓意通过联姻、嫁娶来提升女性自我价值及社会价值的理念。

图130　插画（摹本）
1880年，格雷万。
左　《多么令人厌烦的女人》，画面表现情妇不停抱怨男人的家庭拖累彼此缠绵。
右　《密友之间》，反映19世纪的欧洲男女不知羞耻为何物的糟糕社会风气。

三、宠姬理想

内衣作为一种私密的身体装束，对身体的表现不言而喻，表现身体不是目的，潜在的意识是唤起异性的关注并迎合异性间的需求与气味，正所谓“为悦己者容”。古今中外，成为君主或贵族的宠姬是很多女性生命中的最高理想，也是君主专制制度中弄权的一种炫示。所以，在自文艺复兴起始的西方社会中，凡是养情妇之风极盛的时期与地方，极力表现身体的内衣也必然广为流行且各领风骚，养情妇的风气同疯狂浮华、号称“第二身体”的内衣连在一起，服务于淫逸奢靡的生活方式（图130）。中国历代社会也不例外，拥有“妾”、“姬”、“俾”、“伎”也是拥有财富特权男子的享乐方式（图131）。

中国的宠姬理想自母系氏族消失起便开始萌发，“一夫一妻多姬妾制”的享乐主义与独裁专制，一方面泯灭了人性平等，另一方面又迫使女性千方百计地去迎合男性的特权与享乐，使自己受到青睐与宠幸。以封建社会最盛的唐朝为例，女子以装饰打扮魅惑男性，以求受宠，袒胸露背的抹胸以表达丰腴为美，广川跋周昉《按筝图》说：“尝持以问人曰，人物丰秾，肌胜于骨。”姿态丰艳被认为是中唐时期妇女的标准美，内衣流行用大撮晕缬团花作为装饰，正如隋朝丁六娘的《十索曲》所言：“裙裁孔雀罗，红绿相参对。映以蛟龙锦，分明奇可爱。”（图132、图133）通过内衣的装束来表达媚惑，以博男性欢心，由薛蕴的《赠郑女郎》诗可见一斑：

图131　肚兜
图腾纹样反映了男性"一夫一妻多妾"的特权享乐方式。

图132　肚兜
鲜艳的红底，多层饰缘，使得肚兜丰富多彩，五彩绣人物纹样表现出女子对爱情的渴望与追求。

图133　肚兜
绿底衬以大面积红色系花果图腾，虽已降低明度与纯度，红绿相对，仍然鲜明夺目。

图134　《帮女士束腰的新机器》（摹本）
1828年，威廉·希斯。讽刺女性为了细腰想尽一切办法。

艳阳灼灼河洛神，珠帘绣户青楼春。
笑开一面红粉妆，东园几树桃花死。
朝理曲，暮理曲，独坐窗前一片玉。
行业娇，坐也娇，见之令人魂魄销。
堂前锦褥红地炉，绿沈香榼倾屠苏。
晚起罗衣香不断，灭烛每嫌秋夜短。

女子芙蓉般的脸、玉肌般的胸、艳丽的抹胸被认为是此时期女性的标准美，既迎合男子的鉴赏口味，又体现了女子期盼赏宠的心理。唐朝上至皇上，下至文人进士，宠姬之风盛行，《开元遗事》说："明皇与贵妃，每至酒酣，使妃子统'宫妓'百余人，帝统小中贵百余人，排两阵于掖庭中，名为风流阵，互相攻门，以为笑乐。"宫廷如此，民间也不例外，有姿色与才华的女子都以博得进士们的欢心而得荣耀，文人进士也为所宠之姬留下无数吐露情怀的诗篇，诸如白居易、元稹等人的诗文至今为人吟颂。

反观西方内衣，受宠姬理想影响更大。一是身体表现是西方文化的一部分，二是自君主专制制度兴起后，从宫廷到民间均视"能与国王同床"为一生荣耀。为此，各阶层的女性不遗余力地追求美貌、才艺与心机，以求攀龙附凤。在这种社会背景中，女人能做一名宠姬是最吃香的职业，许多父母干脆把女儿的培养方向定为日后能成为宠姬（图134）。孟黎夫人在她的《大西洲》中说："有远见的母亲叫女儿去海德公园和各家歌剧院，以便让她们在那里找到情人。"穆纳在《傻瓜诅咒》中说："男人如果拒绝给她们买漂亮首饰

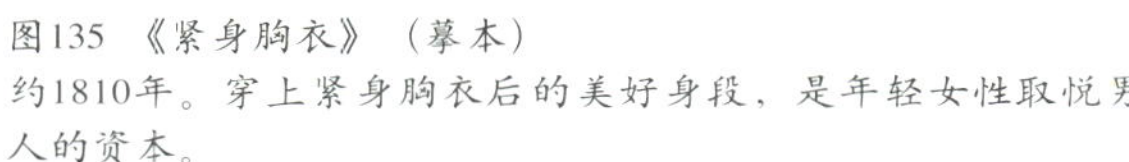
图135 《紧身胸衣》（摹本）
约1810年。穿上紧身胸衣后的美好身段，是年轻女性取悦男人的资本。

图136 插画（摹本）
讽刺女人不惜以任何方式来勒紧腰部，变本加厉地追求身段来博得男士的爱慕。

和服装，就会吓唬他们，说是去找‘神父和僧侣’……如果一个美貌的女子能当上国王的情妇，那自然是她一生中最大的幸福，倘使能博得公爵、伯爵、红衣教主、主教甚至是普通贵族的赏宠，也是一件颇为荣幸的事情。”不单是贵族，许多市民阶层的妇女也把情爱当作一种资本，从而为她们带来尽可能多的利润，她们为在风月场中的胜利而骄傲（图135）。“整个波茨坦是一个大妓院，一切的人家都只想攀上宫庭、攀上国王，大家争先恐后地要献出美女”（马道宗《世界性文化史》P45）。女性在关注外貌与行为举止的训练中，打扮也十分考究，对贴身胸衣对形体的修饰十分注重，追求优雅性感的身体线条及价值昂贵的奢华，以博取欢心。例如，女性普遍关注胸搭对乳房的表现，乳房与内衣成了宠姬的一种物质平台，17世纪一位诗人这样吟唱：“乳峰轻盈一握，乳晕宛若草莓。富于弹性起伏的胸，点缀着两颗花蕾。”西方学者希贝尔说：“女性的胸体现着最高的美，犹如最好的面包放在橱窗里。”这里可见，“面包”与“橱窗”，如同“乳房”与“内衣”，前者是受宠的实质，后者是对受宠的服务（图136）。对于女人来说，丰腴比娇媚和优雅更受欢迎，要博得众人的欣赏，依靠“胸搭显示出她丰盈的双乳”（马道宗《世界性文化史》P469）尤为重要，高耸的乳峰是一种荣耀，它“能够扼死巨人”。

四、奢侈生活价值观

以紧身胸衣为代表的内衣，自始至终以雍容精致来服务于性爱，它包含了时尚、华丽、挥霍多重意欲，本质上是受奢华生活方式的制约与影响。这种奢侈的生活方式以质量方面作为强调的核心，奢侈指任何超出必要开销的花费，包括质与量两个方面，紧身胸衣奢华的质量方面以“精致”、“感官刺激”为典型，包括材料的精选和款式外观的性意识表现。紧身胸衣的奢侈纯粹从身体的感官快乐中发生（图137），正因性生活要求具备精致和增加感官刺激的手段来满足人的需求。正如弗洛依德关于补偿性的性表达所言：“所谓的个人奢侈都是从个人的感官快乐中出发的。任何可以调动五官感应的，如眼、耳、鼻、腭和触觉感到愉悦的东西都倾向于在日用之物中发现更加完美的表现形式，也正是因为这些物质的东西构成了奢侈。归根结底，性生活只是要求精致和增加感官刺激的手段根源，因为性的感官快乐也是所有感官快乐的组成部分之一，这一点毋庸置疑。”

在紧身胸衣上的开支，我们可以通过一系列数据来得以证明。法国宫廷花在服装上的费用预算与房屋费用是一致的，从亨利五世统治时期，对每一种用于内衣的面料都有详细的预算投入，有一次路易十四在参观巴黎的花边作坊时就买了价值2，000里弗尔的装饰饰带。18世纪的法国宫廷，完全由情妇控制，由此宫廷生活事无巨细满足于奢侈的投入。蓬巴杜尔夫人曾规定不同的宴会要用不同的服装，单单在舒瓦西的一个城堡中招待客人所用的纺织品就价值600，452里弗尔。她对天鹅绒、丝绸、金丝刺绣、花边、假花等装饰材料均购买极其昂贵的知名手工制品。

在精美内衣方面的奢侈出现在文艺复兴之后。巴洛克时期追求精巧，洛可可时期更接近奢华，18世纪被提升到一个更高的高度。在《十足的英国商人》一书中，受到高度尊敬的丹尼尔·笛福对寻常所见的“时髦男人”、“文雅绅士”感到愤慨（图138），这些人穿着10至20先令一码的亚麻布做成的衬衫，每天换两次内衣。他抱怨说，往昔人们对用价钱便宜一半的平纹荷兰亚麻布制成的衬衫已感到心满意足，而且一周最多换两次衣服。针对他那个时代过分追求洁净的纨绔子弟，笛福恶狠狠地抛出这样尖刻的言论：“我们可以设想他们那更肮脏的身体比其先人的更需清洗。”

西方内衣的奢侈有着它特殊的成因。其一，家庭化。在文艺复兴之后，奢侈采取的是在庆典宴会等场合进行炫耀这一特定形式，由主管家内事务的女人在家庭范围内进行。内衣与舒适的住宅、珍奇的珠宝构成有形的奢侈。其二，官能化与精致。内衣的创造更倾向于将奢侈从追求艺术价值越来越多转移到追求更低的人类的动物本能上。龚古尔兄弟在专门提到杜巴丽夫人时说：“对艺术的赞助向下延伸到刺绣工，甚至是裁缝”，“精致的丝衬裙、灰色丝袜、粉红的丝绸内衣、天鹅绒与鸵鸟羽毛的装饰以及布鲁塞尔的花边等无可匹敌。”（图139）其三，奢侈频率的不断增加。自文艺复兴之后，宫廷的节日欢庆变为常年不断，节日期间的化妆游行变为天天举行的化装舞会与宫廷庆典。其四，零售业的发展使女性在创造的奢华内衣上有多项的多样的材料选择，传统的绸布商变成现代的服装商，他们不但经营丝绸、天鹅绒、锦缎，还经营用于各种装饰的数不清的昂贵小商品，诸如花边、金银丝带、假花、各种衬垫与内衣撑架。19世纪晚期的英国，紧身胸衣流行达

图137　插画（摹本）
穿上令自己痛苦的紧身胸衣和裙撑就是为了取悦男性，使他们首先获得视觉上的刺激与享受。

图138　《花花公子》（摹本）
1830年，穿紧身胸衣造型结构礼服的纨绔子弟。

图139　插画（摹本）
带有花边与刺绣的精致华美的紧身胸衣。

图140　复古风格的紧身胸衣
表面烫钻的沙漏形紧身胸衣，是奢华生活方式的集中体现。

图141　紧身胸衣广告（摹本）
1906年，带有胸部支撑物与大量花边的紧身胸衣，更显腰身挺拔。

图142　《格雷厄姆家的孩子们》（油画，局部）
图中的小女孩也都穿着紧身胸衣，足见当时紧身胸衣的风靡程度。

到顶峰，已成为贵族之身的符号，是“中产阶级和上层阶级妇女的必不可少的时髦标志”（菲奇《维多利亚内衣和女性身体描述》）（图140）。

围绕内衣的奢侈品工业有丝绸、花边、刺绣、假花业（图141）。丝绸工业，在早期资本主义阶段它在欧洲的工业社会中扮演着绝对的主角。据《分类百科全书》统计，1770年至1784年期间，里昂的丝绸产品价值每年约6，000万法郎。1779年至1781年，法国全部进口商品的总价值为208，216，269法郎，而其出口为235，236，260法郎。其中里昂的丝绸产品一项，价值便占了总价值的1/8到1/7。1911年运过德国边界的商品价值总计191亿多马克，与此相应的，第一次世界大战前里昂的丝绸产品价值每年在24亿到27亿马克之间（图142）。

丝绸工业。为资本主义工业树立了一个榜样，更为内衣的创造提供了物质的保证。据资料所载，西方最早的丝绸制造企业是由里昂丝绸工业的创始人之一拉乌莱·维亚尔在16世纪建立的。他在一所房子里架起了46台织布机，一部机器能完成4000个纺织工的工作（图143）。

花边工业。在西方奢侈品工业中一直占有举足轻重的地位。早在1669年，法国就有

图143　紧身胸衣
1890年，蓝色缎面质地的紧身胸衣。

图144　紧身胸衣（摹本）
1873年至1878年间紧身胸衣的款式。

17，300名男女工从事花边工业。1775年6月18日，汉诺威的行政官员齐格勒在参观厄尔士山脉花边制造工业时，花边工业师描述："5岁孩子就会用2个铜管制作花边。"18世纪之后花边已经不再是专供富裕阶级享用的奢侈品，它开始为贫民所用，但事实是法国出产的精致手工花边专供上层社会消费者使用（图144）。

刺绣工业。早在1744年因为法国人在柏林建造了自己的工厂，并雇佣70多名工人生产各种刺绣产品用来作为男女内衣的装饰。

假花制作。1776年德国柏林建立了首家假花制作工厂，到1784年雇佣了140名女工，产品价值达24，000泰勒。

五、女德与境界

中国内衣的造物承载着深层的文化内涵，以女性为主体的创造者不断地借此表现，安顿生命的价值理想。在以男性为主的父系社会及宗法制度下，女性一切行为均需合乎以家庭为主的人伦道德，以社会为主体的社会道德，以超自然神性与客观自然规律为主体的天、地、道统一，而不是一味单方面地张扬自我，她们注重与主客体的关联性、亲和性，强调内衣的物我交融。

自《礼记》的古训就规定了男女有别，女子言内且主内，以操持家务为主。"礼始于谨夫妇。为宫室，辨内外，男子居外，女子居内。深宫固门，阍寺守之。男不入，女不出。""男不言内，女不言外"（《礼记·卷第二十七·内则》）。女子受规则的约束反而使她们潜心于衣裳的创造提供了可能（图145、图146）。同时，中国封建礼教中，德、言、容、工"四德"，直接影响着内衣的造物理念。所谓"四德"最早见《周礼·天宫·内宰》："九嫔掌妇学之法，以教九御。妇德，妇言，妇容，妇工。"郑玄作注曰："德谓贞顺，言谓辞令，容谓婉娩，功谓丝枲。"班昭解释得更为具体："夫云妇德，不必才明绝异也；妇言，不必辩口利辞也；妇容，不必颜色美丽也；妇工，不必工巧过人也。"这里所说的"妇工"即内衣创造工作，其中也包括纺织、缝纫、刺绣等工作。《礼记·内则》言女子"执麻枲，治丝茧，织纴组紃，学女事，以共衣服。"女德中"婉娩"的"婉"，顺也，婉娩即柔顺，班昭将其具体到"服饰鲜洁"、"身不垢辱"，和郑注略有出入，但直言不必美丽，还是领会了精神的。大概美色使人沉溺，《列女传·孽嬖传》所载的妹喜、夏姬之辈，都是美于色，而薄于德，祸及亡国。《辩通传》的钟离春、宿瘤女诸人，貌丑而德盛，却"名声光荣"。作为服饰中的内衣不宜露、透而规避身体，均受女德的影响与制约。

中国古代女性在内衣造物的过程中，有着独特的身心境界。独特之处在地位与权力上，她们从顺于被支配的状态。"哲，哲夫成城，哲妇倾城"（《诗经·大雅·荡之什》），明白指出女性有智能、善言辞都有危险性，女性参政会亡国。"赫赫宗周，褒女以灭之"（《诗经·小雅·祈父之什·正月》），"男尊女卑"（《周易》）。在形象标准上要求女性"终，终温且惠，淑慎其身"（《诗经·郑风·燕燕》），美与德兼备的淑女，而以品德为尤重。在生育责任上，宗法理念赋予女性生育的责任。《诗经·周南·桃

图145 肚兜
清晚期，元宝袋如意后背直身肚兜，下摆的流苏以及领口的褶裥装饰很有创意。

图146　肚兜
清晚期，菱形肚兜。艺术化的虎头形象以及贴布工艺增强了肚兜的意趣。

图147　肚兜
以蝶、莲、孩童等形象寄寓对爱情和婚姻的美好期盼。

夭》全诗均以结实累累的桃实，暗示女性的生殖能力，提出评定女性责任的标准。在家庭事务上以农田，蚕织，纺绩为正务，女子以留在闺房中照顾家人与勤操纺绩为先。在婚姻问题上，女子终而受制于男性，“女殆痴情者，未免一矣再矣，至于不可说，转欲援情自戒”（《诗经·原始·评论》）。古代的闺阁女性，因为无法同男子一样在社会上出头露面，闲坐在闺阁中，同社会、异性接触的机会很少，所以闲来无事，只好哀怨自怜。而且女性对于情感的要求特别纯粹和完整，几乎构成了生活的全部内容，对感情的期望也是女性容易顾影自怜的重要原因（图147、图148）。

正因中国古代女性身份的规定性与制约，她们在经营与创造内衣上既注重女德的制度约束，也注重对“心”的表现。这里的“心”就是“觉解”，“觉”是自觉，“解”是了解，正如冯友兰先生所言：“人生是有觉解的生活，这是人之所以异于禽兽，人生之所以异于别的动物的生活着。”觉解着的心也就不是大脑的活力，而是一种知觉灵敏，是心与内衣之物相通的那种特质，也可以说是精神，人将其知觉灵敏充分发展，即“尽心”（冯友兰语），尽心也就是具备境界。中国女性内衣造物的境界分别体现于功利境界与天地境界。

内衣造物的功利境界，所为利的核心内容是自觉地追求对“心”的净化并将内衣视作身份与财富的一部分，来体现自身的身价与地位。体现功利境界所表达的内容有消灾、节庆、祈盼等（图149）。

内衣造物的天地境界，反映为中国女性视内衣创造行为是“事天”的一部分，与天地参，与天地比寿，与日月齐光，以知天、事天、乐天、同天来对应天地人。使天地合德，以求天人合一，物我交融。

所谓“天”，所谓“人”，在不同时代，不同思想家的不同语境下，含义也有所差异。如“天”有时带有超自然的神性，指天帝、天命等，有时却又指客观自然现象，有时又指人自身的自然本性。但总的来说，“天”是指不以人的主观意志为转移的必然性、客观性以及自然界，而“人”则是指人的主观能动性、人的精神意志、人的生产活动、人的社会活动和人的创造。在西方文化中，主观和客观、人与自然的二元对立，是个预设的前提，用中国的话来说也就是天与人、物与我是二元对立的。而中国传统思想则持一种"上下与之天地同流""天地与我并生，万物与我为一"的观点，比较倾向于强调天与人、物与我之间的密切关系和不可分割性，强调"天人之际，合而为一"，人为既可以"万物皆备于我"，容纳客观于主观，也可以"今者吾丧我"，消融主体于客体。从哲学观上来说，"天道"与"人道"是贯通的，"人道"乃是"天道"的显现并且以实现"天道"为价值旨归（图150）。

1. 天人合一的原始思维

中国内衣的文化源自先民的观天察地活动，是一种创造中师法自然、认识与体悟中对应自然的结果，其目的在于通过以物类情的方法来贯天通地而融会万物之中。《周易·系辞下》："古者庖羲氏之王天下也，仰则观象于天，俯则观法于地。观鸟兽之文，与地之宜，近取诸身，远取诸物，于是始作八卦。以通神明之德，以类万物之情。"从这我们可以看出，内衣造物对天人关系的思考，是中国文化的原初起点也是终极目标。天人合一既

图148　胸衣
以两组人物来反映对爱情和家庭生活美好的追求。

图149　肚兜（局部）
牡丹与花瓶的组合表示“富贵平安”，周围饰以鹿、狮子、书等纹样，寓意拥有财富、祥瑞、才学等美好事物。

图150　胸衣

民国，复合式提花缎地胸衣。前片下摆为圆弧形，后片下摆为直线形，寓意“天圆地方”。

是中国文化追求的最高境界，也是内衣在文化层面上所设定的人生理想，天人合一的理想命题渗透中国内衣的各个层面，涉及内衣创造者的自然观、认识论、人性论与宗教观多个方面。

中国文化天人合一中的“天”是指天地自然万物、人的自然本性与自然规律；“人”是指社会化及群体化的人和社会、精神及社会规律；“合一”是指二者互相交合、对应、协和的同一，此中有彼的渗透交融而物我一体的状态。天人合一的基本内涵反映在人和自然的亲和互融及人的意志、理想、品格和自然规律的同体与共，反映在天道与人道、自然规律与人类社会规律的合二为一。

中国内衣天人合一认识的形成，是以象征性为原始思维而构架的。在古人看来，万物有灵，日出日落、潮起潮落、春夏秋冬、阴晴雨雪、花开花落的自然规律与人一样，都是一种生命现象，事物都具有与人相似的灵性与生命。“万物有灵”观中“灵”集中体现在原始思维和象征性特征之上，是借用某一事物来表达具有类似特征的另一事物，也可称之为“借喻”，一种借用某一事物来解释所表达事物的思维方式，“拟人”是主要手段，这种情形在内衣中颇为常见。例如：荷包的挂饰穗为“须”、虎头鞋口为“舌”、肚兜为“心衣”、佛手纹样为“手”、如意纹样为“头”（如意头）、图腾与图腾之间的间隔空隙为“脉络”等，都体现在以“拟人”的手法在文字命名与表述中使物体有人之灵。正如董促舒《春秋繁露义证》中所言：“人有三百六十节，偶天数也；形体骨肉，偶地之厚也；上有耳目聪明，日月之象也；体有空窍理脉，川谷之象也；心有哀乐喜怒，神气之类也。观人之体一，何高物之甚，而类于天地……人之形体，化天数而成；人之血气，化天志而仁；人之德行，化天理而义；人之受命，化天之四时。”天地之间的天人类比，一切都被生命化、拟人化了。正是在这个意义上，“天人合一”观是“万物有灵”观制约下的原始思维结果。

2. 天人合一与内衣审美关系

中国文化“天人合一”观的形成和确立，不仅决定了中国文化发展的基本特性，也确立了中国文化在处理人与自然关系问题上的价值理性，成为中国文化追求的最高境界。这一命题渗透到中国内衣发生层面之后，开始对内衣印记并物化天道与人道合一的理想境界产生影响。

内衣是一种女性以针线活动来体现的艺术形态，天人合一又是中国文化艺术的神话母体，二者相辅相成构成了中国内衣印证并物化天、地、人与自然的亲和关系。在这个意义上，中国内衣不仅是一种语言形式，更是一种有意味的语言形式，表现为物我一体、天人合一及体现浓厚的生命哲学意味。

物我一体，天人合一，是在内衣造物时仰以观象于天，俯以观法于地，近取于身、远取诸物的师法自然的创意活动。例如肚兜以葫芦形取象于自然界植物形象，前衣下摆的圆与后衣下摆的方对应于天圆地方。这就是以状其形，使人一望而知其“观象于天”还是“近取于身”。内衣与中国文化中的书画艺术是同源同根，从天人自然物象到造物的转化过程是艺术创作最重要的一环，借天地自然形象来作为造物的仿象是对自然感性生命的一种概括形式，既凝聚了自然，又熔铸了内衣创造者对自然的理解与寄托。凝聚自然，便可向内吸取自然的神情妙意，将物态神情与自我情感融合一体，为内衣创作提供生命源泉。熔铸对自然的理解，将自然凝聚并概括成一些富有表现力的形态物象，将繁复的自然抽象化、节奏化、简约化、形象化，便可使内衣凝聚感性的艺术生命力。二者交相融会，把内衣培植成了一种蕴含生命、显现物我一体与天人合一的特有形式语言。

从中国内衣更深层面来看，内衣造物还显示出女性社会群体强烈的生命动感与生命意识，是受原始思维和天人合一双重因素制约的结果，体现出浓厚的生命哲学意味，折射出中华民族传统的自然观、人生观、艺术观与价值观，呈现鲜明的民族民间艺术特性。内衣与生命的一体化，体现在用针线技艺来处置线条、色彩和构图，在一个平面或某个平台上表现物象的形象与神韵，来再现现实生活、表达人生、传达人们审美意识。中国内衣可以说是一种“工艺化的绘画”与“绘画的工艺化”，它们共同追求生命的精神，可以不顾表现对象的透视或光影，但不能失去生动活泼与传神，气韵生动成了表达生命动感的关键，内衣品中结构形态、线条纹样、图腾布局、色彩配置如同绘画艺术一样，注重生命与力的运动来构成创造物的灵魂。例如将虎符造型的孩童肚兜倒置安排、贴布工艺的延绵层叠、绣线的粗细浓淡、盘长纹与回纹的急速动势、云气纹的疏密飞扬等等，给人以曲直、快慢、硬软、松紧、刚柔的激越兴奋之感（图151、图152）。

中国内衣除了用造物体现强烈的生命动感与生命意识，还重视以此来提升生命、净化性灵。例如内衣装饰纹样中的抽象性回纹、盘长纹、漩涡纹，层层盘旋、曲折迂回的发展上扬过程，扬弃了一些芜杂的内容而将生命凝聚保存。同时，还刻意借艺术之笔来刻画自然景物的性情，使自然景物生灵活趣。

中国内衣中凡表现自然景观或山水花鸟，要的是山水花鸟等自然景物的性情。山水花鸟本无心与性情，而在于创造者给予它“意”的主体内涵。清布颜图在《画学心法问答》中说：“意先天地而有，万变由是乎生；善画者必意在笔先……夫飞潜动植，凡在宇内者，意使然也，如物无生意，则无生气。”这里的“意”就是自然的生灵活趣，有了此“意”，自然万象才生气灌注而生动活泼。中国内衣的创造意念同样注重在生命中攫取自然内在的“意”，认同并体验它而与之融会一体，然后以自我生命之意与天地之意交相呼应，来与针线之下的自然万象生气贯通，你中有我，我中有你，互为印证和象征。这样，内衣便升华到生命存在与生命精神双重超越的更高境界（图153、图154）。

中国内衣艺术与美学思想的最大特点是强调“正面律”线描的技巧与生命力。所谓“正面律”，是指不采用西方观察与表现物体的透视法而将表现物体平面化、意象化、情感化，以轮廓及线条来表现物体的法则定律（图155、图156）。以内衣中图腾表现为例，它们几乎都不按照实物或人物的直接写生来表现对象，而是采用先观察、记忆，再凭大脑记忆中的表象创作，或直接采用摹稿（花样）的创作方法。模仿成为内衣最主要的艺术思维形式，它借助头脑中的记忆表象再经过添补、删减来塑造图腾形象。由此，不追求表现物的形象逼真，而使内衣的图腾形象由“形”而转向了“神”，升华到情感与意念的表达层面，体现并对应了中国艺术“得其意而忘其形”、“重神而轻形”的美学传统思维。中国内衣图腾的创意采用“观之于目，了然于心”的外师造化、以形写神的方法，从观察到领悟，从领悟到摹写来描绘对象。这样，线描式的“正面律”技巧才成为中国内衣

图151、图152　肚兜
清中期，仿生虎符衣。以五彩绣、贴布等工艺制作。

图153、图154　肚兜

有“好鸟枝头”、“飞上枝头变凤凰”之寓意。即便是抽象出来的图腾花鸟，也能被赋予生灵活趣。

图154

图155 肚兜（局部）
线描式装饰手法体现造物中强调“正面律”的美学理想。

图156　肚兜
以平面化、意象化的轮廓及线条来表现事物，是“正面律”线描的技巧与生命力。

图157　肚兜
“得其意而忘其形”、“重神而轻形”的美学思维创造出来的图腾仍然具有生命的灵动性。

图腾表现的最贴切方式（图157）。

中国内衣在艺术创意层面上还借鉴传承了中国绘画的精神，来追求生命绵延之趣，视生命是一个绵延不绝的生化过程。一个内衣作品是一个生命空间，但必须由此孳生出无穷的生命，追求其中的绵延之趣也是内衣不言的秘籍，这个绵延之趣体现在几个不同的侧面：相对于内衣造物来说，各个局部组合要气脉贯通、动静相生、虚实相宜，图腾布局要气韵达畅、脉神相通、浓淡互生，由有限的造物布要串联起无限的生命空间和生命活力；相对于鉴赏或使用者而言，内衣造物布要的主体自我生命和使用者生命通过物象豁然沟通，在一种心领神会、互相观照中导致了生命无穷；相对于内衣造物表现和未表现（省略）的来看，是指内衣要在物象的有限之物中观照出物象之外无限之趣，例如内衣图腾只用一个“盘长纹”来表现生命、福运、财运、时运的延绵不绝（图158），以一种“万物之多，一物之多，一物一理，虽一物而万理具”（《中麓画品·序》）的独特理解，来借内衣的造物点化万物，提升性灵，追求自然生命和理想生命的相融，从而在结构、图腾、工巧中表现生命造化的无限乐趣。

中国内衣在表现人物肖像的神气和生命力上，尤其强调以形写神。沈寿开创的“仿真人物绣”，即以人物肖像为素材，用不同的刺绣针法来表现人物的神韵，通过肖像的形来表现人物的神，它将中国绘画“以形写神”的艺术精髓移植其中。“以形写神”是东晋顾恺之在人物画领域提出的理论，《魏晋胜流国赞》曰：“凡生人亡有手揖眼视而前无所对者，以形写神而空其对，荃生之用乖，传神之趋失矣。”近之所以为画则在于“以形写神”并“传神写照”。“传神”，即将对象所蕴藏之神，通过其形象传达出来。“照”是可视的，“神”是不可视的，神必须由照而显现，写照是为了传神，写照的价值由所传之神来决定，“以形写神”虽然以“传神”为目的，但并不忽视形，在传神的原则下形、神并重。《历代名画记》卷一言：“以气韵求其画，则形似在其间矣。”（图159、图160）

内衣中“以形写神”的审美追求还同时渗透在上述的“正面律”线描图腾的生命力表现之中，尤其是反映在民俗、民间的内衣品上，以强调线的艺术，强调表情，讲究节奏、韵律，给人一种旋律美感。线描的净化是经过提炼和抽象而成的，表现的是自然与生命的规律，超脱具象含有的成分，更加自由地表现无限广阔的人生、情感、理想和哲学。例如一个枝干上生成不同性质的果实（石榴、佛手、寿桃），它并不合乎现实，但却将多子、多福、多寿的情感蕴含，通过线条意趣来“以形写神”使之充满生机与活力（图161）。

以内衣造物来评价女子的才情，也是女德的一部分。在中国传统社会中，女性角色的定位在很大程度上受到居于社会和家庭主导地位的男性支配。甲骨文中“女”字是一个人跪在地上的形象，“妇”字是一个女人握着一把扫帚。这些文字造型生动地表明从远古开始，女性的社会地位及其职责就被确立下来了，女性无条件地听命于男性的意志，女性的活动空间只能囿于家庭内部。《易经》说：“天道为乾，地道为坤；乾为阳，坤为阴；阳成男，阴成女；男性应刚，女性应柔。”西汉刘向的《烈女传》、东汉班昭的《女诫》进一步鼓吹上述观念，于是女性性格就被规定为卑弱，没有独立人格，只能成为攀附在男性这棵大树上存活的枯藤。这些原则长期作为女性的家庭伦理角色定位，为官方及民间所共

图158 肚兜（局部）
盘长纹的运用，寓意生命、福运、财运、时运的延绵不绝。

同接受，并在实际生活中通过女性的自觉伦理践履而得到强化。然而，女性对才情的追求与认同始终影响着中国内衣的造物，内衣如同“妆台”、“书案”一样成为她们表达性别意味的物件。

女性在追求娇美外貌的同时也注重丰赡的才情表达。才情之洋溢，形之于面目，流之于体态。认为只有具备了“才情”的内蕴才会超越单纯的外在皮相之美。中国女性对“才情”的表达自晚明至民国，在肚兜创造中获得前所未有的推崇（图162、图163）。

才情的推崇集中体现在以肚兜为代表的内衣艺术中，强调“灵秀”与“柔情”。针黹功夫是礼教传统评判一个女性的标志，上至宫廷后妃下至平民女子都必须以此为正业。

图159、图160　肚兜（局部）
“以形写神”并“传神写照”的美学观念运用在肚兜纹样上，人物之鲜活生动，使观者感到仿佛场景再现、身临其境。

图161　肚兜
清晚期，黑地五彩绣三多肚兜。石榴、佛手、寿桃寓意多子、多福、多寿，反映女性无限的想象力和对美好事物的憧憬。

图162　胸衣
五彩绣对称纹样，细腻饱满，生动有趣，寓意连生贵子、爱情甜蜜。

图163　胸衣

民国，以十字编针法将花、鸟、虫、鱼几何抽象化，描绘春色满园的景象。女子的“灵秀”与“柔情”展露无遗。

生活方式的表现

习俗，是指人们生活方式中的习惯与风俗形式，是一种生活的规矩。习俗是以一种固有的行为模式出现的，行为模式化是指行为方式具有重复性、连续性和相对稳定性。例如我国的重阳节、端午节、春节、清明节等，均是人们长期形成的风尚与习俗，它涉及到人们的传统礼仪、宗教信仰、迷信禁忌、生产与生活方式的传承习惯，体现对先人贡献、历史典故、杰出人物的追怀与祈祀。习俗节庆已成为人类传承风俗与传说的宝贵文化遗产。

中国内衣在生活方式中对习俗与节庆的表达以“象征式图腾符号”与“实物式造型符号”为主。象征式图腾符号，指内衣艺术的造物中以某个体现习俗特征要求的图腾，来对应习俗与节庆的规定性。例如九月九重阳节的内衣上用茱萸纹样来驱邪辟祟，祈求吉祥。实物式造型符号，指内衣的造物形态与习俗节庆的规定性相关照。例如端午节为孩童着肚兜来避邪消灾，祈求平安。

中国内衣在不同习俗与节庆时令都会以不同的对应物来观照所寄托的情感内容，树正气、扬美德、显智慧、鉴善恶，凝聚着女性对美好生活的向往与期盼。内衣创造中对习俗节庆的表现具有艺术装饰的升华特性，运用造物理念与装饰手段使抽象的习俗节庆更具形象感与生动性。如《女红余志》所说：“寂寂中秋夜，含情出玉闺。河长看雁远，月皎觉运低。”

一、象征式图腾符号

“茱萸”纹样用于九月九重阳节祛避灾祸。茱萸是一种茴香科植物，夏日开花，秋日结果。《风土记》：“九月九日折茱萸以插头上，辟除恶气而御初寒。”重阳这一天，人们将它佩带身上，用来辟除邪恶之气。重阳节插茱萸之风，在唐代已很普遍，王维《九月九日忆山东兄弟》：“独在异乡为异客，每逢佳节倍思亲。遥知兄弟登高处，遍插茱萸少一人。”重阳节源起春秋战国时期，屈原《远游》就有“集重阳入帝宫兮”的记载。内衣上用茱萸纹样来表现九月九重阳节的祛病灾祸习俗，最早从马王堆汉墓出土的辫子股针茱萸纹绣品可看出。

“五毒”纹样用于五月五端午节的辟邪除疾。在古代五月被称为“毒月”或“恶月”，是最不吉利的日子，为此人们为了镇恶辟邪，在肚兜中大量运用“虎驱五毒”的图腾纹样来为子女们辟禳邪气，镇恶消灾，祈求生活平安。宋吴自牧《梦粱录》卷三：“五日重午节。内司意思局以红纱彩金盝子，以菖蒲或通草雕刻天师驭虎像于中，四周以五色染菖蒲悬围于左右。又雕刻生百虫铺于上，却以葵、榴、艾叶、花朵簇拥。内更以百索彩线，细巧镂金花朵，及银样鼓儿、糖蜜韵果、巧粽、五色珠儿结成符袋……不特富家巨室为然，虽贫乏之人，亦且对时行乐也。”五毒纹样借用了生活中日常相随的蜈蚣、蝎子、壁虎、蜘蛛、毒蛇五个形象来比拟毒邪，图腾布局以虎位于中央，“五毒”绕缠虎的四周，以示虎的神威降服鬼怪邪（图164、图165）。

“画鸡”用于正月春节祈福驱魔。古时春节的正月初一，鸡是六畜排行第一，《占书》：“岁正月一日占鸡，二日占狗，三日占猪，四日占羊，五日占牛，六日占马，七日占人。”生活中的鸡因有啼鸣与啄虫功能，人们借此来作为吉祥的“五德之禽”。《韩诗

图164、图165 肚兜（局部）
很多肚兜用“虎驱五毒”的图腾来为子女祈福，以求辟邪、镇恶、消灾，为端午节时令所穿着。

图166 肚兜
鸡食虫，招呼同类，表达对仁德传统精神的颂扬。

外传》说："鸡冠是文德；足后有距能斗，是武德；敌在前敢拼，是勇德；有食物招呼同类，是仁德；守夜不失时，天明报晓，是信德。"肚兜上同样以"画鸡"的图腾来对应春节习俗的祈福驱魔内涵，寄寓生活的美好理想（图166、图167）。

图167　胸衣
民国时期，复合式大红绸地胸衣。鸡与牡丹的组合，表示"功名富贵"。寄寓对美好前途与生活的向往，为春节时令所穿着。

图168　肚兜
红肚兜体现了辞旧迎新、祈福求吉的习俗。“富贵春”字样更表达了对富足美满生活的期望。

二、实物式造型符号

正月初一用红肚兜是除旧布新、祈福求吉的一种习俗表现模式（图168）。《梦粱录》：“正月朔日，谓之元旦，俗呼为新年，一岁节序，此为之首。”王安石《元旦》：“千门万户曈曈日，怎把新桃换旧符。”在岁首之始，人们在贴春联、放鞭竹、讨口彩、祭灶神的同时，用红色肚兜伴以中国结来使生活万象回春。红色丝绸面料的肚兜在春节为男女所共用，以此祈愿一年安康，风调雨顺，来年生活有金寿富贵之吉祥，集喜、福于一身（生）。肚兜上的结，亦称盘长结，每个结从头到尾都是用一根红色绳线编结而成，它始于唐代的男女间交往之寓意。从字形上分析，右边的“吉”代表男欢女爱，吉祥之事，也用同心结、合欢结、相思结、鸳鸯结、连环结的称呼，至今仍被广泛运用。

端午节穿肚兜与佩戴香袋是习俗的一大特色，肚兜与香袋成为端午节习俗中一种辟邪消灾的吉祥物。每逢端午节，尤其是妇女和儿童，都时兴穿肚兜佩带香袋（亦称香包、香荷包），人们借此来凭吊与追念诗人屈原，并以此驱邪辟疫，成为女性在观赏玩味之余对幸福吉祥的祈愿。《古玩指南续篇》对香袋有这样的描述：“无论贫富贵贱，三教九流，每届夏日无不佩带香袋者。如不佩带宛如衣履不齐。在本人，心意不舒，在应世，为

图169　肚兜
用绣、贴、盘的手法来使肚兜工艺争奇斗艳，下部用兜袋来存放中草药除疾。

不敬。下级社会人士，亦必精心购制，绣花镶嵌，极人力之可能；富贵者尤争奇斗巧，各式各种精妙绝伦。”端午时节搭配内衣的香袋，形态极为精致多彩，外形有葫芦、老虎、猫、鱼、兔、桃等不同表达吉祥含义的造型。到了宋代，绣袋更具功能化，袋内装有雄黄、艾叶、冰片、藿香、苍术等中草药，在装饰寄寓的同时，更有杀除病菌、消除汗臭、清爽怡神的实用价值。可见，中国内衣系统中的肚兜伴吉祥结、肚兜伴香袋，如同西方内衣系统中胸衣伴丝袜一样，是生活方式的程式表现（图169、图170、图171）。

中国内衣应端午节的实物式造型符号寄情，还有“蟾蜍花裹肚”的习俗。端午节在西北陕西一带也称为“女儿节”，传说这个节日源于女娲时代属于母亲的节日，这天娘家要给出嫁的女儿送端午礼，俗称“送裹肚儿”（一种扇形肚兜），其中代表性的绣有蛤蟆（蟾蜍）画的裹肚为必不可少的礼物。当地称女娃是“蛤蟆娃娃”，一说她们是女娲氏的后代，二说她们有女娲氏一样的生殖能力。送蛤蟆裹肚的蛤蟆形象是女娲部落的图腾标记，以此图腾形象做保护裹肚是有避邪意义，寄托母亲心中对女儿的祝福（图172）。

图170、图171　肚兜（局部）
分别绣以猫、葫芦、鱼、表达富足有余等吉祥含义。

图172　肚兜（局部）
蛤蟆图腾反映对生殖的崇拜，并带有避邪镇恶的功能。

图173　肚兜
肚兜也是“招魂”的必备道具。

三、叫魂的道具

中国内衣的习俗方式中，以内衣作为叫魂的道具也极富民俗性。叫魂源自招魂。招魂，是古代汉族地区流行的一种丧葬风俗。人们在家人初死时，到屋顶上去招回其灵魂。这一习俗，《礼记》中早有记载，可见其古，“招魂时呼叫死者之名，每为三声，或举寿衣，或悬招魂幡条”（《中国风俗辞典》“招魂”条）。招魂这一古俗后又有发展演变。在南方的民间，认为小儿受惊啼或生病，也是丢了魂的缘故，所以也行“叫魂”之俗。一般是有两个人行“叫魂”，前者手举病孩干净内衣（图173），一边走一边叫小儿乳名，后者双手端只盛满清水盖有黄裱纸的小碗，一路走一路以“噢”应答前者的呼唤。到了认为被惊吓或丢了魂的地方，以手持的内衣扑腾数下，即是收魂（东勤建《中国民俗》P112），然后，收藏好内衣，再一路叫唤着小儿乳名走回家去。回去第一件事便查看碗上黄裱纸下是否有圆形气泡，若有即说明魂已归来，将碗置于小儿枕边伴他（她）入睡，第二天就会灵魂附体。若无，则再行一遍。内衣成为“叫魂”的工具，在于它是直接依附躯体的物体，叫魂习俗中将它当作被叫魂者躯体与灵魂的比拟物，具有体香与个人灵性的内在衣饰成了“魂”的化身。

图174　肚兜
“百子图”图腾表达生殖崇拜，以求延续宗嗣。

四、传达生育意愿

中国古代女性借内衣之物来传达生命理想中的生育意愿，鲜明而直率，“百子图”及“独占鳌头”等装饰图腾的肚兜都清晰地反映出古代女子对生育祈盼的动机与意愿（图174、图175）。生育是中国古代女性生命中的重要内容之一，而生育传嗣在儒家思想中又以“孝”为最高体现。在孔子学说中，“孝”首先意味着生育传嗣，延续香火。孔子说：“生，事之以礼；死，葬之以礼，祭之以礼。”显然没有子嗣，祖宗祭祀就会结束，香火就会断绝，为人子者要做到孝，就必须生育儿子以延续宗嗣。对此《孟子·离娄》言：“不孝有三，无后为大。舜不告而娶，为无后也；君子以为犹告也。”关于不孝的“三事”，赵歧的注释是“阿意曲从，陷亲不义，一也；家贫亲老，不为禄仕，二也；不

图175 肚兜
绣以“独占鳌头”图腾，寓意美好前程。

娶无子，绝先祖祀，三也”。在孟子看来，绝育无后是比陷亲不义、不光宗耀祖更为不孝的事。

以“百子图”肚兜为例（图176），多生多育、多子多福的生育意愿在我国历史悠久。早在周代的歌谣中，像“螽斯羽，诜诜兮，宜乐子孙，振振兮”，“卑尔昌而炽，卑尔寿而富”之类子孙繁昌的祝福便俯拾即是。以后，由于历代统治者的提倡，多生多育意愿更加深入人心。墨子通过反对“重丧”、“蓄私”等一些不利于生育的习俗和制度表达了该学派强烈的多育意愿：“君死，丧之三年；父母死，丧之三年；妻与后子死者，五皆丧之三年。然后伯父、叔父、兄弟、孽子其，族人五月，姑姐甥舅皆有数月。”越王勾践曾“令壮者无取老妻，令老者无取壮妻”，并大力奖励生育，特别是奖励多胎生育：“生丈夫，二壶酒，一犬；生女子，二壶酒，一豚；生三人，公与之母；生二人，公与之饩。”这是说，一胎多子的，公家帮助抚养。汉高帝规定“民产子，复勿事二岁”，意即百姓生子，可免徭役二年。在这些思想家、政治家的多生意愿影响下，追求多子女成了我们民族生育心理的一大特点。

以“独占鳌头”肚兜为例（图177），尽管多生意愿是我国历史上生育意愿的主流，但少生少育意愿也一直不绝如缕地与之并存着。韩非认为“古者，丈夫不耕，草木之实足食也；妇人不织，禽兽之皮足衣也。不事力而衣食足，人民少而财有余，故也不争”，“今人有五子不为多，子又有五子，大父未死，而有二十五孙。是以人民众而财货寡，事力劳供养薄，故民争”。他因社会财富增长不如人生育繁殖快而持少生意愿。王充说：“妇女疏字者子活，数乳者子死，何则，疏而气渥，子坚强，数而气薄，子软弱也。”他因多生多育会降低新生人口素质持少生意愿。他的朴素的观点中包含着科学道理。现在遗传科学证明，多生会造成妇女身体亏虚，使子女病弱，并且缺乏生物学优势。唐代王梵志把少生的意愿凝聚在诗句中，他写道：“生儿不用多，了事一个足。省得分田宅，无人横煎蹙。但行平等心，天亦念孤独。”他所表达的生育意愿已与我们今天提倡的子女不在多，而在于日后有造化，能成为才子完全相符。

六、胸衣与卫生

胸衣与卫生是西方生活方式中一直被关注的话题，从紧身胸衣诞生之日起，医学界与社会学者从未停止对它有损女性健康的批判。同时，西方女子把许多疾病的产生都归咎于紧身胸衣，从癌症、内脏移位、呼吸系统和血液循环系统衰败、肋骨断裂以及刺伤之类等内科疾病，到脊柱弯曲症、肋骨变形、生理缺陷这类外科疾病以及孕妇流产、妇科疾病等，均归结于紧身内衣对人体的损害（图178、图179）。

《人造自然与恐怖时装》（1814年出版）是卢克·利姆奈抨击紧身内衣的著名文章，其中列举了97种由于穿着紧身内衣所导致的疾病，并且请知名的医学人士加以证明。这些患病种类细分相当繁复，例如“坎珀医生论证了……病魔缠身和生命短暂”，“博诺医生论证了……头痛”等等，不胜枚举。从这些病症中我们可以看出，紧身内衣的穿着部位与方式有可能对于心肺、胃脏等腹腔中的器官造成不良影响。然而，紧身内衣真的可以导致

图176　肚兜（局部）
“百子图”表达多生多育、多子多福的祈盼。

图177　肚兜
儿童肚兜，反映母亲对孩子锦绣前途的美好祝愿。

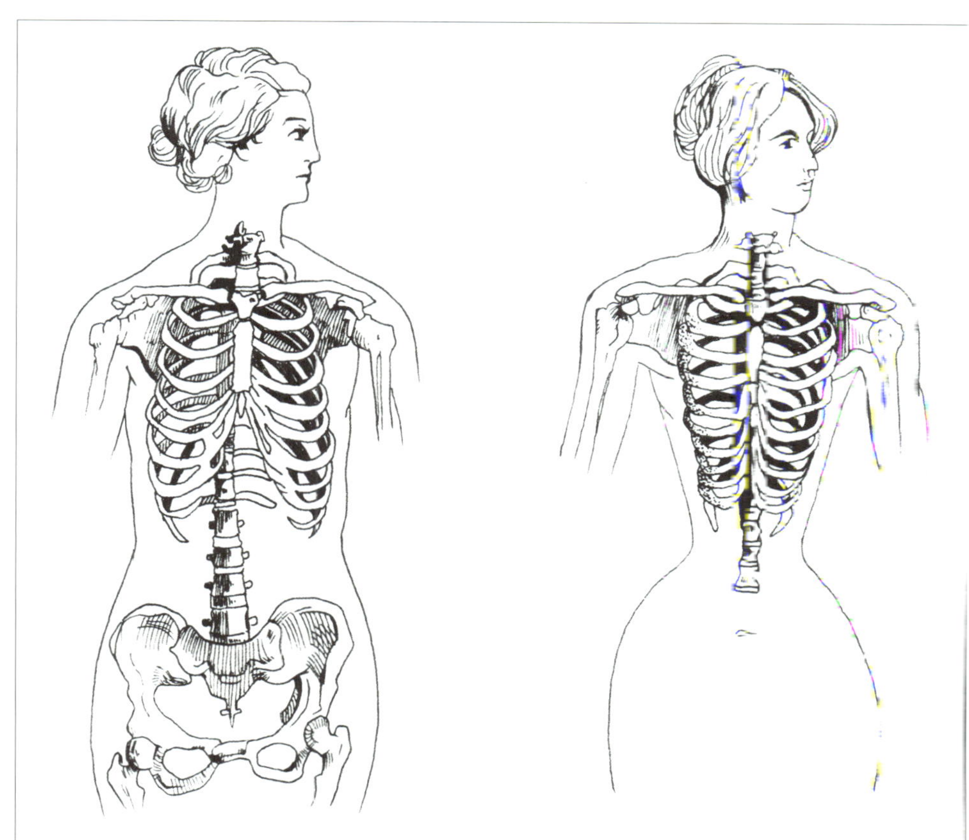

图178　插画（摹本）
1793年，穿紧身胸衣前后女人的骨骼对比图。

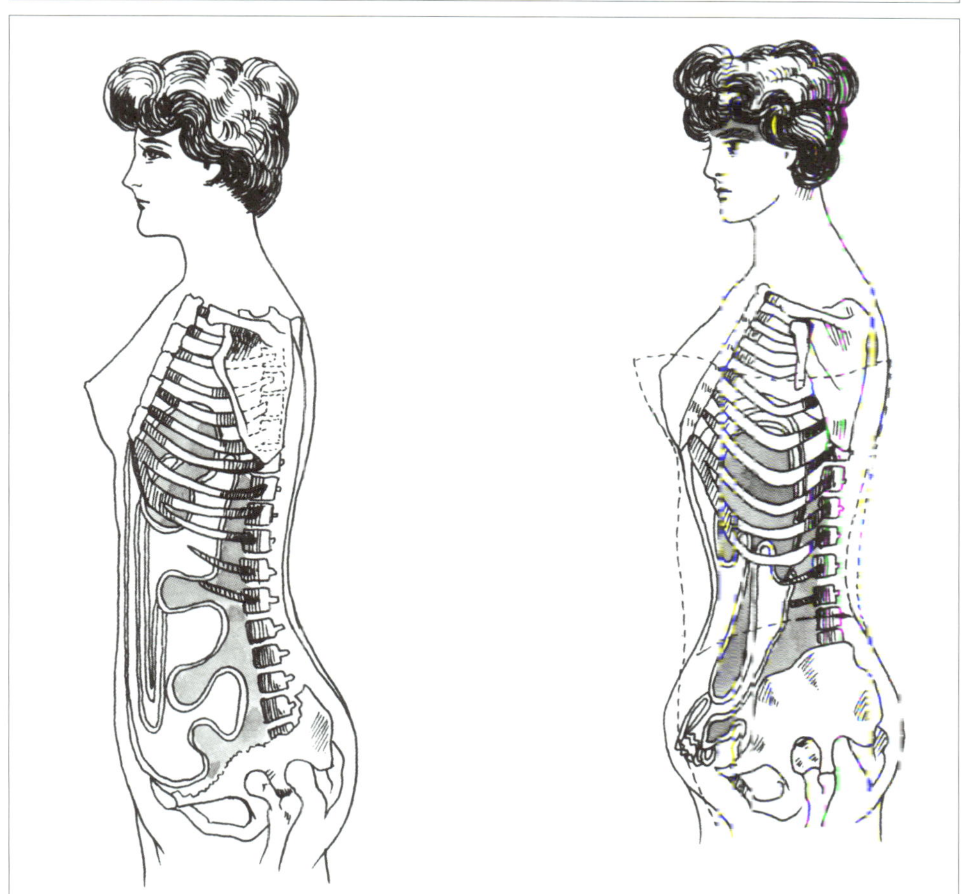

图179　插画（摹本）
1908年，由福洛韦尔博士绘制，穿紧身胸衣前后身体变形对比图。

器官的畸形与发育不良吗？我们的肋骨会由于紧身胸衣的外力而变形缩小吗？经过一系列不同大小紧身胸衣穿着的对比，证明紧身胸衣勒得过紧的话，的确会造成肋骨的向上和向内移动，最终导致身体骨骼的变形（图180、图181）。

另外反对紧身内衣的舆论也在不断增加。1827年，美国医生警告说："紧身内衣是一种迷惑别人的慢性毒药，但却又有着独特的诱惑性的杀伤力，无论是年少或年长的女性都被它所迷惑，紧身内衣已经成为一种时尚，人人都要忍不住去穿上它（图182、图183）。事实上，紧身内衣不仅是一个杀手，还是一种罪恶，会把那些穿着的人一起带入坟墓。"

《纵欲和束腰》这部小说（奥森·福勒作于1846年）详细地描述了医学界、科学界是如何共同反对穿着紧身内衣的。从书中分析得出，由于穿着紧身内衣，会导致全身血液不畅，那些郁结的和浑浊的血液会流窜到大脑中枢神经中，使穿着它们的人异常兴奋，以至于被紧身内衣所迷惑，使人产生非分之想，同时穿着者会变成意志薄弱和疯狂的人（图184）。福勒在书中还劝说女人们不要被这种时髦淫荡的内衣所迷惑："上帝的创造不是旨在让世人去讨好别人，也不是让那些流氓勾引你，而是让你成为妻子和母亲。"

进入20世纪后，女人们最终被医学界对紧身内衣的反对观点所说服，紧身内衣开始变得不那么时髦了。虽然这种言论对紧身内衣的发展起到了抑制作用，但是在20世纪初的时候一些设计上的改变缓解了这一问题。虽然很多人还从事着紧身内衣的改进制作工作，但其中的内兹·加尔——莎洛特夫人（Sarrautte）是一位具有医学学士学位的法国紧身内衣制造商，她的设计得到了大众的普遍认同。在莎洛特夫人的设计中，强调了内衣款式的新颖，前身挺直，而且还很卫生。她相信向下和向内压的内衣的确会造成器官的移位，因此她的改良设计中，前身带有支撑物又挺直的紧身内衣，会让腹部保持在原来位置，这使得一切看上去更自然。另外，她设计的内衣领口开得较低，也不会给乳房造成压力。在这位学过医学因而有科学头脑的法国女子莎洛特的引领下，一些内衣制造者以明智的态度改造了传统的紧身内衣。虽然改动甚小，但是非常关键（图185）。在当时她把紧身内衣上部边缘从乳房中部挪至乳房下部，使乳房彻底从紧身内衣的压迫中解放出来，使穿着者能够自由发育达到健美，同时不再压迫呼吸，一时为广大妇女所喜爱，也为有识之士首肯，最终呼之为"健康胸衣"（图186）。妇女杂志上也有过这样的描述："巴黎出现了一种新式内衣，非常受欢迎，可以为您打造全新的腰围与身段。从各方面来讲，它比任何老式的紧身内衣都要更卫生更健康，腰围也不再窄小，新式紧身内衣使胸部更袒露出来，因此为了达到更理想的身材曲度，消瘦的女人不得不在其中放入一两个丝带褶皱进行点缀。"然而，这种新产品虽然使得紧身内衣更加趋向健康，但是仍然有某些方面导致了人们的失望。虽然勒得不是很紧，仍然可以塑造出"S"形的曲线，腹部后靠，乳房前凸，可是也因此后背变成了弧形。另外这种塑形也使得女人的小腹不再明显，从而得到了一个法语名称"平腹内衣"。这种内衣由于胸部开口较低，因此对于支撑和抬举乳房的作用有所减少，所以一些女人又开始在紧身内衣里穿着有支撑物的胸衣，这种发展趋势最终导致了现代我们日常穿着的胸罩的产生（图187）。

反观中国生活方式中对女性胸乳与卫生的评价，与西方相比有着极大的差异。首先中

图180 《束身的花花公子》（摹本）
1819年。说明这时候有一部分爱赶时髦的男子也穿紧身胸衣。

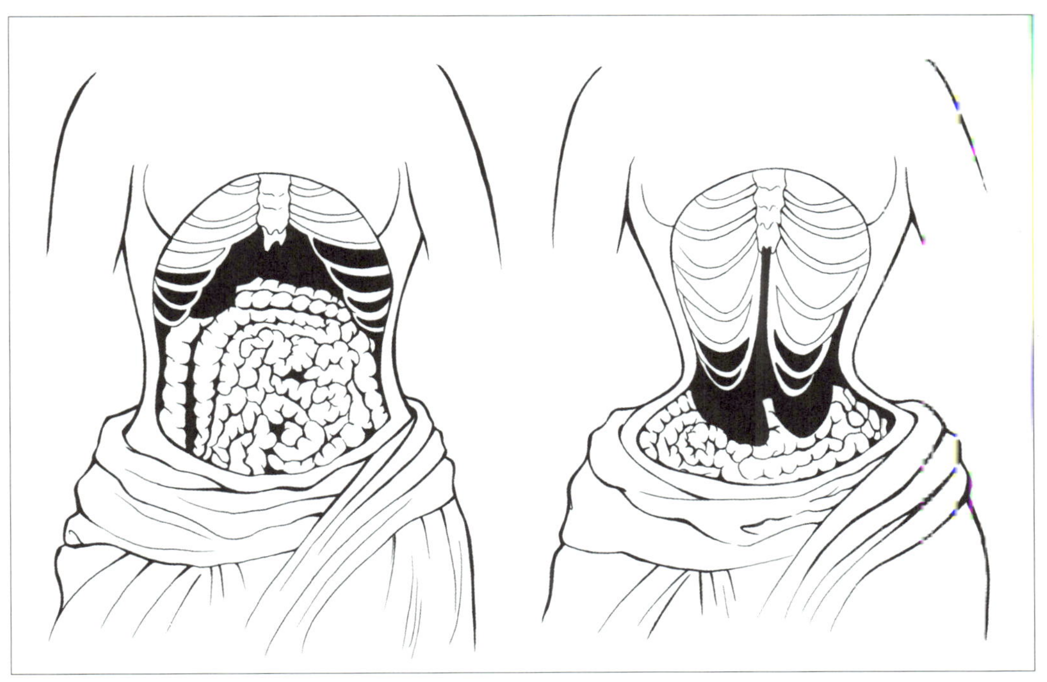

图181 插画（摹本）
长期穿着紧身胸衣导致骨骼和内脏严重畸形。

图182 《完美腰身，过于苗条》（摹本）
1898年，吉尔·贝尔。讽刺女人们过度要求“完美”的虚荣心。

图183 插画（摹本）
讽刺穿着紧身胸衣简直就是受虐行为。

图184 《时髦内衣受难者》（局部摹本）
1877年。作者明显表示了对紧身胸衣的反感。

图185 广告招贴画（摹本）
1921年，为实用性前开襟紧身内衣作宣传。

图186　复古风格的紧身胸衣
复古型紧身胸衣，这种支撑物下移的紧身胸衣不会对乳房造成挤压。

图187　穿紧身胸衣的女人（照片）
受紧身胸衣挤压后的身体已与自然身体有明显差别，却是当时人们所追捧的体形。

国内衣回避对胸乳的表现，即便20世纪初中国女性“解放天乳”的运动，也只不过是一种理想大于现实的实验。

我们知道，在中国古代，乳房归入隐私，很少提及，与西方内衣那样表现乳房更是大相径庭。上古描写美女的诗文，无微不至，然而基本都回避了乳房。《诗经·硕人》写女子的手、皮肤、颈、牙齿、眉毛、眼睛，不提乳房。司马相如《美人赋》写东邻之女“玄发丰艳，蛾眉皓齿”，没有乳房。曹植《美女篇》和《洛神赋》也是如此，尤其《洛神赋》，铺排华丽，堪称对女性身体的详尽描述，可是胸部阙如。谢灵运《江妃赋》也一样，对胸部不赞一词。六朝艳体诗，包括后世的诗词，尽情歌颂女子的头发、牙齿和手，对女性乳房视而不见。敦煌曲子词倒是提到乳房，例如：“素胸未消残雪，透轻罗”，“胸上雪，从君咬……”不过，它们反映的是西域新婚性爱的习俗。在华夏文化中，乳房没有成为审美的对象。

在古代笔记里，可以见到乳房的蛛丝马迹。《汉杂事秘辛》描写汉宫廷对梁莹的全身体检，堪称巨细无遗，居然提到她的乳房只有“胸乳菽发”四字。菽是豆类的总称，大约

图188　春宫图（摹本）
强调大红肚兜与雪白酥胸的映衬，回避乳房表现。

图189、图190　瓷器艺术品
以肚兜为装饰元素的瓷器艺术品，对身体的表现极为开放。

图191　1933年第67期《良友》封面
模特是一位内衣外穿的女子，尽显青春活力。

形容她的双乳刚刚发育，仿佛初生的豆苗，非常娇嫩。另外，《隋唐遗史》等多种笔记记载了杨贵妃的故事，说是杨贵妃和安禄山私通，被安禄山的指甲抓破了乳房，她于是发明了一种叫“诃子”的胸衣遮挡。又传说，杨贵妃有次喝酒，衣服滑落，微露胸乳，唐玄宗摸着她的乳房，形容说：“软温新剥鸡头肉。”安禄山在一旁联句：“滑腻初凝塞上酥。”唐玄宗全不在意，还笑道：“果然是胡人，只识酥。”安禄山描写的是乳房的触觉，未免过分，褚人获《隋唐演义》便评论说：“若非亲手抚摩过，那识如酥滑腻来？”

房中术是专门讲性爱技巧的，汉唐最盛，其中也极少涉及乳房在性爱中的作用。如何选择好女，《大清经》等书列举了耳、目、鼻、皮肤等标准，对乳房却不作要求。《玉房秘诀》倒是说了乳房，然而是“欲御女，须取少年未生乳”，竟排斥了乳房。乳房在上古和中古性爱生活中都显得无足轻重。

宋代以后，房中术的著作少了，然而春宫画和情色文学发达起来（图188）。春宫画并不强调女子的胸部，乳房也不丰满。情色文学里对乳房的描写也简陋得不像话，通常是“酥胸雪白”、“两峰嫩乳”，便敷衍了事。《浪史奇观》里，“浪子与妙娘脱了主腰，把乳尖含了一回，戏道：‘好对乳饼儿。’”《乔太守乱点鸳鸯谱》：玉郎摸至慧娘的胸前，“一对小乳，丰隆突起，温软如绵；乳头却像鸡头肉一般，甚是可爱。”《株林野史》描写子蜜与素娥调情，算是在乳房上大做了文章：“因素娥只穿香罗汗衫，乳峰透露，遂说道：‘妹妹一双好乳。’素娥脸红了一红，遂笑道：‘哥哥你吃个罢。’子蜜就把嘴一伸，素娥照脸打了一手掌道：‘小贼杀的，你真个吃么？’子蜜道：‘我真个吃。’遂向前扯开罗衫，露出一对乳峰，又白又嫩，如新蒸的鸡头子。乳尖一点娇红，真是令人爱煞。”还有《红楼梦》书中塑造了一群美丽女子的形象，可是我们全不知她们的胸脯大小。尤三姐施展性诱惑时，“身上穿着大红小袄，半掩半开的，故意露出葱绿抹胸，一痕雪脯”，仅此而已（图189、图190）。

中国内衣对胸乳的表现，历朝历代均以束胸的方式来追求古典审美意识中的含而不露，正如《红楼梦》中尤三姐那般"葱绿抹胸，一痕雪脯"。人们普遍认同好的胸乳是小乳，古代也称"丁香乳"。张爱玲在《红玫瑰与白玫瑰》中描写过古典的美乳："她的不发达的乳，握在手里像熟睡的鸟，像有它自己的微微跳动的心脏，尖的喙，啄着他的手，硬的却是酥软的，酥软的是他的手心。"这种传统的束胸习俗，在20世纪初激进文化健将的鼓吹及西方风格的影响下，加之风起云涌的革命浪潮，渐渐地被彻底颠覆。这种与传统习俗的抗争成为禁止缠足后，妇女解放的最大一次革命。此时，胡适刚刚回国，在中西女塾毕业典礼上，作了著名的"大奶奶主义"的演讲。他提出："没有健康的大奶奶，就哺育不出健康的儿童！"上海刚创刊的时尚杂志《良友》刊出了胸罩专题，介绍欧洲女性胸罩的式样与使用方法。这像重磅炸弹在时髦女性中开了花。沪上百货纷纷引进这些"舶来品"，将其摆放在橱窗最醒目位置。太太小姐、新女性、交际花争相抢购至脱销。

在乳房的解放过程中，有一个不得不提的人物，他就是张竞生。广东饶平人，留法归来后，任北大哲学教授。1923年4月29日，张竞生在北京《晨报》副刊发表《爱情的定则与陈淑君女士事的研究》一文，引发了中国历史上第一次关于爱情的大讨论，吸引了梁启超、鲁迅等著名人物参加。在长达两个月的讨论中，他受到了多数人的批评，但从此声名远播。1924年，张竞生的《美的人生观》讲义在北大印刷，这是一部充满小资产阶级思想的讲义。在《美的性育》一节中，他倡导裸体：裸体行走、裸体游泳、裸体睡觉等，认为"性育本是娱乐的一种"，并像今天的《夫妻夜话》节目那样，十分详尽地介绍了"交媾的意义"和"神交的作用"。让理学笼罩的中国为之一颤的张竞生，成了乳房解放的舆论引导者："束胸使女子美的性征不能表现出来，胸平扁如男子，不但自己不美，而且使社会失了多少兴趣。"一时间，大家闺秀开始悄悄放胸，让乳房自由呼吸，自主生长。当时，新闻媒体称为"天乳运动"。1926年，北京、上海各发生两件轰动性的"桃色新闻"：一是张竞生公开出版了《性史》一书，大谈"性的美好"；二是上海美专校长刘海粟"怂恿"第十七届西画系采用裸体模特，并在画展公开这些"裸体淫画"。为此，社会哗然，报刊学界纷纷声讨。结果《性史》被禁，刘海粟差点被当时占领上海的军阀孙传芳抓起来。他们确实比时代超前了好几步。林语堂曾经描述过《性史》开卖的盛况：买书的卖书的忙成一团，警察要用水管子冲散人群。《性史》被禁后，坊间盗版翻印不计其数。《国民日报》的副刊也开始介绍起"曲线美"了。所有这些显露酥胸的内衣形象，在当时的画报与招贴画中比比皆是。

中国女性束胸的传统在20世纪初被中断，西方的"乳房崇拜"漂洋而来，落地生根。即使如此，民国初女人的身体是不能外露的，即使是睡觉，也要穿着长过膝盖的长背心。一种以平胸为美的审美观，令女子都以帛束胸。但是，一些追求个性解放的女人开始试穿一种小马甲代替捆胸的布条。小马甲最初在妓女中流行，随后良家妇女也逐渐效仿，以至成为一种社会风尚。短小的小马甲前片，缀有一排密纽，将胸乳紧紧扣住，这还是束胸的花样。但追求开放的女子，也能将紧身小马甲演绎出风情，采用轻薄纱料制成背心，外罩网纱，露胳膊现肌肤，因而受到保守人士的攻击（图191、图192）。

1918年夏，上海市议员江确生致函江苏省公署："妇女现流行一种淫妖之衣服，实为

图192
民国时期“月份牌”上内衣的海报广告。

不成体统，不堪寓目者。女衫手臂则露出一尺左右，女裤则吊高至一尺有余，及至暑天，内则穿红洋纱背心，而外罩以有眼纱之纱衫，几至肌肉尽露。”他认为这是一种淫服，有“冶容诲淫”的副作用，致使道德沦丧，世风日下。要求江苏省、上海县及租界当局出面禁止，“以端风化”。1920年上海政府发布布告，禁止“一切所穿衣服或故为短小袒臂露胫或模仿异式不伦不类”，并称其“招摇过市恬不为怪，时髦争夸，成何体统”。“故意奇装异服以致袒臂、露胫者，准其立即逮案，照章惩办。”女子只要穿着低胸露乳，裸露胳膊、小腿的服装，就将面临牢狱之灾。

1927年在中国历史上，注定是不平凡的一年。政治与文化的发展双双受到冲击，年初国民政府从广州迁到武汉，武汉一时成为国民革命运动的中心。国民革命运动的迅速发展，震颤着武汉三镇妇女的心灵。同年3月8日，国民政府组织二十多万军民在汉口举行纪念三八国际妇女节大会，随后，军民举行声势浩大的游行。突然，名妓金雅玉等人赤身裸体，挥舞着彩旗，高呼着“中国妇女解放万岁”等口号，冲进了游行队伍。她们都认为“最革命”的妇女解放，是裸体游行。此年7月，国民党广东省政府委员会第三十三次会议，通过代理民政厅长朱家骅提议的禁止女子束胸案，“限三个月内所有全省女子，一律禁止束胸……倘逾限仍有束胸，一经查确，即处以五十元以上之罚金，如犯者年在二十岁以下，则罚其家长”。随后，浩浩荡荡的乳房解放运动蔓延全国。

造物理念

一、美学观念

中西方内衣造物过程中，首先受到不同美学观念的影响与制约，诸如西方不同时期的内衣造型，均强调立裁的几何形塑身，这种几何式的分割方式与西方人对“数”的比例与和谐理念密切相关，沙漏形胸衣造型的美妙，离不开胸、腰、臀三者之间“数”的黄金分割。

1. 数的构造与造型

从古希腊开始，西方人就对“数”的研究情有独钟，他们心中的美是与“比例”、“分割”融为一体的。公元前6世纪的毕达哥拉斯学派对“数”的理论发展作出了很大贡献。他们宣扬“数”是万物的始源，他们认为美就是“数的比例”、“构造的和谐”。“……探求什么样的数量比例才会产生美的效果，得出了一些经验性的规范……这种偏重形式的探讨是后来美学里形式主义的萌芽”（朱光潜《西方美学史·上卷》P33）。虽然这些属于形式主义上的探讨，但是我们不能否认，人们对外观形式的感受是最直接、一目了然的。所以古人想到美在事物上的体现，自然而然就会联想到整个物体与其部分之间的比例协调上，正如形式美法则一样，这包括平衡、对称、变化、统一等等，均需要构成美的和谐、和谐的美。后来的亚里士多德也对毕达哥拉斯学派的形式美持有一致看法。中世纪的圣·托马斯·阿奎那指出：“美存在于适当的比例。”这种对“比例”的痴迷的研究，延续到文艺复兴时期，达·芬奇等一些画家也著有讨论比例的文学作品。“在搜寻‘最美的线性’，‘最美的比例’之类形式之中，当时的艺术家们仿佛隐约感觉到美的形式是一种典型或理想，带有普遍性和规律性”（朱光潜《西方美学史·上卷》P165）。英国经验主义哲学家休谟也认为“秩序和结构适宜于使心灵感到快乐和满足”。

在人们对“美”产生了意识之后，对“美”追求的热情似乎再也没有减退过。随着社会的进步以及人们对周围事物的认识，“美”逐渐成为了一种社会责任。女性向来是美化社会环境的重要角色，当她们被赋予这个责任的时候，同时也必须承担起这“美丽而艰巨”的任务。在西方，尤其是在14世纪文艺复兴之后，人们对丰乳肥臀、纤弱细腰的追求，显然已经成为公众责任。一个人的仪表是衡量其出身、涵养、社会地位的重要标准，因为这一标准还显示了出身贵族的非凡地位。由于穿着紧身胸衣能使人身材挺拔、气质昂扬，行动上的不方便却带来了看似优雅谨慎的举止，因此受到贵族的热烈追捧。紧身胸衣顺理成章地成为贵族的“代言人”，它象征着“文静高雅”和“富有教养”，成为了高贵身份和特权地位的标志。同时，紧身胸衣也意味着严谨的道德。因为人们相信束缚了身体，也就控制了性欲。由于盲目跟风，紧身胸衣除了昭显荣耀和身份之外，也成为了美貌和虚荣的方向标（图193、图194）。

黑格尔认为“艺术美高于自然美”，因为艺术美源于自然美而胜于自然美，它是再造的、升华的自然美。黑格尔这句话几乎是对紧身胸衣使用者最有力的支持，虽然他本人提出这个观点的原意并非如此。人们深知没有谁天生是蜂腰，既然得不到上帝的眷顾，就只有依靠后天的努力，来尽量修饰、弥补自己的不足。当时对于穿着紧身胸衣的女性身体，

图193 《做公主时的伊丽莎白一世》（油画）1542年—1547年。紧身胸衣是身份与权贵的象征符号。

图194 《罗伯特·达德尼——列斯特的伯爵》（油画）约1575年。紧身胸衣成为昭显荣耀的载体。

人们把它称作“艺术品一样的身材”，这不单纯是对具有曲线美感的身材的赞美，而是已经上升到了“高雅的气质”的境界（图195）。正因对强烈外形的追求和对再造的艺术美的追捧，使得紧身胸衣在服装史的舞台上占据了四百多年的不可取代的重要地位。

2．物神合一

而在遥远东方的中国，人们对于美的追求显然与西方的观念大相径庭。中国人对美的追求多与人的情感、价值理想、人生寄寓紧密相连。美学观念上，讲究“似与不似”之美，讲究清新的自然美，讲究富有韵味的情趣美，讲究真、善、美的统一美以及“天人合一”的和谐美。中国美学与西方美学不同，不讲究严谨的数理概念，而是注重事物的神态、气韵、意趣，正如南齐谢赫提出的六法论，便将“气韵生动”放在第一位，强调刻画对象的精神面貌以及内在气质的外显（图196）。所以对于事物刻画方面，中国人更看重“神韵”的表达，因此“似与不似之美”的美学观念便早已存在人们心中，虽然这个概念是由后人提出的。

“它们的汇集不仅要把潜伏在原生物象里的价值、意味、个性透视发现出来，而且还必然会对原生物象极高和极美的境界予以改造和提升，赋予它新的价值、新的意味、新的节奏、新的结构，使其成为一个新的、心灵化了的形象，甚至成为一种观念、一种精神、

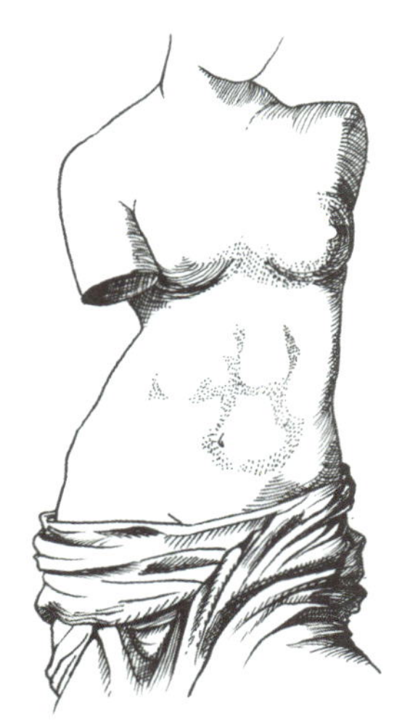

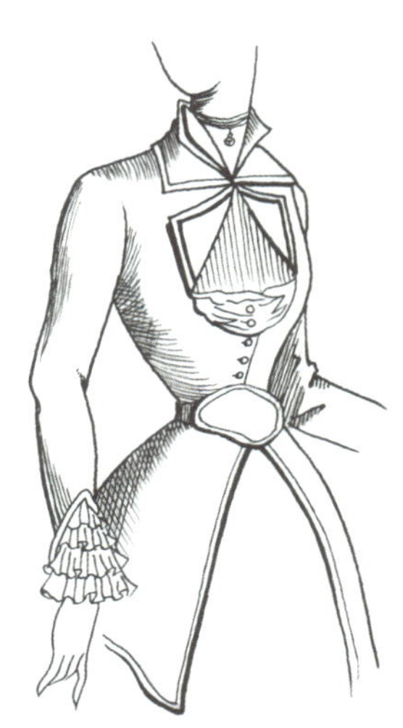

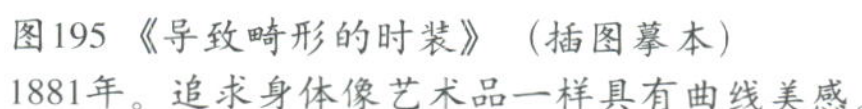

图195 《导致畸形的时装》（插图摹本）
1881年。追求身体像艺术品一样具有曲线美感。

图196　瓷器艺术品
以“和合”图腾装饰的内衣。

一种情感、一种纯感觉的象征（图197）。这就是‘真似’，‘真’在我神与物和合一，天与人合一。”（彭吉象《中国艺术学》P400）

同时，中国艺术反对矫揉造作的假态美，而倡导真实的自然美。正如宗白华先生在《中国美学史中重要问题的初步探索》中所说：“中国向来把‘玉’作为美的理想。玉的美，即‘绚烂之极归于平淡’的美。可以说，一切艺术的美，以至于人格的美，都趋向玉的美：内部有光彩，但是含蓄的光彩，这种光彩极绚烂，又极平淡。苏轼又说‘无穷出清新’。‘清新’与‘清真’也是同样的境界。”彭吉象先生把这段话总结为“中国意境美的又一个特点：自然之美”。

中国美学对真、善、美三者统一的追求，其实便是对艺术家自身人格修养的一种提升，是心灵的净化与升华。因为人们相信作品即是人品、是作者心灵本质的外现，艺术的个性气质、品格境界都是作者本人内在世界的呈现。中国艺术对于和谐之美、天人合一的追求，是对真、善、美统一的升华，是《乐记》中“大乐与天地同和”艺术哲学思想的体现，是传统艺术的至高境界（图198、图199）。

这些美学观念在中国内衣上有着鲜明的体现：肚兜上经常运用动物纹样，虽不是用写实手法来表现，但经过纹绣者提炼出的动物肖像却比写实的动物更令人心生好感，即有似与不似、可细细品味观摩的审美情趣；从肚兜的尺寸与版型来看，它是轻松而随意的一种服装，并不对身体加以束缚，而是通过若隐若现的含蓄情调来体现身体的自然美，并且具有护体、卫生、养生的功能；肚兜结构的前圆后方，象征天圆地方，表达人们追求天人合一的美好夙愿；肚兜上的装饰纹样，甚至一角一隅都采用人们观念中的美好事物，比如用梅兰竹菊四君子表达对人生高尚情操的追求、用鸳鸯蝴蝶表达对恒久爱情的期许、用琴棋书画来表达对横溢才华的向往等等。

图197　陶制艺术品
以“福寿双全”、“长命富贵”胸衣为装饰的陶器。

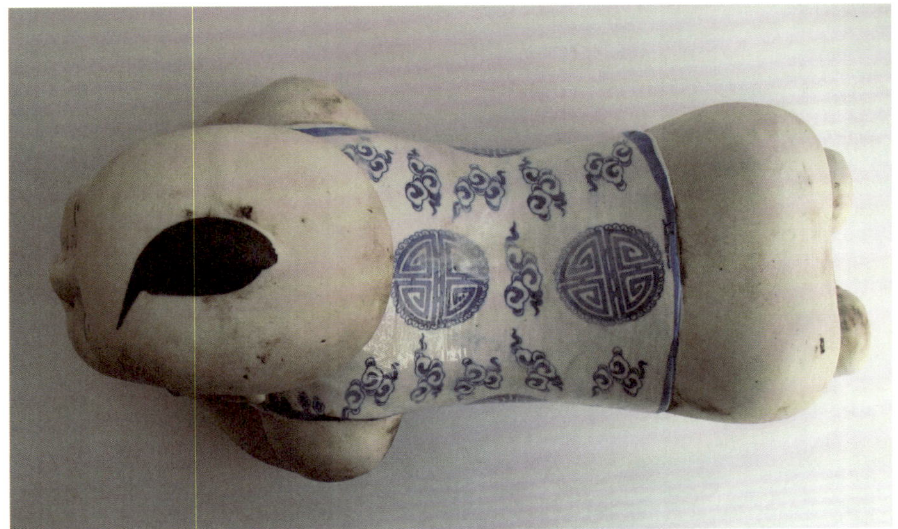

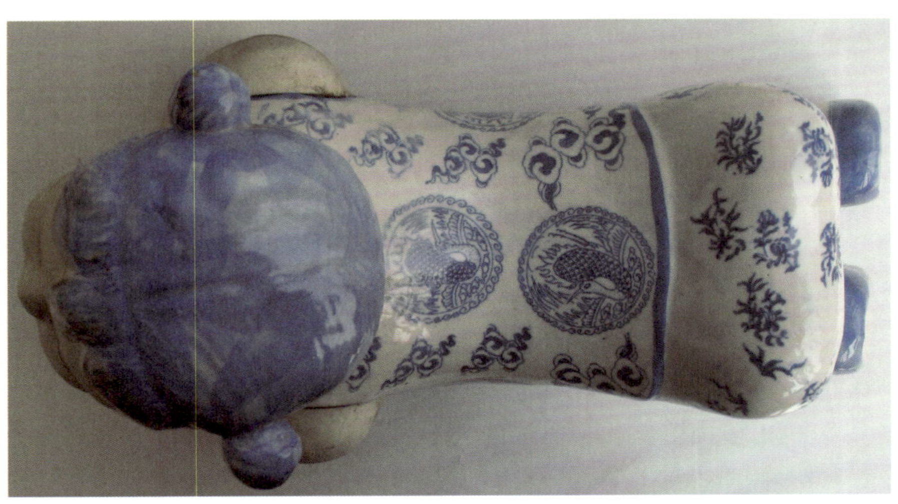

图198、图199　陶制艺术品
胸衣上绘以祥云、“寿”字、凤凰等吉祥图腾，表达对祥瑞事物的祈盼，传达出中国艺术“天人合一”的审美理念。

图200　插画（摹本）
紧身胸衣所追求的“S”形性感身段，丰胸、细腰、翘臀。

图201　“女仆人”紧身胸衣宣传画
1870年。画中为女仆人穿上紧身胸衣后使身材变得富有曲线。

二、结构与范式

在不同文化和审美的影响下，西方紧身胸衣在结构和工艺上按照一切突出身材曲线的原则，突出丰胸肥臀以及纤细腰肢，只是时代不同而略有改变。而中国内衣依然秉承自然、和谐，寄寓理想，表达夙愿的原则来造物。

1. 紧身胸衣

受美学观念的影响，紧身胸衣的设计构造自然要追随形式美的要求（图200）。无论是倒锥形还是沙漏形的塑身内衣，其目的都是要塑造出具有美的比例、美的曲线的女性身体，而它们本身的结构就需要遵从一定的“数”的规定性，这样人们才能按照“标准”来调整自己的腰身（图201）。这种结构和比例不仅使看的人“赏心悦目”，也能使穿着者感到自己拥有真正窈窕迷人的身材。在审美理念的影响下，紧身胸衣成为‘女为悦己者容”以及“女为己悦者容”的必备工具，这正是紧身胸衣来势汹汹以及在女性衣橱中占有不可动摇地位的原因。

具有视觉冲击的“X”形服装结构，体现在西班牙女装上，表现为上半身使用具有束腰作用的紧身胸衣巴斯克依（basquine），下半身穿着具有夸张裙摆作用的法斯盖尔

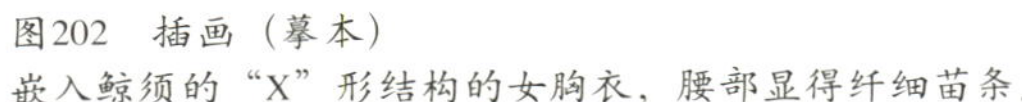
图202　插画（摹本）
嵌入鲸须的“X”形结构的女胸衣，腰部显得纤细苗条。

图203　插画（摹本）
1893年，紧身胸衣制作坊。

（farthingale）。为了获得具有美感的纤细腰部，在制作紧身胸衣的过程中，必须嵌入大量鲸须来整形（图202）。16世纪后半叶的紧身胸衣为了加强并能较长时间保持塑造体形的效果，通常都将两片以上的亚麻布和衬布纳在一起，并在四周嵌入鲸须。

17世纪下半叶，法国的一些裁缝（大部分为男性）开始专门为女性制作紧身胸衣（图203）。紧身胸衣的制作不仅需要技巧，而且也需要消耗大量体力。紧身胸衣一般由亚麻布或者帆布制成，质地非常厚实，为了加强塑形效果，还需要在其中嵌入鲸须。将鲸须切成若干条厚度均匀的薄片，并嵌入质地紧密的布料中，这确实需要花费一定的工夫（图204）。

到了18世纪中期，为了更好地体现“S”形的美好曲线，嵌入紧身胸衣中的鲸须都是提前按照体形弯曲好的，而此时背后的鲸须却比以前平直，目的是为了压平突出的肩胛骨，让背部看起来更挺拔漂亮。紧身胸衣前面向下延伸的尖角形状，起到了在视觉上突出纤细腰部的作用（图205）。1810年前后的紧身胸衣不再采用以鲸须作为调整塑形的方法，而改用将若干多层棉布纳在一起，或用胶涂在亚麻布上的新手段，但目的依然是为了挤压出丰满的胸臀以及纤细的蛮腰。

关于紧身胸衣，18至19世纪的实物较为丰富（图206）。据资料考证，18世纪法国和美国的内衣实际腰围在53厘米到56厘米之间。19世纪的紧身胸衣也因不同地区而有不同尺寸，比如日本京都服饰研究所收藏的欧洲内衣中，19世纪70年代紧身胸衣最小的腰围

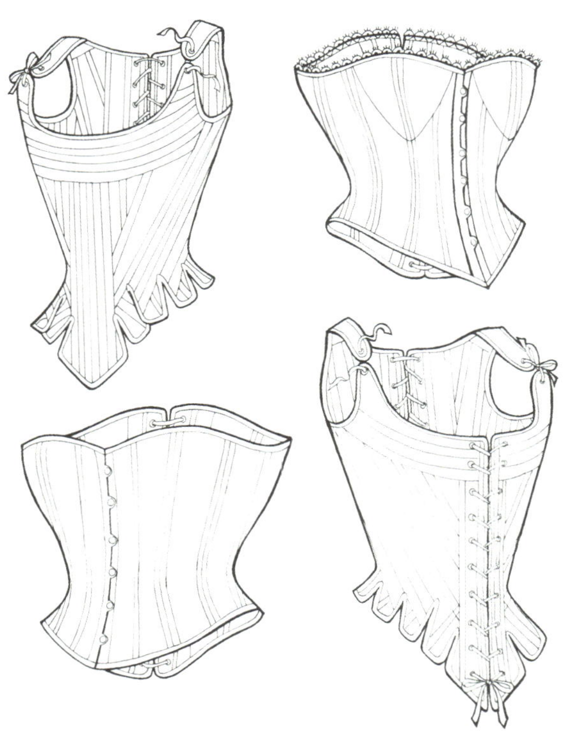

图204　紧身胸衣（摹本）
一件件工艺精湛的紧身胸衣都有鲸须做骨架，可谓是一件件艺术品。

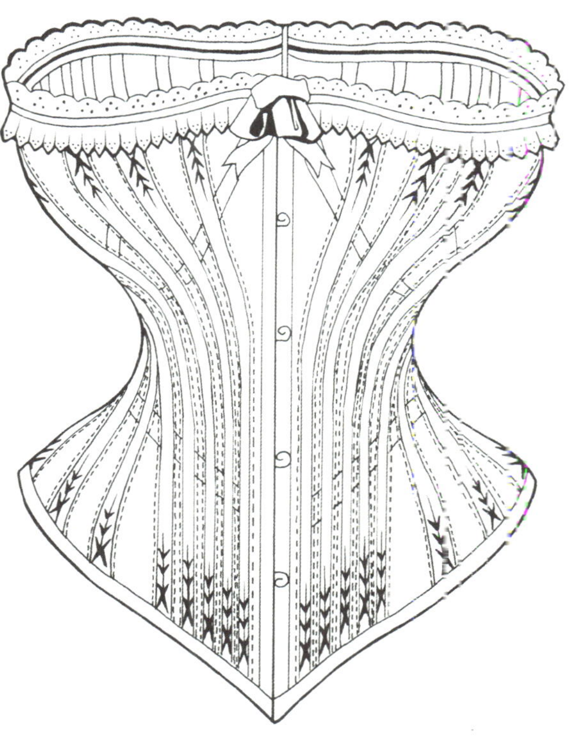

图205　紧身胸衣（摹本）
1868年，汤姆森设计的适用于戴长手套的紧身内衣。向下延伸的尖角形状起到在视觉上纤细腰部的作用。

图206　《研究女性服饰·紧身内衣》
1882年，亨利·德蒙托。紧身内衣广告画。

图207　紧身胸衣
各式妇女和儿童用的紧身内衣和紧身胸衣。

是49厘米。而紧身胸衣研究者瓦莱丽·斯蒂尔曾目睹过腰围仅有38厘米的紧身胸衣。但大部分紧身胸衣的腰围是在51厘米到81厘米范围之中的。虽然当时广告中宣传的内衣多为45.72厘米到76.2厘米之间，但是只要消费者愿意多出一点儿钱，她们还是可以买到更大号的紧身胸衣的。所以，即便是76至110厘米的紧身胸衣，也会比较抢手。而且部分女性在购买腰围比较细窄的内衣之后，她们在穿着时却不一定系紧带子，而是会放松5到10厘米的余量。

瓦莱丽·斯蒂尔在《内衣，一部文化史》这本书中提到："莱斯特博物馆服务的赛明顿收藏的197件内衣中，只有1件内衣的腰围约为46厘米，另外有11件的腰围在48厘米左右。而剩下的绝大部分的紧身胸衣的腰围在51厘米至66厘米。虽然我们无从得知这些内衣是否是那个时代（19世纪）的典型尺寸，但至少我们可以从中推断，当时所鼓吹的33.02厘米至40.64厘米（约）似乎不太现实。"（图207）

其实紧身胸衣的设计并不仅是为了缩小胸围，胸、腰、臀的比例差加强的情况下，我们的眼睛有时判断的不一定是实际腰围。比如与胸、臀比较，看起来30厘米的腰围，说不定实际上有40厘米。

19世纪初，女性使用紧身胸衣的目的将束腰放在了第二位，真正追求的是丰满的胸

图208　《现代维纳斯》（广告摹本）
为精制紧身内衣和胸罩做的广告。

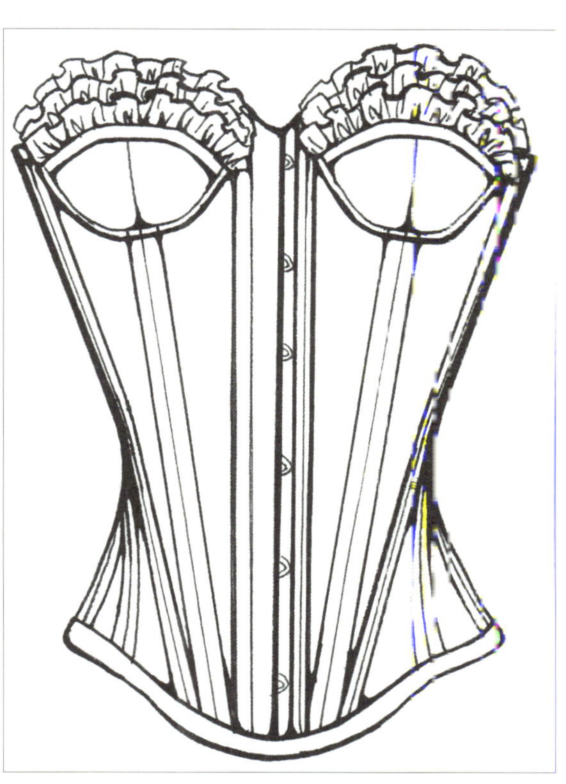

图209　复古时尚内衣
鲸须是根据修正体形的要求再来确定嵌入胸衣的哪个部位。

图210　配有紧身胸衣的晚装
此为服装设计师克里斯蒂安·拉克瓦鲁设计的晚装。紧身胸衣前方嵌入的鲸须很好地将女模特的胸部托起，形成迷人的胸前风景。

图211　神奇女侠（动漫形象）
21世纪，虽然紧身胸衣仍会被使用，但人们已经不再要求畸形的细腰，而是倡导胸、腰、臀比例均衡的健康身材。

部。当时理想的胸、腰、臀三围比例（单位：厘米）为：94：33：97，或102：36：97。这个比例的确很令人目瞪口呆，但当时还是会有不少人会以这个比例为目标，强迫自己穿上会令身体变得"畸形"的紧身胸衣。但到了19世纪末期，三围的比例（单位：厘米）一般为76：51：76、76：58：79、81：56：84或84：53：81。

到了19世纪末、20世纪初，紧身胸衣已经发展得较为完善。由于这时期的紧身胸衣较长，所以有种在胸部和臀部加入许多三角形裆布的方法，这很明显是利用立体裁剪的制衣方式，另外一种就是用若干形状不同的布纵向缝合出符合人体曲线的紧身胸衣造型（图208）。

至于紧身胸衣到底需要多少鲸须（或鲸骨）来支撑，这些鲸须嵌入到哪些位置，都是需要根据每个人的体形来考虑的（图209）。比如：有些女性身体两侧赘肉较多，就需要在两侧多嵌入一些鲸须，将脂肪分散至其他部位；有的胃部比较突出，就须在胸衣前方多插嵌鲸须。鲸须的嵌入位置有助于塑形美体，一般弯曲、较重的鲸骨片安放在内衣的前部上方，这样就能够托起胸部，形成丰满迷人的胸前风景（图210）。

20世纪之后，人们越来越发现，其实拥有胸、腰、臀三者比例协调的"S"形曲线才是美的身体（图211）。束得过紧的腰部，只会让人看起来恶心。但是无论紧身胸衣作何变化，都离不开美学理论和审美潮流的引导。因为我们很容易就能发现，几百年来，它都不会改变丰满胸围和纤细腰围的比例结构。

2. 肚兜

中国古代内衣的制式具有合乎人体装束的自然属性与社会习俗规定的社会属性，它所包含的因人定制、因题定性、因俗定款等一系列制式特征，充分体现着中国古代内衣文化的深邃广奥。具体到中国古代内衣制式的某一细节，明晰地折射着当时的制度与文化、时潮与观念。它在制式规则中既有长短、宽窄穿插，又有厚薄、动静之变，并参与其他服饰的配置来构成装束的层次化及多样性。

中国古代内衣在款式、结构的安排与经营中，以平民形态的不同奇巧分割与布局，在方寸之间流露出独到的创意理念，平中出奇，平中出神，平中出韵。

在不同的平面分割形态中，对胸际、摆式两大部位的处理颇具匠心。胸际的结构分割以平面式的静态修饰为主，由分割出形态，形态中见分割。例如如意纹的中心对称式分割，经倒置安放，构成"如意到心"（图212、图213）。

摆式分割在平面中显示运动的势态，例如，扇形下摆的尺寸放量经过穿着而形成软性褶纹，有飘逸的神韵（图214、图215），与胸际处的静态处理构成动静结合的美妙反差。前后摆式的形态一般都为前圆后方，合乎"天圆地方"的"天人合一"理念（图216）。

中国古代内衣经营中的浪漫、精巧、寄寓，不但体现在大的结构块面上的奇巧与丰富，在细节之处也颇为刻意潜心。在颈、胸、腰侧安置系带（束带）的部位，"出境必生情"，"境"指边缘出梢，"情"指艺术的装饰处理（图217、图218）。不同的细节诉说出不同的理念价值，并参与表达不同的人生态度。例如，心形形态的心心相印、如意纹

图212　肚兜（局部）
下摆式部位以如意纹装饰，寓意万事如意。

图213　肚兜
胸际以及纳梢部位均以如意纹图腾装点，胸际部位的倒置如意纹寓意“如意到心”。

图214、图215 肚兜
扇形肚兜下摆易形成软性褶皱，有飘逸的神韵。

图216　胸衣
清中期、综合式绸地胸衣。前圆后方的摆式合乎“天圆地方”、“天人合一”的理念。

图217　肚兜
颈部束带部位用抽象如意纹表达对人生如意的祈盼。

图218　肚兜
颈、胸、腰侧部位的装饰纹样反映中国女性在细节之处的精心与浪漫。

图219　虎符衣
平面展开的虎形，造型可爱而富有意趣。目的在于镇邪去五毒、消灾祈平安。

结构的人生（身）左右如意、回纹形态的生生不息、花瓣形态的春意表现……无不显示着细节的精巧与内涵的深邃。

象形式的中国古代内衣形态结构，指款式造型以某一动植物传统图腾的实物形体作为结构外观的仿生式构成方法，体现一种高度浪漫而富于幻想的创意理念。中国古代内衣在结构上的象形模仿，与图腾寄寓的内涵一致，均试图通过图腾形象来祈福消灾，借此颂扬人生的价值理念。比如：虎符衣——平面展开式的虎形，经变形而显简约，四肢分布于前后肩部两侧，头部作为下摆的中心，表现虎的神威，左右线形对称。目的在于镇邪去五毒，消灾祈平安（图219）。元宝兜——在兜的底部以元宝造型，一般运用于孩童内衣

图220　元宝兜
民国，元宝形平纹棉布肚兜。肚兜底部的元宝造型寓意前程财富的源源不断。

图221　如意兜
清晚期，如意形串珠吊挂式绸地肚兜。多个如意构成的如意外形肚兜，构思精巧奇妙。表达对吉祥如意的美好祈愿。

上。寓意前程财富的源源不断（图220）。如意兜——外观形态以如意形作轮廓造型，有单个“如意”与多个“如意”组合的不同构成。表达对吉祥的祈求寄托（图221）。蝙蝠衣——外部轮廓如同蝙蝠的形态，通过“蝠”与“福”的通谐来祈求“福到身心”（图222）。牛舌衣——外形如同牛舌形状，是清代内衣中最富有特色的造型，为男子夏日所用，体现文人居士的儒雅气质（图223）。葫芦兜——外部形态借用葫芦形来构成轮廓，左右对称。取自八仙神灵铁拐李所执道具葫芦造型来祈求神灵的保佑。

图222　胸衣
以蝙蝠图腾来寓意“福到身心”。

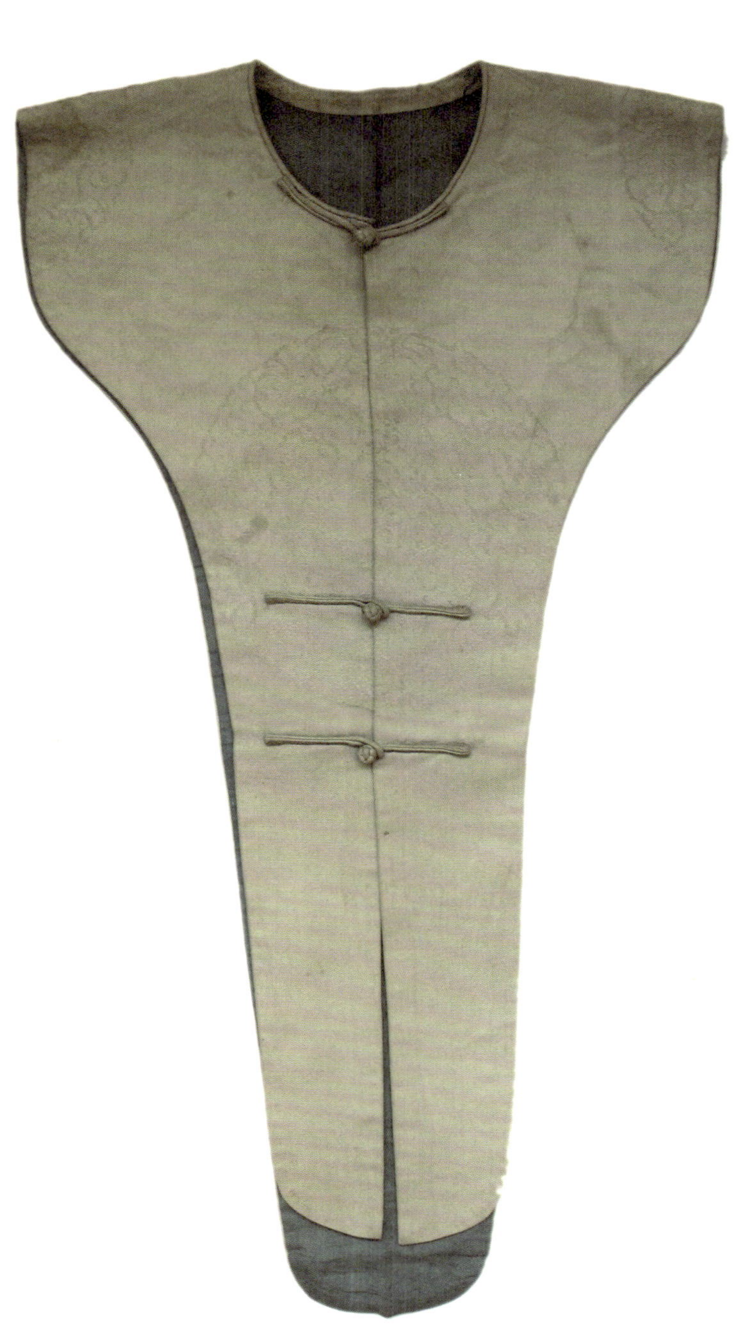

图223　牛舌衣
清中期，云气纹提花米色内衣，外形有如牛舌形状，故名“牛舌衣”。

图224、图225 水田衣肚兜
此肚兜为“水田衣”形制，因拼接各种布片，状如水稻之田，故名。而水田衣的内在寓意是通过取长者零碎布片来汲取阳寿，从而祈愿小辈们健康长寿。

图226　肚兜（局部）
以贴布工艺构成图腾纹样。

图227　肚兜（局部）
清晚期。以贴绣工艺制作狮子形象，饰于肚兜颈缘处。

还有一种肚兜为“水田衣”形制（图224、图225）。“水田衣”也称“百衲衣”，不仅是为了表现色彩的多样性与美感才流行取亲朋邻里中长者的零散布来裁制拼合，不单纯为了表现多样的织料与色彩，更不是要把内衣做成“水田”造型，而是取长者（尤其是耄耋老人）的阳寿，认同这些长者的阳寿会通过取来的零碎布片一起依附于子女的身体，是长辈们一种对子女生命理想的寄寓，名曰“水田”仅仅是因为通过零碎片拼合而成的形态如同农耕水田形态而已。“衲”通“纳”，“衲”的不仅是长者零样布料，更是“纳”长者阳寿而在内衣上为小辈们作生生不息的祈祷。

中国古代内衣的制作运用绣、镶、贴、补、嵌等多种技法（图226—图229），其工艺

图228、图229　胸衣（局部）
以盘绣、钉针绣等多种技法作为装饰手段。

图230—图233　肚兜（局部）
分别以琴、棋、书、画为装饰素材，可见手绣工艺的精妙。

上的精细严密表现为手工针法上的不皱、不松、不紧、不裂，布面外观上的平服、顺直、薄松、软轻。独具魅力的工艺手段是刺绣工艺的运用，它单凭手工将各种颜色的丝、棉线在布帛上借助手针的运行穿刺，构成既定的花纹图像或文字图形（图230—图233）。这种手绣工艺在内衣上的广泛运用，使内衣形象更为精细雅洁，多彩而富丽。手绣工艺“设计——描稿——面料上绷——运针——整理”的独特流程及精湛技艺堪称一绝。

技艺上的精巧还表现在层次上的安排与局部缀饰的讲究。胸部吊带与腌衣片相接缝处，缀以盘花图形（图形盘绕或如意纹盘绕）（图234—图236），使接口处显得奇巧而动人。镶有金色丝线的绣纹精美富丽、楚楚动人（图237）。

图231

图232

图233

图234—图236　肚兜（局部）
肚兜角隅的相接之处以盘花、如意盘纹等图形来修饰，寄寓美好祈盼。

图237　肚兜（局部）
金色丝线的绣纹使肚兜更精美华丽。

三、寓意与图腾

中西方内衣中的纹饰现象均摆脱不了人类图腾制度的共有制约，无论是西方紧身内衣中的卷草纹样，还是中国内衣中的动植物纹样，均是图腾制度中三个因素的结合体。所谓图腾，被视为氏族的保护者和标志，即规定的崇拜仪式，产生于原始社会母系氏族时期，在以狩猎、采集为生的人类社会，每个氏族都和某物（动物、植物、臆造物）有血缘关系，此物即被尊奉为该氏族的图腾。图腾通常以某一个形象物来体现，在内衣文化中图腾一般以某个形象的纹饰来表达。

人类装饰行为中无论是一只动物，一株植物，还是某一个臆造物在图腾艺术中都会被人们当成生命，成为祭祀并表达相应生命与情感寄托的媒介物。中西方内衣纹样中图腾制度也是三个因素的结合体：一、社会因素。一个动物或植物或臆造物，与有社会行动的群体之间的关联。二、心理因素。群体成员相信他们与动物、植物或臆造物有一种亲属关系。三。仪式因素。对动物、植物、臆造物的尊崇崇拜，当作生命的一个部分，运用于生活的每一个方面。在这些特定的信仰、崇拜、禁忌的背后，纹样的形式表象中潜含着某一动物、植物或臆造物与某一氏族之间的关系，通过纹样的图示我们同样可以识别这些不同的群体。

1. 紧身胸衣

紧身胸衣上的装饰纹样多为花朵、卷草或纤细的藤蔓（图238），这些植物纹样蜿蜒回旋的动势非常具有欣欣向荣的生命力，整个纹样生动、鲜活（图239）。霍加兹（18世纪英国画家）在自己的《美的分析》一书中也阐述了自己对物体形式的分析。朱光潜把霍加兹的分析总结为："他认为最美的线形是蜿蜒形的曲线，因为它最符合'寓变化于整齐'的原则……他指出美的主要特征在于细小和柔弱，还是从形式上着眼"（朱光潜《西方美学史 · 下卷》P658）。另外，鲍桑葵也认为："在自然象征主义里，花萼的线条代表生长和生气"（鲍桑葵《美学史》P79）。

紧身内衣上不仅有植物纹样，有时也会出现象征爱情的图像或文字。"17世纪其他的胸衣，无论是内衬金属、触角还是象牙的，都绘有丘比特的图案，或被箭射中的心，或是一颗燃烧的心（图240、图241），同时还嵌有诸如'爱在你我之间'、'箭让你我相连'之类的话语。一件18世纪的胸衣上就绘有这样的图案，图上的女人用剑刺穿了男人手里的心"（瓦莱丽 · 斯蒂尔《内衣，一部文化史》）。这些象征爱情的图像或文字，直白地传达了紧身胸衣穿着者的内心诉求，即对爱情的热烈追随。另外一些镶边的织锦缎紧身胸衣，上面系有缎带、蕾丝带或者蝴蝶结，非常繁缛奢华，只有与"暴发户"品位一样的人才会选择穿这种紧身胸衣。

2. 肚兜

综观中国古代内衣，图腾纹样题材通过内衣这一平台，将山水、花鸟、云气、吉祥物展示其上，主张天、地、人同源同根、平等和谐的文化观念，在身体展露之余以形写神，达道畅神作为装束理想的美学思想，是最具文化内涵的特征之一。在内衣纹饰的形、神表现上，既注重对自然景态外在美的描摹，又强调物象寓意寄托及意蕴表达。使'超以象

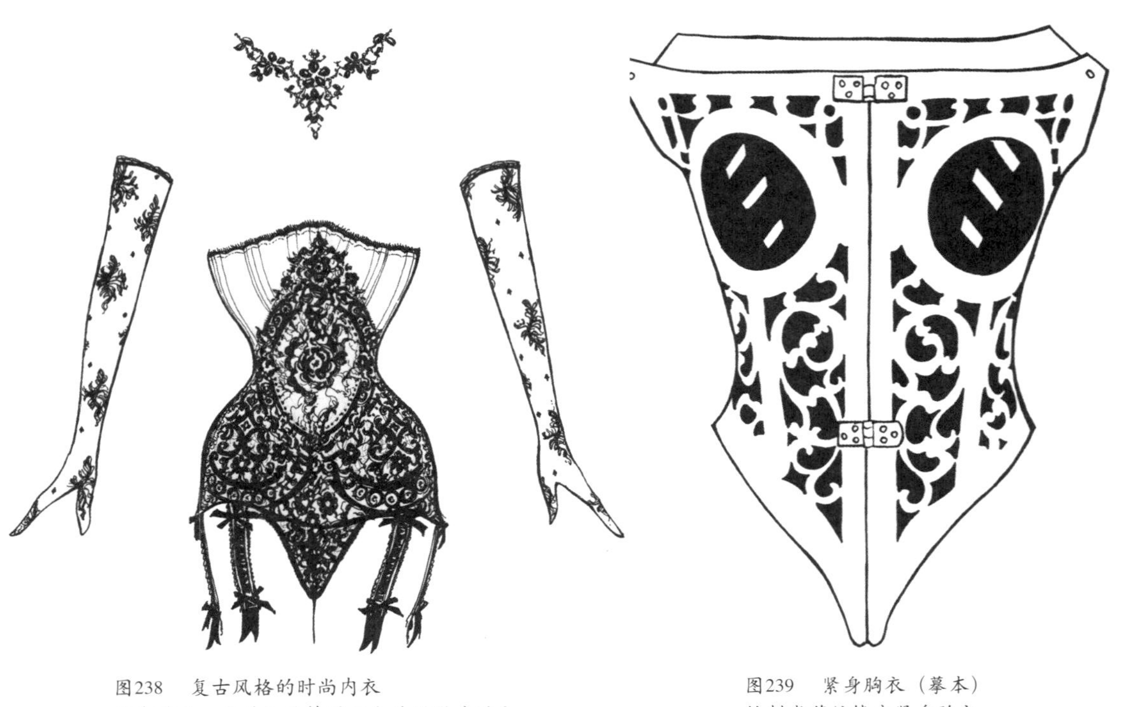

图238 复古风格的时尚内衣
带有花朵、卷草纹装饰的黑色蕾丝紧身胸衣。

图239 紧身胸衣（摹本）
铁制卷草纹镂空紧身胸衣。

外，得其寰中”的意境更为极致。那种求生存，追求福、禄、寿、喜的信仰通过表征的图案形象得以体现，“虚室生白，吉祥止止”（《庄子》），注释着“吉者福善之事，祥者嘉庆之征”。在内衣上以表征形象来祈求人间诸事皆祥瑞，“天下太平，符瑞所以来至者，以为王者承天统理……德至草木，德至鸟兽，则凤凰翔，白鹿见……”（《白虎通义》）。山、水、日、月、云气、花、鸟、虫、鱼等，成为对吉祥祈求的意念符号，使“吉凶有兆，祸福有征”。

借助于组合寓意纹样，将抽象的概念形象化，使抽象概念与某一具体的实物形象相对应，再将此实物变形、打碎、提升、整合，从而完成对理想与寄寓的表达。这种方式集中表现在吸收借字、喻义、象形、谐音、寓意等手法，将花卉、鸟、虫图形组合成象征喜庆吉祥幸福的图案，最终通过在内衣上的纹样加以表达。

崇拜神灵物：

肚兜纹样常借助对不同神灵物的纹饰表现，来寄寓或神法无边、或祈福禳灾、或避虫避灾的心理期盼（图242）。例如祈盼借助龙的施云布雨而滋生万物，凤的飞腾盘旋而带来的和平吉祥，虎的凶猛威严而驱除百邪，狮的勇猛善舞而能镇妖辟邪并能带给人们喜庆，麒麟的灵智能给予人们祥瑞。

肚兜上借用龙、凤图腾也是敬拜它的善变之神趣、应机布教之能量的异常灵怀（图243、图244），期盼生活的荣华富贵、吉祥和平，希望子女日后能成“龙”成“凤”而光宗耀祖。

图240　插画（局部摹本）
1830年，带有心形图案装饰的紧身胸衣。

图241　插画（摹本）
心形图案、蕾丝、蝴蝶结等装饰的紧身胸衣。

图242 肚兜
含有金色丝线绣盘龙纹图腾，目的在于祈福禳灾。

图243、图244　胸衣（前、后）
借用龙、凤图腾，以求荣华富贵、吉祥平安。

图244

虎在中国女红艺术中也被称为“虎符”、“虎爷”，是典型的驱邪除恶之神。《风俗通》：“虎者阳物，百兽之长也，能噬食鬼魅，系其（虎符）亦辟邪恶。”虎的图腾在女红物件中的运用极为普遍，尤其在每年的端午节令之前，女性长辈们为孩童准备的肚兜上常用此纹样来充当驱除夏令百害之虫的神灵符号，故也有“虎符衣”之说（图245）。民谚云：“端午节，天气热。五毒醒，不安宁。”为防止蛇、蜈蚣、壁虎，蜘蛛、蝎子等“五毒”侵袭孩童，而选用虎纹那神格化的威猛造型置立中央，四周再布满“五毒”的害

图245 肚兜
“虎驱五毒”图腾，敬拜的是母亲祈求神灵保佑子女平安健康。

虫形象。虎的形象一般是仰头怒吼，前爪高扬，神气十足作捕食“五毒”状。女红虎神图腾表达的是母亲祈求神灵保佑子女身心康健，免受虫害之灾且精、气、神十足。

狮子威严雄武，被称百兽之长。据传狮子是汉武帝时张骞出使西域时被作为贡品带回才传入我国的，狮子也是佛教中的祥瑞神兽（图246）。《传灯录》：“释迦佛生时，一手指天，一手指地，作狮子吼云：‘天上地下，惟我独尊。’”肚兜纹绣借此把狮子视为辟邪镇宅的神灵，有“事事如意”（“事”通“狮”）之说。

麒麟是古代四灵动物之一，麒为雄，麟为雌，其形象在各个时代有所不同，至明清时期，形成全身披有鳞甲、龙头、独角、麋身、狼蹄、牛尾的程式化形象。肚兜上借用麒麟纹样传达了祈盼子孙兴旺发达的愿望（图247），“麒麟送子”与“麟吐玉书”对应女子所生童子日后必是国之英才的民间传说。

另外还有以蟾蜍为纹饰图腾的古代内衣。在中国的古代诗歌中，经常以玉蟾、金蟾指代月亮，以“蟾宫”指代月宫。传说中，蟾蜍就是嫦娥的化身，因为嫦娥是偷了后羿的不死神药之后才奔月的，所以“托身于月，是为蟾蜍，而为月精”（出自古本《淮南子》）。张衡《灵宪》载：“月者，阴精之宗，积而成兽，象蛤兔焉。”这里的蛤即蟾蜍（兔即指兔子）。但随着人们对美好的月亮神话的向往和不断改编，丑陋的蟾蜍渐渐就被人们从中抹去了。

但由于蟾蜍的独特药用价值以及它本身的神秘性，也常常作为西王母身边的仙兽。它还被道家与炼药、法术联系起来，古书《道书》记载：“蟾蜍万岁，背生芝草，出为世之祥瑞。”隋唐以后，科举制度兴起，蟾蜍又和月桂一起被赋予新的含义，古人之所以将砚台作蟾形，是为了寄寓“高中”的人生理想。所以蟾蜍也会被单独用来作为求祥瑞、庇佑仕途顺畅的寄托（图248、图249）。

人格化与象征：

肚兜纹绣运用不同物象来表现不同的特殊意义，并将所表现物象赋予人格精神，以状物咏情来应寓风雅。女性肚兜上常借用“花”来作为人格化象征最具特色。花在中国文化中是女阴的象征。古人相信，有些花就是由人变化而来的。花的人格化极致，便是女性将花视为自身来审视，当作现实中的“人”来看待，并在这个过程中体会和感悟着自我的人生理念，以这种独有的寄寓方式反映在肚兜中。人有各品，花也有各品；人有等差，花也有等差（图250）。《幽梦影》道“梅令人高，兰令人幽，菊令人野，莲令人淡，春海棠令人艳，牡丹令人豪，蕉与竹令人韵，秋海棠令人媚，松令人逸，桐令人清，柳令人感”，各显风致。这些花与人的同性相吸、同气相求，使肚兜纹绣艺术达到了一种心物贯通、物我两忘的寄寓境地（图251）。

中国女性借牡丹纹饰与神韵来寄寓雍容华贵的生活理想延续至今，并且由此肚兜中繁衍出“功名富贵”、“长命富贵”、“荣华富贵”、“满堂富贵”、“富贵万代”、“富贵平安”、“富贵耄耋”等一系列吉祥纹饰（图252）。中国女性视兰、荷为人格化的象征，她们看到的兰、荷卓尔独立、坚忍不拔、身情异香，寄托娟洁清芬、自尊自爱、不随流俗、不媚世态、贞姿高韵的心道情志，成为肚兜纹饰艺术所表达的最佳题材（图253）。到了清代民国时期，肚兜纹饰常以荷（莲）纹样寄托祥瑞与祈子的祝愿。“连

图246　肚兜
借百兽之长的狮子作为图腾，祈盼天降祥瑞，事事如意。

图247　肚兜
“麒麟送子”的图腾传达了祈盼子孙兴旺发达的愿望。

图248、图249　肚兜（局部）

中国传统文化常以金蟾、玉蟾作为祥瑞之物，也会被单独用来作为求吉祥、庇佑仕途顺畅的寄托。

图249

图250　肚兜
中国女性将花朵赋予人格精神，将花视为自身来审视，以状物咏情来应寓风雅。

图251　肚兜
左　以梅花作为纹样，反映对铮铮傲骨的敬拜。
右　绣以莲花，表达对莲花“出淤泥而不染，濯清涟而不妖”的赞颂。

图252　胸衣
以牡丹和花瓶纹样作为主要图腾，寓意“富贵平安”，反映对美好生活的向往。

图253　肚兜
左　以兰花纹样表达不随俗流、不媚世态的心道情志。
右　绣以梅花纹样，表达对高情逸韵、坚贞无畏精神的颂扬。

（莲）年有余”以娃、莲、鱼的合成，表现连年有余的吉祥寄托（图254）；“兰（莲）生贵子”以莲、桂的合成，祈盼多子多福而生命繁衍不息（图255）。梅、菊寄寓崇高品节。“梅”是一种高格逸韵的奇木，它凌霜斗雪，冲寒而开，被视为报春的使者、春天的象征。梅的寒肌冻骨、如雪如霜、冰清玉洁、幽淡雅丽、冷香素艳、高情逸韵为世人赞道。中国女性在肚兜纹饰中对梅、菊的表现与赞叹，也是赋花以人格的最形象体现，借梅、菊来赞叹人的崇高品节，如高洁、傲岸、超拔、隐逸、幽独、清奇、素雅、冷艳、坚贞、无畏等，并寄寓美好的人生愿望和理想。月季寓意四时常春、花容常驻。肚兜上的月季纹样借其天然美艳的迷人性态，来寄寓对生命四季常青及青春容颜常驻不衰的情感关照（图256）。

谐音式假借：

中国肚兜上的纹样以谐音假借来传达不同的寓意，体现女性不同的情感寄托与祈求。唐代欧阳炯《女冠子》：“荷花蕊中千点泪，心里万条丝。”“丝”谐音“思”，构成工巧贴切的谐音双关。例如：“蝠”与“福”、“鹿”与“禄”、“有鱼”与“有余”，前者是物象，后者是谐音式假借，由此构成形与声的假借意念，最终来传达“福”“禄”“余”的吉祥情感寄寓（图257）。

“蝠”与“福”。蝙蝠形象虽然丑陋，但因“蝠”与“福”谐音，故被借用来赋予吉祥的寓意。“五福捧寿”由五只蝠围绕一个圆形篆书“寿”字，五只蝠寓意“五福”（图258、图259），《尚书·洪范》：“五福，一曰寿、二曰富、三曰康宁、四曰攸好德、五曰考终命”，寄寓福寿双全的生命理想；“五福和合”由五只蝠与一只盒（“盒”与“合”谐音）构成，“和合”又是古代传说中的婚姻之神，并祝颂夫妻恩爱、家庭美满、多福多寿；“纳福迎祥”由儿童将蝠放入容器中来寓意纳福，寓意孩童会由此福运吉祥相

图254、图255 肚兜
以莲、娃、藕等图腾寄托祥瑞与祈子的祝愿，祈盼多子多福及生命繁衍不息。

图255

图256　肚兜
将梅、兰、菊、月季等花卉纹样集于一身，反映对高尚情操的赞颂，寓意人格的完美。

图257　肚兜（局部）
葫芦贴布装饰，表示对福、禄的吉祥情感寄寓。

图258、图259　肚兜
蝙蝠和“寿”字组合成“五福捧寿”纹样，表达对“福寿双全”的美好寄寓。

图259

图260　肚兜（局部）
以娃娃、鱼、莲花等组合，祈愿连年有余、生生不息。

继而至。

“鱼”与“余”。鱼，在古代比喻为未婚妻，有“以披霜鸟求鱼之心切”比喻自己欲婚之意，“鱼”还有“女”的喻意。在神话传说中，有天女变鱼，鱼受人精，鱼生人，鱼又变天女，其内涵正是以鱼象征女阴与女性来崇拜生殖，再由此产生连年吉祥丰收的寄寓功能转化。常见的纹饰“年年有余”，以娃娃、鱼、莲花灯组合而成。胖娃娃抱着鲤鱼并衬以莲花来寄寓连年有余、生生不息的理想（图260）。

“鹿”与“禄”。鹿，古代称为“候兽”，因它的角会自然脱落后即孕生鹿茸的现象而作为计岁授时而得名，鹿由此也被视为生命繁衍的象征。此外，借“鹿”与“禄”、“路”、“六”谐音也表达一种人们对祥瑞含义的寄托。肚兜纹饰中假借“鹿”物象来寓意人生仕途顺达畅通，常与福、寿相伴，构成福、禄、寿三仙（三星）（图261、图262）。福为财富，禄为官位，寿为长命。吉祥瑞兽鹿（禄）与福、寿二星（图263）共构而生成“三星拱照，喜庆临门”的祈祝象征，以此来表达女性对生命理想的情感寄寓，尤其是期盼并祝愿家人能在仕途上不断升迁。

图261　肚兜
清晚期，借福、禄、寿人物形象，表达对富贵长寿的祈愿。

图262　肚兜
以戏剧人物形象传达对仕途亨通、人生富贵的祈愿。

图263　肚兜
清晚期，色晕法贴布菱形肚兜。绣以福、寿二星，祈盼多福多寿。

图264　肚兜
以“水心在玉”、“利如千金”的字样传达人生价值观。

表情性字符：

以某一个或几个汉字、英文，构成某一单独纹样，用在肚兜上来传达人生价值意念与生活态度，也是中国肚兜图腾艺术的特色之一。

在胸际（内衣的上端）用“心如松贞”、“心广体壮”、“洁身如玉”、“四季如春”、“寿”、“福”等艺术化、色彩化、刺绣工艺化的文字内容直接传达人生的价值意念（图264）。也有内衣后背处缀有五个装饰银币，上面分别有“风调雨顺”、“早升仙界”、“天下太平”、“极乐逍遥”、“国泰民安”等不同文字内容（图265、图266）。后背饰银币来隐喻“后辈（背）有钱”的期望，也分别表达着对天、地、人生处世的不同价值观。

以“日”或“月”的汉字，配以其他图像纹样来构成浪漫的理想寄寓（图267）。“月”在中国文化中的艺术寓意是“母性”、“女性”、“女神”，正如《礼记》云：“大明生于冬，月生于西，此阴阳之分，夫妇之位也。”在中国神话中，月神——女娲（女娲、女和、尚娥、嫦娥为一人）代表月亮、生命。柔美。“月”作为女性的象征与和谐的化身，象征意蕴长期积淀而成的审美原型和审美理想。“月”的形象和文字图像与女性的洁净、静定、蒙眬相对应，与内衣穿着时空所包含的轻松、寂静、超脱等情境相合拍（图268、图269）。

敬拜神仙与忠烈：

中国肚兜图腾形象中的人物，主要有“刘海戏金蟾”、“金童玉女”、戏曲人物、“将门女子”、“生活形象”等几大类（图270）。

戏曲人物方面，既有西北地区的传统戏曲形象，也有江南戏曲的角色形象（图271、图272）。生活形象方面，人物的职业与装束较为丰富，蕴含生活情节与戏曲故事的表

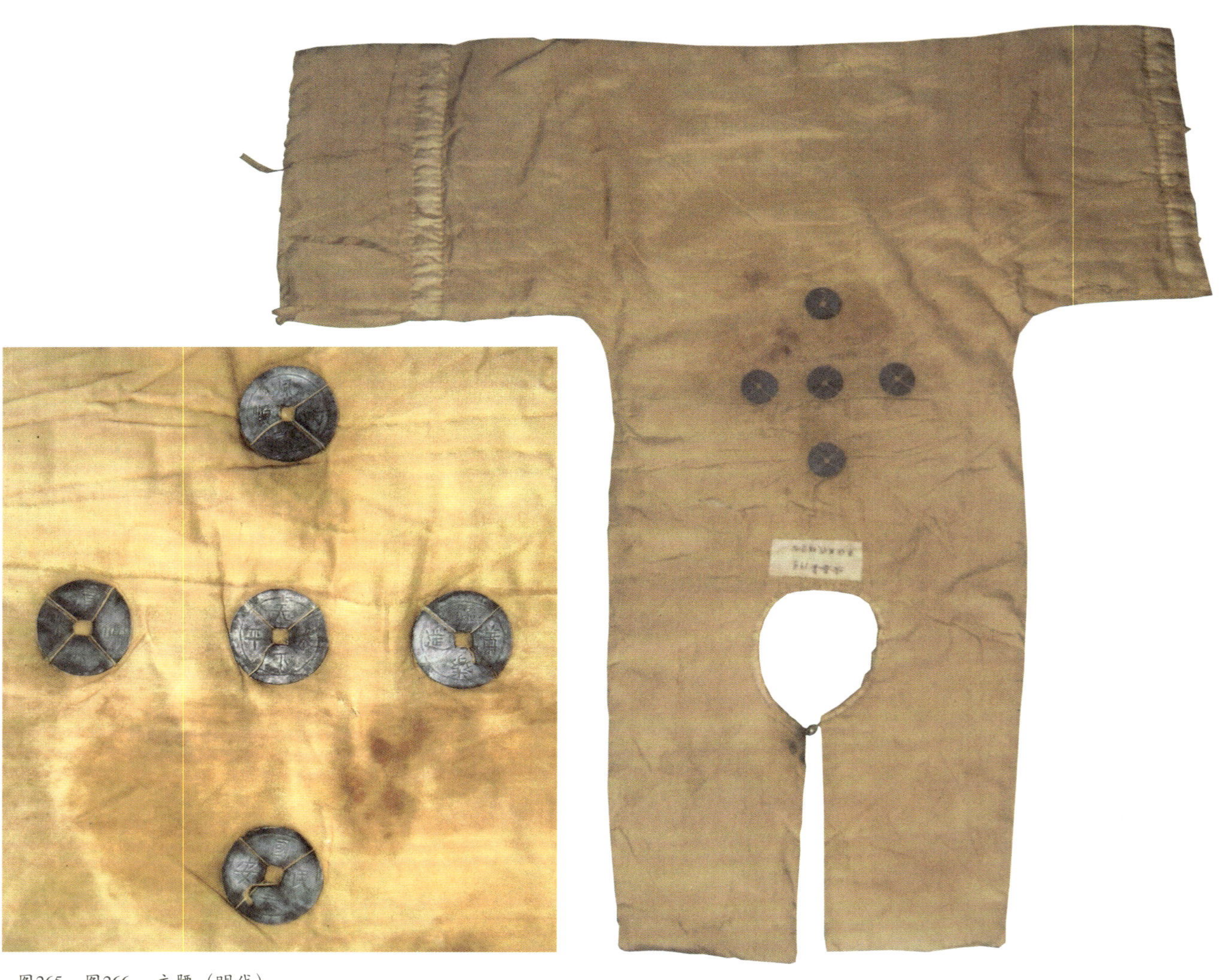

图265、图266　主腰（明代）
明朝背心式米色绸绗棉主腰，后背处缀有五个装饰银币来隐喻“后辈（背）有钱”的期望。

图267—图269 肚兜（局部）
“月”在中国象征着“母性”、“女性”等深层含义，传达“洁净”、“静定”等和谐寄愿。

图268

图269

图270　肚兜
清中期黑布地肚兜。以传统戏曲人物狄青为形象内容，表达对忠烈的敬拜。

现。传统人物形象中如“刘海戏金蟾”（图273、图274）、“金童玉女”、“八仙”（图275）、“麒麟送子”中的“仙童”等形象运用最为广泛，程式化及类型化的气息很浓。

生殖与性爱寄情：

以男女的性爱动作（也称“春宫图”）为图腾形象，起着“性教育”的作用（图276）。它主要有两种用途。其一，是长辈为婚嫁的女儿做陪嫁品（压在嫁妆的箱底），有待女儿成亲后察觉，有夫妻生活的指导价值；其二，是卖春院的女子为招徕客人而特定的内在装束。含有此类图腾的内衣有严格的时空与特定人物的穿着限定。在性爱动作的图腾布局上，一般有两种以上的动态，强调男女之间的动态，不刻画身体的细节与局部，陪

图271、图272　肚兜
以戏曲人物形象为纹样主题。

图272

图273　胸衣（清早期复合式绸地胸衣）
前衣片菱形，后衣片正方，在衣领处用纽扣系接，形制独特，装饰纹样为“刘海戏金蟾”。

图274　肚兜
借“刘海戏金蟾（钱）”的传说，寓意日后财富源源不断。

图275 肚兜
清早期，菱形绸地肚兜。以人物为主题的“明八仙”作为图腾，表示对神仙的敬拜，借此来保佑四方平安。

图276　春宫图（摹本）
春宫图以及绣有春宫图样的肚兜是中国古代女性出嫁时的“压箱底”物件，以便新婚时所用。

图277 肚兜
狮子纹样中的狮子尾部新生出的寿桃与如意纹，构思巧妙有趣。

衬的环境既有花草，也有室内陈列。

在纹饰的造型手法上，中国古代内衣的图腾艺术性也有浪漫之处。写实与写意、省略与添加、夸张与综合各具特征。如“麒麟送子”中的麒麟图形，高度概括的简约形象大度而富有张力，形神与动态经概括提炼而显超然脱俗，成为人们心目中理想的祥瑞仁兽。而在纹饰上直接绣有花卉、景观添加合成的戏曲人物，则是西北地区的一大特色。夸张与浪漫的手法在内衣图腾的创造中，不乏生动之例。例如，狮子纹样中狮子的尾部重新生成出一只寿桃与如意纹，似尾非尾，意料之外，情理之中（图277）。再如，将寿桃、佛手、石榴三种分别表示多福、多寿、多子的图腾形象重复叠加（双层），并在骨架上作“同量不同形”的方位变形，极具写意性（图278）。

图278　肚兜
民国时期，圆摆式米色绸地肚兜。将寿桃、佛手、石榴图腾集于一身，反映多寿、多福、多子的美好寄寓。

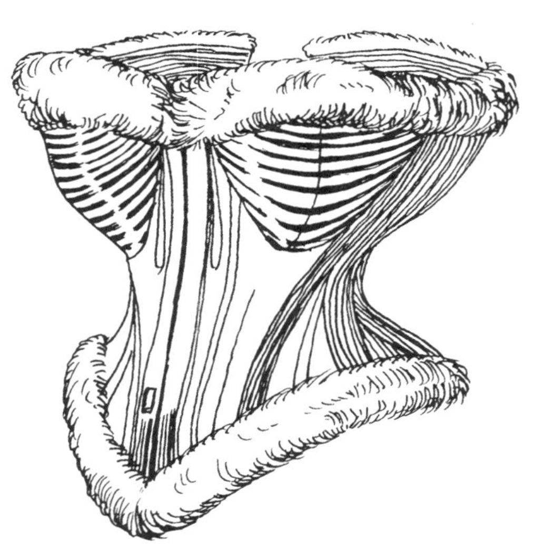
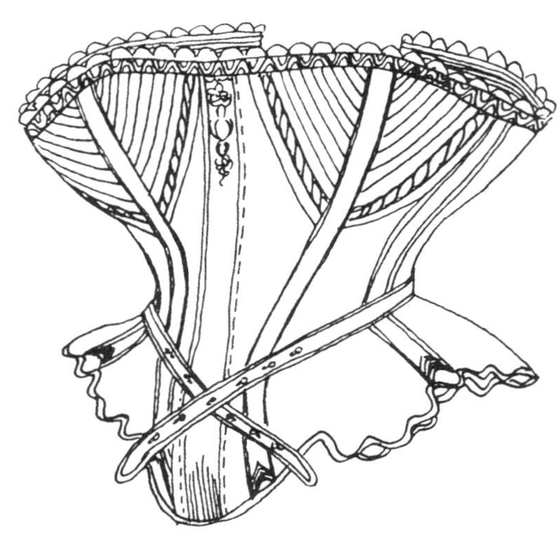

图279　紧身胸衣（摹本）
左为1867年的紧身胸衣，右为1872年的紧身胸衣。

四、质地与色彩

在质地与色彩方面，中西方内衣在质地选材上大同小异，基本上是人们普遍所知的面料与辅料。但在对色彩的使用上，西方紧身胸衣相对单纯，以白色或偏白色的浅色布料为主，表达纯净洁丽的美好（图279），而中国肚兜的色彩运用则与阶级地位、地方区域、文化习俗息息相关。

1. 紧身胸衣

虽然紧身胸衣都是布制的，但在材质的使用上也随着时间的推移有所变化。起初，紧身胸衣采用棉布或者麻布这些质朴的天然材质，这些也是最常用的布料（图280、图281）。很多年轻姑娘选用白色人字斜纹布做内衣，因为人们认为少即是多，简单即为美，这种简约的紧身胸衣比那些可以制造性感的内衣要诱人得多。后来发展到使用舒适的呢绒，再后来随着贵族对昂贵奢侈织物的追捧，出现了重丝锦和丝绒，呢绒也被取代了。高级的紧身胸衣面料也不过就是白色绸缎。白缎内衣被誉为“内衣中的女皇”、“完美的白缎内衣”。白缎内衣光泽柔和、手感柔顺，并且具有一定的弹性，穿着十分舒适。“物如其主，高雅迷人，冰清玉洁而无矫揉造作之嫌”（瓦莱丽·斯蒂尔《内衣，一部文化史》）。“1597年，女皇（英国伊丽莎白一世）的佣人小矮人托马森收到了两件新式紧身内衣。其中一件是外穿的紧身胸衣，或者说是一件用天鹅绒缝制的长袖紧身内衣，镶有银色丝带，用‘V’形白色缎子装饰；另一件是法国式紧身胸衣，用织锦缎制成，内衬粗麻布并附有鲸骨支撑。”（图282、图283）

根据《巴黎人的生活》杂志上的文章：“贤良的女人穿白色的内衣，而决不去考虑其他的颜色。”虽然后来出现了色彩缤纷的丝绸或锦缎制成的昂贵的内衣，但白色仍会是大

图280　紧身胸衣
17世纪晚期或18世纪早期的紧身胸衣。淡紫色丝绸质地，下摆处带有白色缎带装饰。

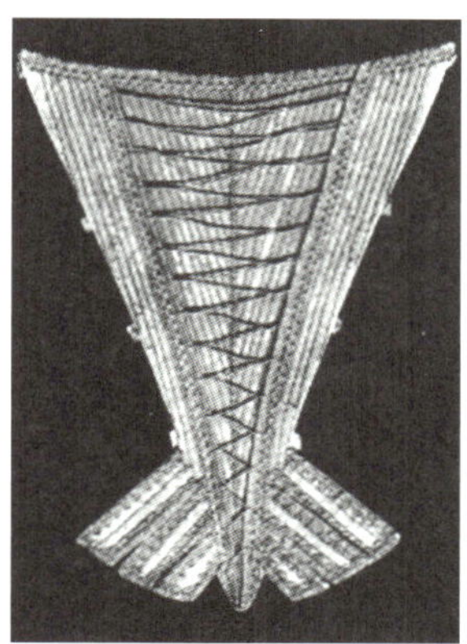

图281　紧身胸衣
18世纪晚期。粉色塔夫绸紧身胸衣，银色系带装饰。

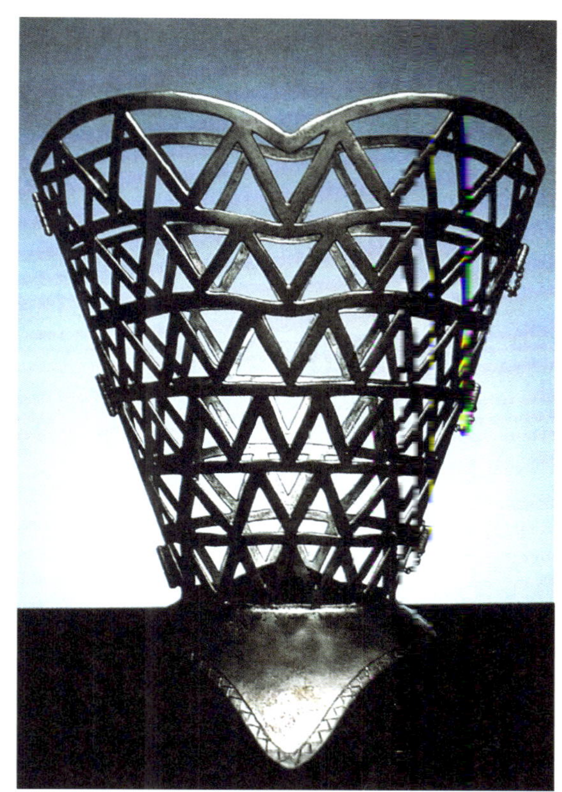

图282　紧身胸衣
1600年前后的金属紧身胸衣。

图283　紧身胸衣
18世纪，灯芯草编制花朵装饰紧身胸衣。

图284　紧身胸衣
前两件 1880年，规模化生产的“漂亮佣人”牌紧身内衣。
后两件 1880年，法国黑色紧身内衣和法国彩色缎制紧身内衣。

图285 紧身胸衣
黑色胸衣与丝袜、手套是西方女性最崇尚的装束组合。

图286 《路上的诱惑》
1896年，亨利·德图卢兹·洛特雷克。黑色湖蓝色搭配的紧身胸衣。

多数人们钟爱的颜色。白色成为紧身内衣的常用色，因为在西方人的心中，它代表着圣洁。除了白色以外，女人们很少穿着其他色彩的紧身胸衣（图284）。尤其是黑色的紧身胸衣，是最具挑逗性的一种颜色，被认为是自甘堕落的女子才会穿着的内衣颜色，所以普通人对于黑色内衣有一种望而却步的情愫。“黑色（紧身胸衣）……尤其是在与蓝色的吊带袜相搭配的时候。还有一种将茶色与玫瑰色混合而成的一种缎制内衣，很显然，是专门为那些在道德上对自己放松要求的女人们准备的。”（瓦莱丽·斯蒂尔《内衣，一部文化史》）（图285—图287）

20世纪后出现了一种紧身胸衣，却不是用来美体塑形的，它被创造出来用于身体有缺陷或者有创伤的人。前卫设计师侯赛因·查莱安设计的“外科专用”紧身胸衣。采用解构手法，用不同材质拼接而成，从外观上看起来，就像是一个“受过伤”的紧身胸衣，当然，它也是为同样受过伤的人而服务的（图288）。伦敦时尚教父亚历山大·麦奎因设计过许多紧身胸衣。他由此得到灵感，也设计了类似修复体形的紧身内衣。他采用人造皮革，利用解构手法，将皮革分成若干块再连接、缝合。虽然这种类型的紧身胸衣在服装史上非常少见，但它们也代表了一种撕裂的美，仿佛诉说着痛苦与忧伤（图289）。

近现代的紧身胸衣，显然已不将勒紧腰身作为主要功能（图290、图291）。人们对

图287　盘头发的女人
1890年前后，保罗·西涅克。紫色与白色搭配的紧身胸衣。

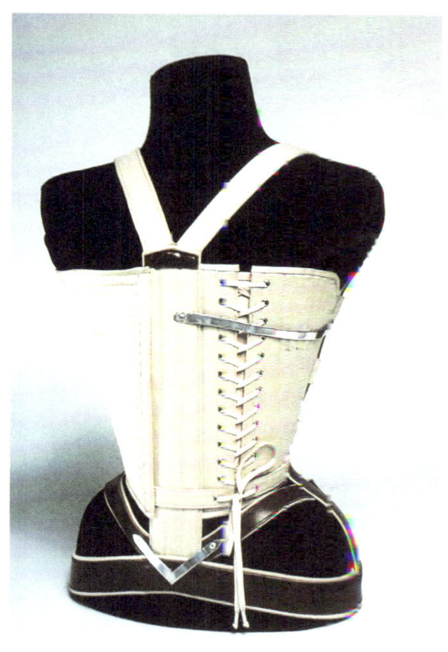

图288　紧身胸衣
1998年，侯赛因·查莱安设计的外科用紧身胸衣。

图289　紧身胸衣
1999年，亚历山大·麦奎因设计的“修复体形”紧身胸衣。

图290　胸衣结构式的时装
1997年，蒂埃里·马格勒借用紧身胸衣线形设计的“甲壳”套装。

图291　麦当娜
1990年前后，麦当娜穿着让-保罗·戈提埃设计的紧身胸衣。

图292　时尚紧身内衣
黄色流苏与黑色蕾丝的运用，使得性感的内衣具有层次感的流动性。

图293　时尚复古胸衣
绸缎质地与绣花的运用，显得复古而华丽。

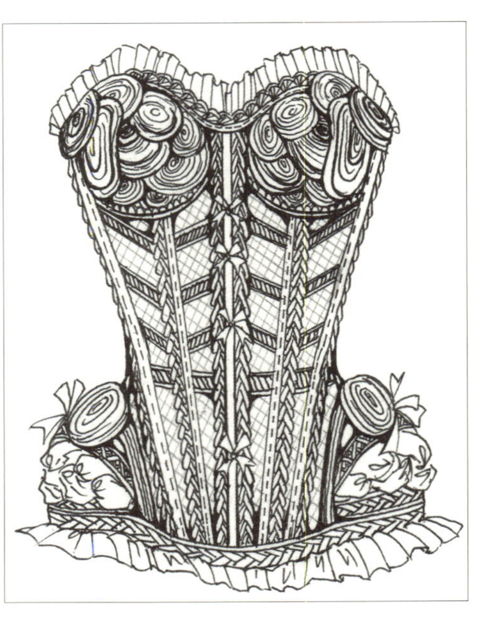

图294　时尚紧身胸衣
编结的装饰与乳钉的形象化构成，赋予胸衣精彩的华丽与性感。

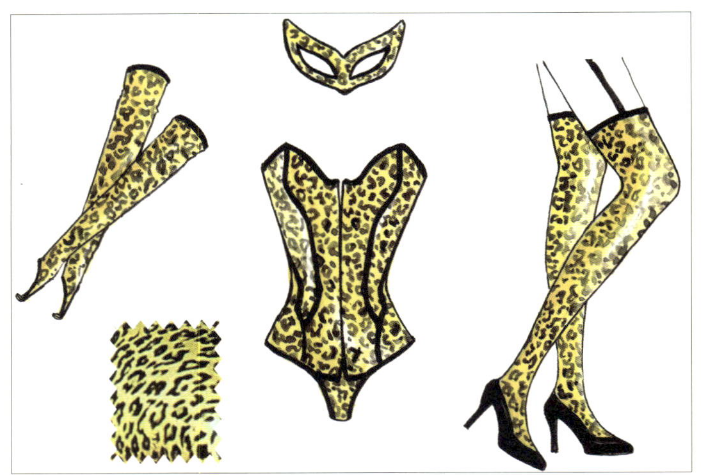

图295 时尚紧身胸衣
明艳的黄色漆皮豹纹胸衣，前卫而俏皮。

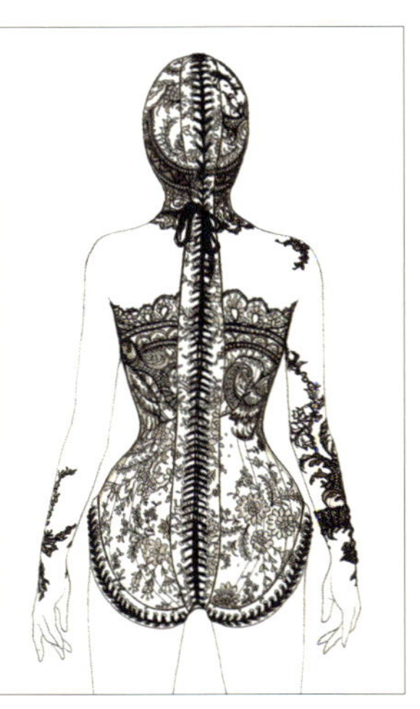

图296、图297　时尚紧身胸衣
大面积蕾丝花纹的运用，形成包括头套在内的整体套装，唯美惊艳。

三围比例的追求已经趋向以自然协调为标准，所以紧身胸衣在起到美体功能的同时，还担任着“锦上添花”的作用，对女性身体的诱惑欲盖弥彰，使女人变得更性感美丽。因此，紧身胸衣的材料不再局限于硬质的麻布或尼龙，当然更不再局限于鲸须或兽角。华丽的丝绸、轻透的蕾丝、经过特殊处理的软质皮革、带有弹性的涂层面料甚至缎带都可以成为紧身胸衣的面料（图292—图297）。

图298　凉衣（也称“线衣”）
清晚期的线衣也是内衣的一种，对襟式棉质线钩镂空衣，以苎麻、棉线编织成不同的纹样，达到疏密与错落有致的效果。整件衣服富有节奏，变化有致。

2. 肚兜

材质运用

中国肚兜的材质包括主料和辅料两大类。主料指制作内衣的面料；辅料指衬料、花边、装饰料、填充料、带、绳、扣、襻等材料。这些材质的选配同样因人而言、因时而异、异地而别，因形款而定。“布苎有精细深浅之别……”（李渔《闲情偶寄》）内衣材质的运用较为广泛，既有丝、绢、绸、缎等高品质的材料，也有土布、麻、纱、蜡染布、竹。局部装饰的选材更为精巧细致，例如：用精细的花边滚饰边缘，用珠粒串成肚兜的吊带，以不同质地的缀饰来丰富层次等等，各载其中，与制式、纹饰相辅相成，唯美配置（图298）。

丝绸：丝织品中的绸类是中国古代女性对内衣的首选材料，女性对它有着情有独钟的憧憬（图299、图300）。这是由绸类的品质决定的。它柔软的肌理像夕阳下闪烁多幻的

图299、图300　肚兜
丝、绸是中国古代女性对内衣的首选材料。

图301、图302 肚兜
绢与素缎是内衣上运用最广泛的材料。

图303、图304 肚兜
棉布柔软，吸汗性很好，适合用来做内衣布料。

迷人云彩，流溢出悠扬的旋律；它的顺滑手感在与肌肤的亲密接触中，透出温馨；它的气质，现出高傲冷艳的神韵。在历代女性心目中，拥有它就仿佛在心中藏有一片云彩，可以凭借它来展现自身的美与情感。

绢与素缎：内衣上运用最广的是绢与素缎（图301、图302）。绢是平纹累素织物的统称，古人称之为“帛”。运用它的最大优点是能为绣花提供匹配的条件，平纹底上作绣效果比斜纹、缎纹面料好。素缎是一种不提花的缎织物，有极佳的光泽效果，一般小面积绣花时选用这种面料，清代特别流行。

棉布：棉布在古代被称为“白叠”，“国人多取白叠织以为布，布甚软白，交市用

图305 肚兜（局部）
波浪形的纱线花边用来装饰肚兜领缘。

图306 肚兜（局部）
以四个珠片和透明珠粒形成的花朵来修饰领缘，细腻华美。

图307 肚兜（局部）
用提花工艺的花边来修饰肚兜边缘，强调吉祥祈福的寓意

焉”（《梁书·高昌传》）（图303、图304）。中国古代内衣在宋元之后，开始用棉布来作为主要面料。棉布是闽南地区及西北地区民间内衣的首选材料，它能为五彩绣纹提供一个极佳的反衬平台。

花边：中国古代内衣中对花边的运用极为广泛，主要在边缘、领缘、衽缘处作装饰，有单、双、多层之分。花边的加工形式有手工花边、机织花边，材料有纱线花边、金丝花边，风格上有提花花边、平纹花边、齿牙花边、珠光花边（图305、图306、图307）。

中国古代内衣的辅料运用及种类与外衣一样，形式多样，有内衬、绳、带、扣、线、填充料等。内衬，也称“衬头”。内衣中的内衬不像外衣仅用于领、胸、袖口，而是全部由内衬相托，显得饱满、挺括。绳、带材料以丝带、棉布带为主，一般选用同类色的布料作为系带，在领、腰处缝缀（图308、图309）。扣材料有纽扣与盘扣两种，起悬系及契

图308　肚兜

选择与肚兜领口饰缘布料颜色一致的棉带作为系带，上面的花纹亦可作为装饰。

图309　肚兜
以蓝色丝带作为肚兜腰部系带，且以黄色穗饰装点系带末端。

合的作用（图310、图311）。线材料有刺绣用的线与缝制用的线两种。刺绣的线有不同色彩及丝、棉两种材质。填充料方面，冬季内衣中一般用棉絮、丝绵两种来填充作里，起保暖作用（图312、图313）。

随类赋彩

"……富贵之家，凡有锦衣绣裳，皆可服之于内，五色灿然，使一衣胜似一衣……二八佳人，如欲华美其制，则青上洒线，青上堆花，较之他色更显。"明代李渔在《闲情偶寄》中形象地道出了人、色彩、内在服饰的界面关系。中国古代内衣，在色彩的创造运用方面有着非常丰富的想象力。

图310　肚兜
领处用纽扣来连接的肚兜。

图311　肚兜
领口边缘处以葫芦形盘扣悬系、装饰。

图312　内衣
民国时期，五彩绣花卉红绸地如意大襟贴身衣。

图313　内衣
用棉絮作为内胆填充物的保暖内衣。

图314、图315 肚兜
黑色内衣给人严肃、沉稳的感觉，但也能更好地衬托鲜艳的图腾纹样。

黑、白、正色与间色的运用比外在服饰更为宽松自由，“国色朝酣酒，天香夜染衣”、“百衲水田交错成辉”、“化工余力染夭红”等一系列诗文均表达了古代女性内衣对色彩姹紫嫣红、春色满园的意境追求。“黑，火所熏之色也”（《释名·释彩帛》），它与青、赤、黄、白共同构成“五方正色”。在古代阴阳五行学说中，黑为水，为北的方位和冬的季节。黑色在内衣上通常用作底色，以其色彩形象的严肃、沉着、沉稳来为“五彩作绣”作铺垫陪衬（图314、图315）。“白，启也，如冰启时色也”（《释名·释彩帛》），白为金，代表西方和秋季。白色在中国古代内衣服饰的运用上，比外在服饰更为

图316、图317　肚兜
白色能为彩色的刺绣图案作反衬，让五彩绣更为夺目传神。

广泛，它的根本原因与黑色一样，能为彩色的刺绣图案作美妙的反衬，让五彩绣花更为夺目传神（图316、图317）。“正色与间色”是中国传统色彩理论中的分类名，“正色”为青、红、皂、白、黄，“间色”指除此之外的其他杂色种类。青、赤、绿、紫、流黄、粉红、棕、褐、湖蓝、翠绿是中国古代内衣中最常用的色系，在不同刺绣配色的方案之中，千差万别（图318—图324）。

图318—图324　肚兜
五彩缤纷的各色肚兜，常为年少者所用。

图320

图321

图322

图323

图324

图325 肚兜
黑、棕色肚兜显得深沉凝重，常为年长者所用。

图326　肚兜
黑色肚兜常为中老年妇女所用，但中国西南地区也常使用浑厚含蓄的颜色（包括黑色）作为肚兜的底色。

尽管内衣的私密性、内服性受中国传统服色尊卑有别的制约较少，但色彩上仍隐约蕴含“色有别”的贵贱、高低、贫富之分。其“色有别”的界定与外在服饰的等级品第划分是一致的，以贵贱、品第为序：明黄、金银——紫——红——褐——绿——青——黑白灰。

内衣色彩展现品第与身份归于社会属性，而展现年龄与适应肤色归于审美属性。深沉凝重的褐、棕、深蓝、黑常为中年妇女所用；肤色的深浅与内衣色彩的搭配也有着因人而定、因条件而选配的相宜原则及合乎色彩“宜于貌者”的审美原则（图325）。

中国古代内衣的色彩择用与法则取向，贴切于民俗文化的个性基因及鲜明的地域性，称得上“一方水土一方色彩”。如贵州地区的浑厚含蓄（黑、深蓝、暗红）（图326）、江南地区的清丽鲜明（翠绿、明蓝、粉红、大红）（图327、图328）、甘肃地区的单纯质朴（白色）（图329、图330）、塞北高原的高亢激昂（白底上绣配五彩）（图331、图332）……每个区域色彩鲜明而富有个性，与他们所处地域的文化风格与审美定势完全一致。观赏每一地域的内衣色彩，仿佛是在聆听那充满传奇的民谣。

中国古代内衣作为吸引异性和对身体性征区“增娇益媚”的一种装饰物，在色彩上体现着不同的价值取向，强调内衣色彩与人的肤色、身份、年龄、时尚、品第、地域风情相协调，正如李渔在《衣衫》中所言：“妇人之衣，不贵丽而贵雅，不贵与家相称而贵与貌相宜，红紫深艳之色，违时失尚，反不若浅淡之合宜。贵人之妇，宜披文采，寒俭之家，当衣缟素，所谓与人相称也……面白者衣之其面愈白，面黑者衣之其面亦不觉其黑，此其宜于貌者也。”此段精辟的论述形象地提示出古代内衣对色彩的设定有着相应的价值依据与功利取向。这些不同的色彩设置，浅而言之是不同的视觉感应，深而论之则是丰富的心灵寄托。

图327、图328　肚兜
清丽鲜艳的大红、明蓝等颜色多为江南地区所用。

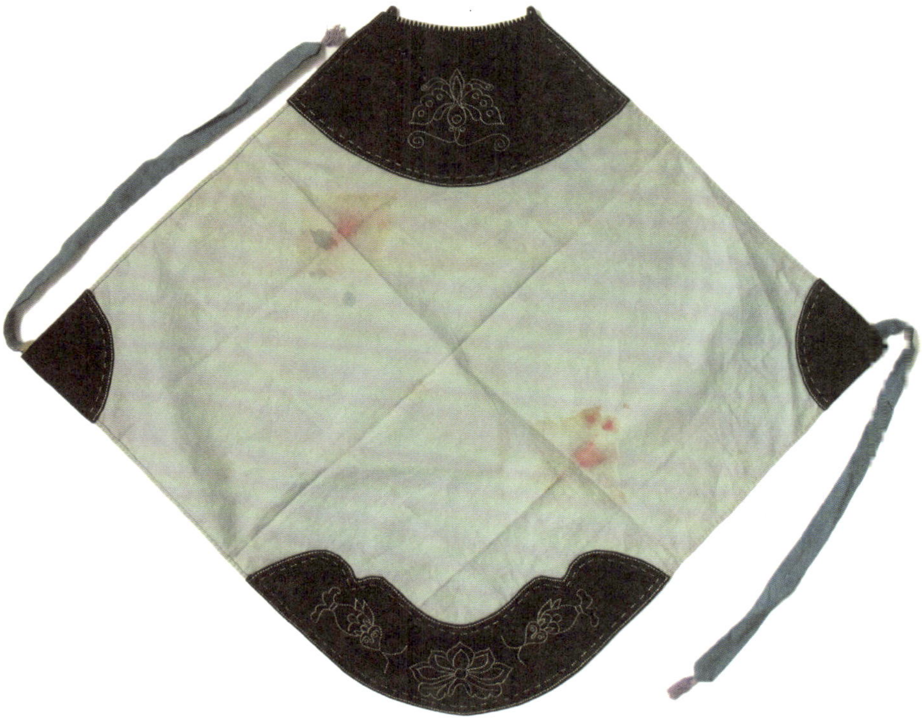

图329、图330　肚兜
单纯质朴的浅色及白色肚兜，清雅文秀。

图331、图332　肚兜
民国，扇形白地棉布肚兜。白底配上五彩绣特别绚烂夺目。

图332

后记

继2005年上海古籍出版社出版的专著《云缕心衣——中国古代内衣文化》及2009年人民美术出版社出版的《女红——中国女性闺房艺术》以及新华文摘发表的《论华服文化的深层结构》、《中国肚兜，一部寄情的文化史》等一系列专题论文之后，将中国内衣文化与西方内衣文化作横向比较，洞察它们的同异与表象背后的生成内涵，一直是心头的意愿。如今，社会的发展使中西方内衣艺术及文化高度地融会与默契，穿戴理念与装束意识也趋向共同，在这种背景下，越发感到对中西方内衣文化作梳理与研究的必要。通过系统的研讨来给予相应的文化评价，透过不同的表象洞察它们不同的生成理念，相互吸收，相互借鉴，在弘扬与传承中，既博采众长，又不失本民族的特色，义务与责任迫使我为之全身心投入。

如何将中西方内衣的不同文化理念归纳到一个贯穿且关联的系统中去，在两者之间的比较中寻找合适的切入点，我为此费尽心思。例如，在《名称与形制》及《变革历程》中，分别以“表述式与表意式”，“被寓意化与被结构化”来阐述，将梳理的资讯提升为本质的归纳，从文化的制高点审视各自的构成与发展。研究的不单是“内在衣饰”，而是广泛的“内衣观念”。内衣观念不仅涉及样式与色彩等表现身体的内容，而且涉及政体、生活方式、性爱观念、文化艺术、哲学理念等各个方面与此相关的广阔社会背景。

20世纪以来，内衣不但作为一种人体装束形态，也成为了大众“艳俗艺术”中招人耳目的载体。随着网络与各种娱乐化的时尚秀的普及，它已彻底地从私密空间走向公共空间，更有人借内衣的幌子来恶俗地表现所谓时尚的美与性文化。一方面目的于靠露乳走光或丰乳肥臀来夺人眼球，另一方面，以内衣艺术秀的名称来作伪饰，以求最大的商业化与收视率。在这种大背景下，将中西方内衣文化所具有的各种特质彰显于读者，是正本清源，是一种义务，更是一种责任。

研究过程中，解决了内衣研究中的几大误区并有新的突破。例如，传统研究中有认为

内衣不像外衣那样具有社会与文化价值，中国内衣主要就是肚兜，“水田衣”的创造是为了表现拼贴的色彩美等一系列误解和偏见。事实上内衣如同外衣一样，呼吸着时代的气息，受政体、社会、意识、战争、宗教、习俗等因素的影响与制约，是时代的一面镜子。紧身胸衣去掉钢材撑架，被用于武器的制造，是服从于二战的需要；合欢襟的流行始于蒙族统治中原而尽显异域风情；抹胸的诞生是唐代开放意识在身体上的体现；比基尼与文胸是20世纪功能主义与实用主义思潮的衍生物。肚兜的形制不是中国内衣的全部，中国内衣在造型结构上极其多样，四方、长方、椭圆、三角、菱形、异形各具千秋；色彩不仅是“五色”体系，更有民俗习性的配色理念使内衣色彩别具风情；穿着方式上的吊、系、扣、裹、挂、缠各有所用；工艺上的多种绣法、手绘、贴布、滚镶更具鲜明个性。“水田衣”（也称“百衲衣”）不仅是为了表现色彩的多样性与美感才流行取亲朋邻里中长者的零散布来裁制拼合，不单纯为了表现多样的织料与色彩，更不是要把内衣做成“水田”造型，而是取长者（尤其是耄耋老人）的阳寿，认同这些长者的阳寿会通过取来的零碎片一起依附于子女的身体，是长辈们一种对子女生命理想的寄寓，名为“水田”仅仅是因通过零碎片拼合而成的形态如同农耕水田形态而已。“水田衣”又称“百衲衣”在于“衲”通“纳”，“衲”的不仅是长者零样布料，更是“纳”长者阳寿并在内衣上为小辈们作生生不息的祈祷。还有为什么称内衣为“肚兜”或“兜肚”，不称“胸兜”，更不称“乳兜”，为什么称“抹胸”，不称“束乳”，是因为中国文化中对身体以“藏”为主的内敛，“不言轻薄”等内在属性的规定，同时在事物的外表形貌上，“肚”与“胸”比“乳”更回避身体第二性征，强调意会而不宜言表的身体表现理念。

中西方内衣从生成到流行，从流行到变异，始终贯穿着丰富的思想内容与文化意味，是社会与历史的一面镜子。潜心洞察与研究内衣文化，也是为了让内衣行业及其创新设计更有内涵与文化理想，而不是缺乏文化的模仿与表象的简单承袭，通过由表及里、由外而内地寻找文化基因，以求早日创建本民族内衣文化自己的学科。

内衣文化研究及小众的范畴，囿于咨询与文献的局限，有些章节的篇幅难以平衡。例如：情色与图腾中国部分比较丰富，西方部分比较单纯；结构变化与时代表情西方部分比较多样，中国部分相对稳定。本着尊重文献与史实考据的原则，有此偏废之处，有待日后资讯与考据的充实。

在研究的切入点上，以中西方内衣的传世实物与形象资讯为主，着重形象的考据。中国部分的实物收集与整理前后花费了数十年的时间，收集过程也是我与欧迪芬内衣公司王文宗先生不断思考的过程。西方部分的内容得到了斯坦福大学和牛津大学文化学者的支持。西方部分参考了纽约时装学院博物馆主任瓦莱丽·斯蒂尔（Valerie Steele）《内衣，一部文化史》、美国学者珍妮弗·克雷克（Jennifer Craik）《时装的文化研究》、英国学者亨利·汉森（Henny H·Hansen）《服装画廊》、西方学者彼得·西尼科（Peter W·Czernich）主编的《迷恋物》等著作。在编撰过程中汤婕妤、武晓媛、张羽对文字及图像整理给予了极大的支持，吴莹、周然、薛茹婷、沈天慧、丁怡、赵怡君、陈梦妮帮助复制了部分插图，借此一并致谢。

在喧闹的现实世界中，在崇尚大众文化的背景下，忍住寂寞，耐住性情，谈何容易。当然，对中西方内衣文化研究的不懈耕耘所带来的收获也给予我心灵莫大的快慰，它们所蕴藏的艺术魅力和文化意味与我相晤而心领神会，它支撑着我全身心为之付出的信念。

2010年12月于上海

主要参考书目

吕思勉　《中国制度史》　上海世纪出版集团　　2005年

徐克谦　《中国传统思想与文化》　广西师范大学出版社　　2007年

钟敬文　《民俗学概论》　上海文艺出版社　　1998年

陈勤建　《中国民俗学》　华东师范大学出版社　　2007年

[荷]高罗佩　《中国艳情》　台湾风云时代出版股份有限公司　　1994年

潘健华《云缕心衣　中国古代内衣文化》　上海古籍出版社　　2005年

潘健华《女红——中国女性闺房艺术》　人民美术出版社　　2009年

何小颜《花与中国文化》　人民出版社　　1999年

王书奴《中国娼妓史》团结出版社　　2009年

邵雍　《中国近代妓女史》　上海人民出版社　　2005年

高春明《中国服饰名物考》　上海文化出版社　　2001年

周锡保《中国古代服饰史》　中国戏剧出版社　　1984年

刘达临　《性与中国文化》　人民出版社　　1999年

张乃仁　《外国服饰艺术史》　人民美术出版社　　1992年

[法]米歇尔·福柯　《性经验史》　上海世纪出版集团　　2006年

[英]迈克尔·列维　《西方艺术史》　江苏美术出版社　　1987年

[美]帕特里克·弗兰克　《视觉艺术史》　上海人民美术出版社　　2008年

[美]瓦莱丽·斯蒂尔 《内衣，一部文化史》 百花文化出版社 2004年

VALERIE STEELE 《THE CORSET：A CULTURAL HISTORY》 YALE UNIVERSITY PRESS · 2001年

PETER W · CZERNICH 《VINTAGE DITA》 SKYLIGHT · 2009年

DITA 《FETISH》 DITA VON TEESE · 2006年

JENNIFER CRAIK 《THE FACE OF FASHION ：CULTURAL STUDIES IN FASHION》 ROUTLEDGE · 2000年

HENNY HARALD HANSEN 《COSTUME CAVALCADE》 EYRE METHUEN PRESS · 1975

潘健华

上海戏剧学院教授、博士生导师、《戏剧艺术》副主编、服装教研室主任，中国内衣博物馆文化与艺术总顾问。

主要著作：

《舞台服装设计与技术》（文化部“九五”重点教材）文化艺术出版社　2000年

《演艺服装设计》轻工业出版社　2002年

《服装人体工效学与服装设计》（上海市精品课程教材）轻工业出版社　2001年

《服装人体工效学与设计》（部级“十一五”重点教材）东华大学出版社　2008年

《戏剧服装设计与手绘效果图表现》东华大学出版社　2009年

《云缕心衣——中国古代内衣文化》上海古籍出版社　2005年

《女红——中国女性闺房艺术》人民美术出版社　2009年

《演艺服装材料设计学》河北美术出版社　2010年

主要论文：

《衣冠无语·演绎大千》《新华文摘》2004年

《论华服文化的深层结构》《新华文摘》2002年

《中国古代女子内衣艺术风情》《国家艺术杂志》2005年

《寻找女性逝去的霓裳》《国家艺术杂志》2005年

《中国兜肚——一部寄情的文化史》中国人民大学《文化研究》2006年

《中国云肩考析》《戏剧艺术》2007年

图书在版编目（CIP）数据

荷衣蕙带：中西方内衣文化 / 潘健华著. -- 北京：人民美术出版社, 2012.5
ISBN 978-7-102-05998-3

Ⅰ. ①荷… Ⅱ. ①潘… Ⅲ. ①内衣－文化－研究－世界 Ⅳ. ①TS941.713

中国版本图书馆CIP数据核字（2012）第092128号

荷衣蕙带——中西方内衣文化

著　　者　潘健华
编辑出版　人民美术出版社
（北京北总布胡同32号 100735）
http://www.renmei.com.cn
编辑部：（010）65122584
发行部：（010）65252847
（010）65593332
责任编辑　霍静宇　徐　洁
整体设计　徐　洁　霍静宇
版式制作　张俊岭
责任校对　常志英
责任印制　文燕军
制版印刷　影天印业有限公司
经　　销　新华书店总店北京发行所
版　次　2012年7月第1版　第1次印刷
开　本　889mm×1194mm　1/16　印张：18
印　数　0001—5000
ISBN 978-7-102-05998-3
定　价　99.80元

云南省三校生高考辅导丛书

峨山彝族非遗文化传承

彝歌　彝舞　彝绣　剪纸

教　程

张春伟　普迎春　主编

云南出版集团
云南人民出版社

图书在版编目（CIP）数据

云南省三校生高考辅导丛书．峨山彝族非遗文化传承：彝歌、彝舞、彝绣、剪纸教程 / 张春伟，普迎春主编．-- 昆明：云南人民出版社，2018.10
ISBN 978-7-222-17551-8

Ⅰ．①云… Ⅱ．①张… ②普… Ⅲ．①非物质文化遗产—峨山彝族自治县—中等专业学校—教学参考资料 Ⅳ．① G634

中国版本图书馆 CIP 数据核字 (2018) 第 227783 号

责任编辑：范晓芬　任梦鹰
责任校对：朱　颖
责任印制：李寒东

云南省三校生高考辅导丛书
峨山彝族非遗文化传承:彝歌、彝舞、彝绣、剪纸教程
张春伟　普迎春　主编

出版　云南出版集团　云南人民出版社
发行　云南人民出版社
社址　昆明市环城西路609号
邮编　650034
网址　www.ynpph.com.cn
E-mail　ynrms@sina.com
开本　889mm×1194mm　1/16
印张　9
字数　115千
版次　2018年10月第1版第1次印刷
印刷　昆明精妙印务有限公司
书号　ISBN 978-7-222-17551-8
定价　58.00元

如需购买图书、反馈意见，请与我社联系
总编室：0871-64109126　发行部：0871-64108507　审校部：0871-64164626　印制部：0871-64191534

云南人民出版社微信公众号

编　者

主　编： 张春伟　普迎春

副主编： 刘春艳　段　敏　奚晓燕

参　编： 段正萍　黄　群　邱凤萍

起　凯　丁雯菁　施文生　郑云林

序

峨山彝族花鼓舞、彝族服饰刺绣和四腔歌舞是三项省级非物质文化遗产，分别于2006、2009、2013年被列入云南省级非物质文化遗产目录。中共峨山县委自2013年起就在全县中小学、青少年活动中心、乡村少年宫中发起了非遗文化进校园的号召，倡导非遗文化传承从青少年抓起，从培养学习兴趣入手，在活化传承彝族非遗技艺中创新发展非遗文化。

峨山职中作为峨山县青少年活动中心的“非遗文化传承实训基地”、“云南省民族团结教育示范学校”，一直以来都是峨山县民族文艺工作的骨干力量，义不容辞的承担着传承这三项非遗文化的责任。自2014年起至今，在中共峨山县委宣传部的支持下，学校组织相关教师开展非遗文化进校园实践研究活动，以开办非遗传承培训班、组建社团活动等方式，聘请传承人和民间艺人传承三项非遗文化，打破了“非遗”项目口传心授的单一传承模式，扩大了传承范围，为“非遗”传承提供了一个相对完整的原真性保护，为彝族非遗文化进校园实践工作传承做出了示范。

为了更好的开展非遗进校园实践工作，学校于2015年申报了市级科研课题《峨山本土非遗文化进校园实践研究》获得立项并结题，在历时四年的研究过程中，学校参与实际传承和实践研究的老师们深入民间用心体会峨山本土非遗文化的魅力，结合传承教学实际，编写出了《峨山彝族非遗文化传承·彝歌彝舞彝绣剪纸教程》（校本教材）。此教材作为实践研究的物化成果推出，是众多参与者辛勤劳动的结晶，诚望能为峨山社会文明的传承增光添彩。

编　者

2018年5月

#《峨山彝族非遗文化传承——彝歌彝舞彝绣剪纸教程》校本教材编写说明

本书是峨山职中2015年玉溪市级规划课题《峨山本土非遗文化进校园实践研究》成果的展示和汇编，通过教材的编写，为峨山彝族非遗文化进校园活动提供范例和教程。

一、教材特点

本教材具有以下两个特点：

1. 传承性和职教性

本教材包含彝族四腔、彝族民歌、峨山彝族花鼓舞、峨山彝族课间舞、彝族刺绣基础针法、彝族花腰剪纸技法六项内容，在民间技艺的基础上进行了精简和整合，较全面的展现了峨山彝族非遗文化的基础特征和基本技能，较好的起到传承彝族文化的作用。

2. 实用性和可操作性

为了让使用者在学习过程中更直观、更便于操作，内容的编写是在文字描述的基础上，配有图片和解释，附有动作示范和操作性视频，方便授课教师教学，学习者自学，具有实用性和可操作性的特点。

二、教材内容结构

本教材内容按照彝歌、彝舞、彝绣、剪纸的顺序进行编写，全书共分为四个部分，第一部分为彝族歌曲，包括彝族四腔、彝族民歌两个专题内容；第二部分为彝族舞蹈，包括花鼓舞、峨山彝族课间舞两个专题内容；第三部分为彝族刺绣，包括纳苏聂苏刺绣工艺流程、彝绣基础针法、彝绣传统图案及运用、彝绣作品示例四个专题内容；第四部分为花腰彝刺绣剪纸，包括花腰彝刺绣剪纸特征、剪纸基本技法、剪纸传统图案及运用、花腰彝服饰剪纸图样示例四项内容。四个专题的内容，每一部分均有基本介绍、教学内容以及教学示例，在彝歌、彝舞和剪纸示范部分均配有视频，方便师生学习时扫描二维码观看。

三、教材适用范围

本教材不仅适用于峨山职中在校园开展彝族文化传承实践活动，也适用于县内外各中小学、学生校外活动中心、乡村青少年宫、乡镇文化站、乡村文艺队开展彝族文化传承实践活动。

四、编写人员

本教材编者均为峨山职中《本土非遗文化进校园实践研究》课题组成员，具体分工如下：

编写说明：张春伟、普迎春、施文生

第一部分彝族歌曲：段正萍、邱凤萍

第二部分彝族舞蹈：段敏、刘春艳、起凯、张春伟

第三部分彝族刺绣：奚晓燕、丁雯菁、张春伟

第四部分花腰彝族服饰刺绣剪纸：黄群、普迎春、郑云林

舞蹈编排：段敏

视频拍摄：起凯、丁雯菁

全书统稿：普迎春

全书审稿：张春伟、普迎春

特别鸣谢

单位：玉溪师范学院传习馆、峨山县委宣传部、峨山县教育局、峨山县民宗局、峨山县文旅广体局、峨山慧玉彝文化传播有限公司、峨山县文化馆、峨山县文工团等部门。

个人：玉溪师范学院教授陈江晓，峨山县民宗局李增华，慧玉公司普倩清，彝绣民间艺人杨霞、肖会玉、钱映花、普秀珍，彝族“四腔”传承人李成刚，县文工团张国伟、钱俊宏，县文化馆赵德科，华鼓舞传承人李翠琼、鲁海珍，服装设计艺人刘翠玲。

编　者

2018 年 1 月

目　录

峨山县非遗简介

峨山是新中国的第一个彝族自治县，以彝族为主体民族，彝族占全县总人口的53.6%，有纳苏、聂苏和山苏三个支系。在漫长的发展历程中，生活在峨山境内的彝族群众创造了璀璨的民族民间文化，留下了不少古老的民间传说、传统的表演艺术、手工技艺绝活以及民俗节庆活动，尤其以彝歌、彝舞、彝绣特色明显，水准较高，成就突出，影响深远。2006、2009、2013年代表峨山彝族民间文化精髓的峨山彝族花鼓舞、彝族服饰刺绣和四腔歌舞先后被列入云南省级非物质文化遗产目录。（本节图片供稿：柏云飞）

花鼓舞龙头飞舞

民间花鼓舞大赛

民间开新街舞龙

峨山县四腔传承人李成刚参加2012年广西宜州“刘三姐”被全国山歌邀请赛获最佳演唱奖

云南省工艺大师彝绣传承人肖会玉在传授花腰彝刺绣剪纸技艺

摆依寨民间艺人在传授彝族纳苏刺绣技艺

富良棚彝族刺绣民间艺人为37米长的《百花争艳图》举行封针仪式

2014 年 2 月起，峨山职中在县委宣传部的支持下，开办彝歌彝舞彝绣培训班，聘请传承人对非遗文化进行活化传承。

第一部分　彝族歌曲

专题一　彝族四腔

【四腔简介】

四腔是彝族历史文化的载体，是彝汉文化交融的产物，具有独特的文化价值，同五三腔、海菜腔、沙悠腔一起，被誉为“滇南彝族四大声腔”。四腔主要流传于玉溪市的峨山、通海、华宁县和红河州的建水、石屏县一带彝族聚居的地方。在峨山县境内小街一带的大部分彝族村寨都有流传。

彝族四腔源远流长，与男女爱情和彝汉交流直接关联。“吃火草烟”的古老习俗，是四腔传承的特殊载体。从传承谱系来推算，四腔在峨山的流传至少有200年以上，清代后期至民国初年较为盛行，民谣“山药拌海菜，四腔摆着卖”就是见证。

四腔是个庞大的演唱体系，音乐由白话、曲子两大类组成，因曲子由四个腔调组成而得名。演唱由开始的拘腔、过渡性的四六句、主体内容的曲子和结束的收腔等部分组成。“曲子”为七言四句式，多以十段成曲，曲目有《十会小曲》、《十绣小曲》等。白话演唱的拘腔和收腔，多为五言句式，也有七言或长短句。四腔唱词内容丰富、曲调结构严谨、演唱方式独特。真假嗓的结合、领唱与帮腔的交替，是四腔演唱最显著的演唱特点。腔中有腔，曲中套曲的音乐构架，具有较高的音乐价值。彝族五言与汉族七言结合的唱词内容，是四腔独有的文学价值。四腔融入了彝族的文化积累，具有显著的教化功能和传承价值。

【四腔谱例】

四　腔

1 = A(或^{b}B) $\frac{4}{4}$
自由地

李成刚收集整理
段 正 萍 记 谱

（第一乐句）

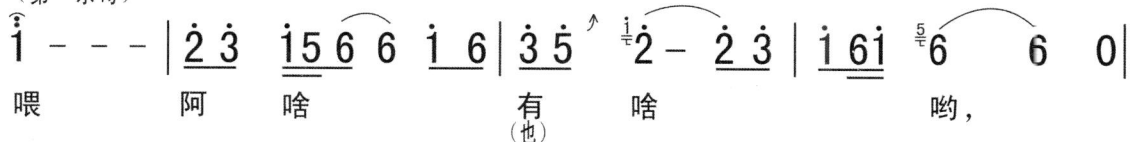

1 - - - | 2 3 156 6 1 6 | 3 5 2 - 2 3 | 1 61 6 6 0 |
喂 阿 啥 有（也） 啥 哟，

（第二乐句）

123 2 - - | 2 1 61 6 - | 121 6 1 6 - | 6 5 3·5 1··6 |
阿 啥 啊 哟 喂 有啥 哟

（第三乐句）

3513 212 1 - | 123 156 6 2 | 2 1 61 6 533 | 3 212 1 - |
啥要 哩 啰。阿 啥 着 呀 哩 啰，

（第四乐句）

6 23 156 6·66 6 | 1 3 5 - 3513 | 212 1 1 - | 123 156 6 - |
欢 乐 么依 啥 啥要 哩 啰， 阿 喂

166 6 5 3 3513 | 212 1 - 0 ‖
呀依啥 啥要 哩 啰。

【教学提示】《四腔》

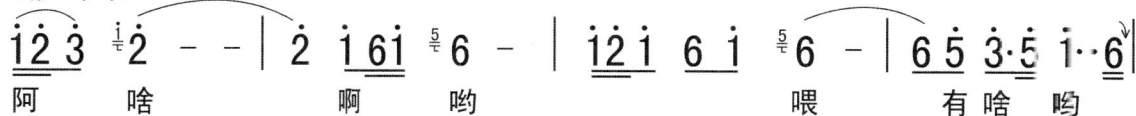

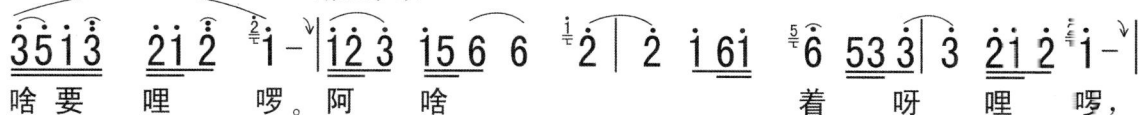

作为滇南四大腔之一的彝族“四腔”，在峨山县委、县政府的关心支持下，于2014年2月走进了峨山县职中的课堂，并单独成立了一个四腔歌舞培训班，由“四腔”传承人李成刚口授，音乐教师段正萍记谱。“四腔”是彝族长篇传统山歌，由四个长

短不等的乐句组成主要的框架，四个乐句采用“贯穿式展衍”手法，在保持旋律的节奏型不变的情况下，后面三个乐句的旋律都是基于第一乐句旋律的展衍，而且四个基本的乐句基本都保留旋律的开头: $\dot{1}\ \dot{2}\ \dot{3}\quad \dot{1}\ 5\ 6\quad 6$和结尾音: $\dot{2}\ \dot{1}\ \dot{2}\quad \dot{1}\ -$,以发挥统一的作用。

就这四个乐句而言，唱词简单朴实，主要只有这么几个字：“喂……”，“阿啥……”，“有啥……哟……”，“阿哟……”，“阿喂……”，“哩啰……”，这些唱词几乎没有实际意思，也就是相当于衬词的角色，它们在拖腔拉调的旋律下，感觉很自由，是声音艺术形象的完整体现。演唱时应注意以下几点：

1. 歌曲在高音区起腔。开头“喂”一个自由延长的拖腔，挑起了对歌的情趣和意境。演唱时要能较好的保持向远处呼唤的状态，使开头唱得明亮集中。

2. 第二乐句在四个乐句中是相对较难掌握的一句。特别是$\dot{1}\ \dot{2}\ \dot{3}\quad \dot{2}\ -\ -\ |\ \dot{2}$，一开始几乎就是高音、长音“$\dot{2}$”的挑起，“$\dot{2}$”这么一“挑”，往往会导致后面的演唱气息不足，控制失调而影响声音的发挥和音乐的完整表现。所以在演唱时，这里要单独提出来练一下。

3. 歌曲音调较高，真假嗓运用频繁，演唱时要具有一定的技巧和方法。在高音区可以用大小嗓即真假结合的方法唱，歌曲中有不少倚音和滑音装饰，须细心体会处理。在此强调第二、三、四乐句句尾滑音的处理，起到独特的润色作用，彝韵更浓郁。另外，四个乐句由于采用“贯穿式展衍”手法，演唱时应注意比较记忆。

【欣赏】《四腔全曲》

专题二　彝族民歌

白话乐

1＝A $\frac{2}{4}$
男女对唱、齐唱

李成刚收集整理
段正萍记谱

6 i 5 6 | 6 3 2 i 2 3 | 5 5 6 | 6 3 2 i 2 3 | 6 6 |

(男)要 讲 么 讲得呢 啰， 要说 么 说得呢 啰， 啊 喂（嗯）
(女)讲 玩 么 麻叽呢 啦（啰）， 要 会 么 还得呢 嘞， 啊 喂（嗯）
(男)会 是 么 姐会呢 了（啰）， 姐 会 么 兄明呢 白， 啊 喂（嗯）
(女)当 饭 么 吃不呢 得， 当 衣 么 穿不呢 得， 啊 喂（嗯）
(合)是 梦 么 姐不呢 做， 来 玩 么 不好呢 玩， 啊 喂（嗯）
(合)是 比 么 呢合呢 心， 这 场 么 提起呢 来， 啊 喂（嗯）

3 5 i i 2 3 2 | i 6 i 5 | 6 i 2 3 | i 5 6 2 i | 6 6 ‖

讲 玩 麻叽呢 啰，
不 会 乍讲呢 个，
会 了 给舍呢 哒，
列 起 做是呢 梦，
要 留 合心呢 处，
别 场 妹不呢 有，
赛啰 赛哩 赛哩 赛啰 赛哩哩 赛 赛。

【教学提示】《白话乐》

《白话乐》，2/4 拍，分节歌的形式，曲调由五声羽调式构成。歌曲结构规整，节奏活泼明快，歌词运用简洁、朴实。唱来既像说话一样亲切，又有旋律起伏辗转跳动的音调，听来亲切优美，易于接受。展现了我国南方乡村农家人在日常生活中相处的逗趣对话，表现了男女之间真挚的友谊和爱情。歌词毫不做作的处理手法，使歌曲显得随意而独特，正是歌曲的艺术魅力所在。

此曲男、女声对唱，并以齐唱作为伴唱呼应的表演唱，具有一定的舞台演唱效果。

阿所喂

1 = ♭B 3/4

彝族花腰小调
段正萍记谱

6 2 3 3 | 6.5 2 3 2 1 3 | 6 1 2 3 | 6 – – |
阿 所 喂(啊) 得 塔 么 得 塔， 阿哎 啥

3 3 6 6 6 | 3 2 3 3 2 6 | 2 3 2 1 3 6·1 | 6 5 6 |
也啊 啥 哟 哩 得 塔 么里 一 叽； 阿

2 3 3 6.5 | 2 3 2 1 3 6 | 1 2 3 6 | 6 – 3 3 |
所 喂(啊) 一 叽 么 叽 查， 阿哎 啥 也啊

6.5 6 6 | ♯4 2 6 ♯4 | 6 6 2 | 3♯4· 3♯4 3 2 |
底是 底 哩 也 哟 也 哩 叽 查 微 娄 果；

6 2 3 3 | 6·5 2 32 1 3 | 6 1 2 3 | 6 – 6 ||
阿 所 喂(啊) 微 勒 果 赛 赛 阿哎 色 也(色)。

【教学提示】《阿所喂》

《阿所喂》彝族花腰小调，3/4 拍，六声调式，由三个乐句组成的单乐段歌曲。该曲音域不宽（十二度），但其整体音区较高，而且八度突起的高音出现八次之多，演唱时应注意以下几点：

1. 正确地选择气口，锻炼控制气息的能力。演唱者必须做到气息饱满，喉头稳定，有高位置明亮的音色，同时要把握好情感的基调，用清晰生动的语言，在优美的旋律中以声传意。随着情感的变化，灵活运用气息，真、假声要统一协调运用自如。

2. 在突起的高音“3”、“6”上唱出，既要将字唱得清晰响亮，又要避免唐突捏挤。

3. 在第二乐句的后半部分，出现了升高半音的清角♯4，在此产生了一种特殊的声音效果。在此，要求演唱者一定要把♯4的音高唱到位。

4. 结束时一个大下滑“6↘”，演唱难度较大，演唱时要控制好滑音的幅度，做到和谐适度。

底夺黑底夺

$1={}^{b}B$ $\frac{2}{4}$、$\frac{3}{4}$

彝族花腰小调
段正萍记谱

哎底 夺 嘿哩 底 夺（依 哟丝 哟 喂），阿 赫 里 底呢
夺（呀丝 索）；哎吐 里 若里底夺（依 哟丝 哟 喂），
列若 列 底里若（呀丝 索）；哎阿 赫 里呢底夺（依 哟丝
哟 喂），噻 嘿 诺 底 里 若（呀丝 索）；可香 里 啰
若 底里 夺（呀丝 索），呀苏 来 呀苏 哉。

【教学提示】《底夺黑底夺》

《底夺黑底夺》是彝族花腰小调。采用变换拍子写成，且以分节歌的形式多次反复，大部分音调均在声部的中高声区。歌曲结构短小、工整，歌唱性较强。在演唱时应注意以下几点：

1. 此曲在词、曲、演唱上艺术加工较多，特别是上、下波音，上、下滑音的处理。
2. 在突起的高音“$\dot{6}$”上唱出，既要将字唱的清晰响亮，又要避免唐突挰挤。
3. 上、下滑音的演唱应继续保持在深呼吸的歌唱状态当中，做到音滑气不滑。

六穿花

1＝G $\frac{6}{8}$

李成刚收集整理
段正萍记谱

666 6· | 353 2· | 666 317 |
绿绿绿 哩 六穿呢 花，绿绿绿 哩绿

656 2· | 666 6· | 353 2· |
解疙呢 瘩，绿绿绿 哩 六穿呢 花，

666 317 | 656 2· | 63 53 |
绿绿绿 哩绿 解疙呢 瘩。天上 梭啰

31 2· | 63 217 | 156 2· :‖
那个 栽，地下 黄河 哪个呢 开。

【教学提示】《六穿花》

《六穿花》也有叫《绿春花》的说法，出自滇南一带的一首民间小调。该曲是六声商调式的起、承、转、合性四句体的单乐段曲式结构。

歌曲采用6/8拍，整个歌曲的节奏比较规整，旋律相对较为平稳，基本上是一字一音，演唱时要唱得连贯柔美，流畅舒展。

心肝妹

1＝G　6/8、9/8

李成刚收集整理
段正萍记谱

332　2 3 | 221　6· | 2 3　212 | 621　6· |
心肝哩　妹　心肝哩　郎，　哉底　哩底　哉底哩　哉，

332　156 | 121　6· | 2 3　212 | 621　6· |
心肝哩　妹哦　妹心哩　肝，　哉底　哩底　哉底哩　哉。

5 1　335 | 121　6· | 1 5　663 | 121　6· |
大红　丝线　五寸哩，长　水红　丝线　五寸哩　长，

112　3 5 | 121　6· | 335　663 | 121　6· |
上五个　村　下三个　营，　那日　回头　想亲个　玩。

335　332　23 | 223　221　6· | 23　212 | 621　6· |
心肝是心肝哩　妹，　妹呀是　妹心里　肝，　哉底　哩底　哉底哩　哉。

335　332　23 | 223　221　6· | 23　212 | 621　6· |
心肝是心肝哩　妹，　妹呀是　妹心里　肝，　哉底　哩底　哉底哩　哉。

5 1　335 | 121　6· | 1 5　663 | 121　6· |
大红　丝线　五寸哩　长　水红　丝线　五寸哩　长，

112　3 5 | 121　6· | 335　663 | 121　6· ‖
上五个　村　下三个　营，　那日　回头　想亲个　玩。

【教学提示】《心肝妹》

优美动听、纯朴清秀的民歌《心肝妹》是滇南彝族拍手或弹烟盒跳乐时的音乐。音乐采用了小调常见的起、承、转、合性四句体的结构，带再现的单乐段的形式，乐段结构较完整。另外，伴随音乐跳乐的动作也很有规律，很具有代表性。

我国汉族是世界上人口最多的民族，在此影响下的《心肝妹》，经过世代传唱，歌词几乎被汉化，但还保留原有的服饰和动作，加上“哉底哩底哉底哩哉”这么一串串衬词，使歌曲别具一格：姑娘小伙唱起心肝哩妹、心肝哩郎，跳起大娱乐。歌中有舞，舞中有歌，再加上 6/8、9/8 本身就具有一种流动感的拍子和两人对跳找伴的形式，感觉飞旋不断的情丝，牵绕着彼此、无尽的欢乐……

歌曲演唱难度不大，真嗓用的很多，易于上口。演唱时要求唱得亲切热情、活泼自然。但要把握好 6/8、9/8 拍子本身所具有流动感中的稳定性。

跳　乐

1＝G $\frac{6}{8}$
（轻快明亮地）

李成刚收集整理
段正萍记谱

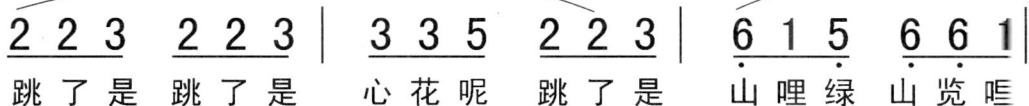

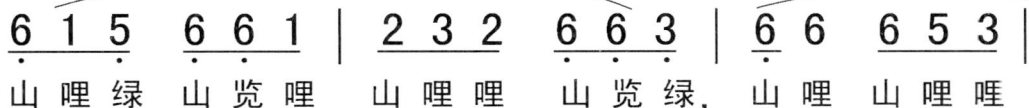

223 223 | 335 223 | 615 661 |
跳了是 跳了是 心花呢 跳了是 山哩绿 山览咥

232 663 | 635 215 | 662 663 |
山哩哩 山览绿， 山哩哩 山哩绿 山览哩 山览绿，

615 661 | 232 663 | 66 653 |
山哩绿 山览哩 山哩哩 山览绿， 山哩 山哩咥

351 663 | 66 653 | 351 663 ‖
山哩哩 山览绿， 山哩 山哩哩 山哩哩 山览绿。

【教学提示】《跳乐》

《跳乐》这首歌曲为6/8拍，以一种基本的节奏贯穿、统一于全曲。歌曲旋律清畅。表演时往往与《心肝妹》联唱，起到提前预示歌曲的主题思想、感情表达或描绘意境、渲染气氛的作用。

由于歌曲一字一音延绵不断的感觉，演唱时要学会“偷气”或“抢气”的唱法。

阿哩调

1＝B $\frac{2}{4}$

彝族花腰小调
段正萍记谱

6· 5 6 5 1 2 | 3 3 6· 3 | 5 3 2 1 2 6 6 | 6 5 |
阿哎 啥也哦 喂 啥 哩是 啥 哩 着 啥，

1 5 6 5 3 | 1 5· 6· 3 | 5 3 3 2· 3 | 1 35 3 |
阿哎 啥 哩 阿哎 啥 哩是 它 哩 其 嘎。

6· 5 6 5 1 2 | 3 3 6· 3 | 5 3 2 1 2 6 6 | 6 5 |
阿哎 啥也哦 喂 几 果是 多 哩 麻 叽，

1 5 6 53 | 1 5· 6· 3 | 5 3 3 2· 3 | 1 3 5 3 |
阿哎 啥 哩 阿 哎 厄 果 是 多 哩 麻 叽。

6· 5 6 5 1 2 | 3 3 6· 3 | 5 3 3 1 2 6 6 | 6 5 |
阿哎 啥也哦 喂 啥 各是 多 哩 麻 叽，

1 5 6 3 3 | 1 2 3 2 1· 3 | 1 2 3 2 1· 3 | 6 0 0 ‖
阿哎 色 哩 哦 色做 哩 么做 花。

【教学提示】《阿哩调》

《阿哩调》彝族花腰小调，2/4 拍，民族五声羽调式。采用分节歌的形式，由上、下两个乐句构成，一起一伏，形成了相互对应的风格，显得十分明朗、流畅。

这首歌音域不宽(c^1—g^2)，但音调较高，多在高音区进行。演唱时，十六分音符要唱得流畅连贯，灵活和富有弹性；高音区的假声要假而不虚，力求做到高而不喊，亮而不炸；真假声的转换要求自如而又统一。

思念调

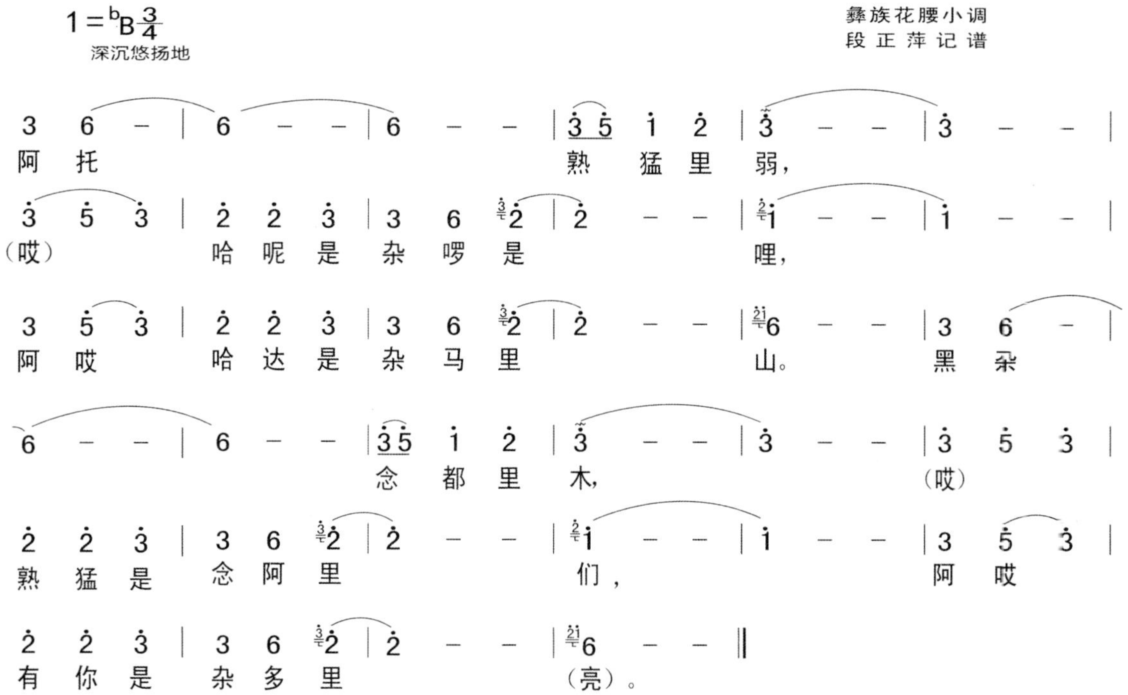

【教学提示】《思念调》

彝族花腰小调《思念调》，3/4 拍子，分节歌结构，五声羽调式，抒发了一位年轻的农村姑娘思念久别的情人，渴望与情人相会时焦急的心情及心理过程。

唱这首歌最主要的是不要把节奏唱得太死板，而要根据感情抒发的需要，把节奏唱活，做适当的伸缩。一般中高音区的长音可适当延长，唱得舒展悠长，所以演唱时，宜用徐缓委婉连绵悠长的声音来表现，对气息和声音的控制要有较好的技巧和方法。呼吸控制要求比较深沉持久、平稳舒展。

甸中一窝雀

1＝F（或G）$\frac{6}{8}$

李成刚收集整理
段 正 萍记谱

23 212 | 66 2· | 3513 212 | 66 2· | 61 323 | 66 2· |
甸中 甸中 一窝 雀， 飞 来 嵋峨 城跟 脚， 哪位 有心 哥着 着，

3513 23 | 66 2· | 3513 2 3 | 66 2· | 1 323 | 66 2· |
哥 拿个 着 陪陪 我。走 一个 步 退一 脚， 缩七 缩八 拼三 脚，

232 1 2 | 66 2· | 335 123 | 66 2· | 112 335 | 66 2· |
拼三个 脚 弦子 和， 弦子 和了 转过 来。大树 枝枝 有窝 雀，

61 323 | 66 2· | 112 335 | 66 2· | 6156 2· | 66 2· |
小树 枝枝 有窝 雀， 三览 哩哩 三览 绿， 三 绿 览 三览 绿。

353 353 | 213 23 | 663 216 | 335 223 | 6663 61 | 6663 60 |
三哩哩 三哩哩 转过 来 阿杂呢 跪呀 心花呢 跪呀 跪么倒不跪 跟了四弦 走。

223 662 | 6· 2· | 335 662 | 6· 2· | 6 1 323 | 1 2· |
半天 一窝 雀 哟， 飞来 城外 落 哟， 哪 位 哥有个 心 哟，

223 662 | 6· 2· | 665 232 | 1 2· | 3513 23 | 151 6· |
有心 拿得个 着 哟， 拿着(哦) 放放个 我 哟。哩 绿哩 哩 哩绿哩 绿，

3513 23 | 151 6· ‖
哩 绿哩 哩 哩绿哩 绿。

【教学提示】《甸中一窝雀》

《甸中一窝雀》，6/8 拍子，五声羽调式，此歌曲调自然流畅，优美动听，节奏舒缓，具有较强的叙述性，演唱时注意以下几点：

1. 该曲在旋律发展上采用了一般乐曲中少见的相邻乐句的同音连接法，即后句尾重复前句尾音，给人一种连续不断的感觉。

2. 乐句 353 353（三哩哩 三哩哩）| … | 6663 60（跟了四弦 走。）|，表现力较强，有明显的结束感和总结点题的意义，它与前面的乐句在音调上有着许多相似之处和内在联系，具有“合句”的性质。

3. 整首歌曲句幅窄短，旋法起伏不大，低回婉转。

哒否嚐

1＝G（或^{b}B）$\frac{2}{4}$

钱俊宏 词曲

哟 哟

色 色 色啰哩 色色 色啰哩 色色 色啰 色哩啰 色。

叽打 咧 叽打 咧 叽打 咧 玛打玛 朵，纳 苏 叽 找 叽 锅 找，纳 苏 锅 超 叽 妙 候，
来喝 酒 来喝 酒 来喝 酒 不喝不 得，彝 家 有 酒 就 有 歌，彝 家 唱 歌 敬 美 酒，

叽 打 打 车 阿 出莫 惊，叽 打 打 车 火 伯莫 肚，阿出莫 打些此 火伯莫 打些此 阿出莫 拿拉 些，
喝 酒 喝 到 太 阳 落，喝 酒 喝 到 月 亮 出，喝醉了 太 阳 喝醉了 月亮 太 阳 陪你 醉，

火伯莫 打些此 阿 出莫 打些此 火伯莫 拿 拉 些，玛些 玛古 勒，
喝醉了 月亮，喝 醉了 太 阳，月 亮 陪 你 醉，不醉 不 归。

【教学提示】《哒否皆》

此歌曲是峨山县歌舞团的彝族演员钱俊宏创作的一首民族歌曲，具有彝族歌曲的特征，第一段用彝语唱，第二段用汉语演唱，两段歌词意思是一样。“哒否皆”在彝语里是“把酒喝干了”的意思。歌曲欢快跳跃，表现了彝家人好客，用美酒招待客人的欢乐情感。

第二部分　彝族舞蹈

专题一　彝族花鼓舞

【彝族花鼓舞简介】

花鼓舞（彝语称“者波比”），是峨山流传最广和最主要的一种民间舞蹈，是峨山最具民族代表性和精神的文化遗产，具有广泛的群众基础，是全民参与的一种民族民间舞蹈。花鼓舞表现了彝族人民朴实豪迈、热烈粗犷、刚柔并济的民族性格，是彝族人民对自然、生产生活的热爱与憧憬，是智慧的产物。经过上百年的流传和民间艺人不断的发展创新，花鼓舞具备非常强的观赏性。激昂人心的鼓声和踏地有声的坚实舞步以及张驰有度，刚柔相依的曼妙舞韵，常能使人目不暇接，意犹未尽。

花鼓舞使用打击乐伴奏，乐器有大小钹、大小镲、大小锣。舞蹈使用的道具花鼓是椭圆形或圆柱形，一尺二寸长，红色鼓身，用绸带系鼓，斜挂于右肩；在表演花鼓舞时，舞者左手拿白毛巾，右手持槌打鼓，打鼓动作有一定程序，右手打下时，左手向上甩毛巾，右手打上时，左手向下甩毛巾。花鼓舞动作丰富，独具特点，多用跳、蹬、跺、转、颠步来完成，手和脚及整个身体动作协调统一，而又富于变化。基本套路的动作有“左右打花、左右前后跺脚、对脚、翻身、探花、引步”等，急板和慢板，有各自的动作套路，较为常见的有对脚组合、鬼跳脚组合、那波必组合、三拜礼组合等。

【基础动作分解】

1. 打鼓甩巾

右手持鼓棒，左手持白毛巾（左手中指勾住白毛巾其它指夹紧，握紧）右手向下打鼓，左手向上甩毛巾，互相交替做。

2. 颠脚步

手上打鼓甩毛巾，先出左脚（起泛儿左脚先往后踢 1、2 拍向前蹬脚，3、4 拍换右脚做同样的动作，不断反复，做动作时有颠颤的动律。）

3. 打花

左脚和右脚交替由脚跟带动向里向外做勾脚动作，每只脚做 4 拍，2 拍向里勾，2 拍向外勾（一般是打花 1 次或 3 次）。

4 . 蹬跳落

一般是用于起势，蹬左脚，跳落右脚。

5 . 左右前跺脚

1、2 拍吸左腿向左边稍转身，3、4 拍向前倾身右脚前跺脚，5、6 拍换右吸腿向右边稍转身，7、8 拍，左脚前跺脚。

6 . 左右后跺脚

后跺脚动作大体同前跺脚动作，只是跺脚改成左后，右后跺脚。

7 . 双脚跳（也叫鬼跳脚）

双脚并拢向前或向后跳步，节奏一般是两慢三快或者是跳 4 步，可以前、后移动。

8 . 吸腿转身踩跺

1、2 拍吸左腿向左方向转身，3、4 拍吸右腿，5、6 拍吸左腿，完成转体一圈，7、8 拍右腿向前踩跺，反方向右腿动作同左腿动作，手上打鼓甩巾。

9. 扫腿转身踩跺

1、2 拍吸左腿向左方向转身，3、4 拍右腿做扫腿动作，5、6 拍吸左腿完成转体一圈，7、8 拍右腿向前踩跺，反方向右腿动作同左腿动作，手上打鼓甩巾。

10. 老将拔刀

1、2 拍左脚向 2 点方位吸腿，3、4 拍右脚做一个小盖腿转向 8 点方位，5、6 拍左脚吸腿后退一小步，7、8 拍右脚吸腿后退一小步身体回正对 1 点方位。手上可做打鼓甩巾动作，也可做打鼓挥鼓棒动作。

11. 蜻蜓点水

1、2 拍左脚向 2 点方向迈一小步，3、4 拍右脚向 3 点方向快速旁点弹一次，后紧接 5、6 拍右脚顺势向 8 点方向迈一小步，7、8 拍左脚向 7 点方向做一次旁点弹，不断交替。

12. 点弹步

屈左膝时吸起右腿，右腿快速向下点地时双腿弹起动作（一拍屈、一拍点弹）右

边与左边动作相同。

13. 探花步

1、2拍吸左腿，3、4拍右腿迅速向1点方向伸出，同时屈左膝，右边同左边一样动作，还可以加上转身吸腿动作就变成吸腿转身探花步。

14. 三步蹬

1拍先跳右脚，第2拍跳左脚，第3拍右脚向左斜前蹬出，第4拍停止，第5拍开始反复动作。

15. 崴膝

双脚并拢，屈膝，膝盖、胯、头同时往左和右一顺边崴动，左手抱鼓，右手拿鼓棒、敲鼓边。

16. 单翻

边吸腿边转身跳，向左转身一圈后跺脚一次，反面一样。

17. 双翻

同单翻动作，只是转体两圈。

18. 勾脚旁踢侧倾身

1.2拍勾脚旁踢左脚，同时向右倾身，3−4拍换反面做，交替做4次。

19. 左右转身甩巾

重心在左脚，右脚在后点地，身体前倾，脚上做2拍一颤的规律，左手肩上甩巾，先经左转身甩左肩，后经右转身甩右肩，一般做6或8次甩巾动作。

20. 引步

1、2拍吸左腿，3拍右脚向左斜前蹬出，4拍右脚由7点划至3点方向，5拍跳右脚抬左脚，6拍跳左脚抬右脚，7拍由左转身双脚分开起跳至背面4点方向，8拍双脚并拢。

【经典套路动作组合】

峨山彝族花鼓舞至今已有一百多年的发展历史，目前已收集整理的有三十五套基本动作和基本套路，都是民间原生态的跳法，峨山职中课题组的教师通过参考、借鉴及创新的方法，在原生态常见动作及套路的基础上，整理创编出4套适合在校园、学生群体中推广的经典套路动作组合，便于学生表演、记忆以及传承。

组合一　对脚组合

1. 2×8拍:（1×8）1–4拍做蹬跳落动作，5–6拍右脚打花，（1×8）1–4拍左脚打花，5–8拍右脚打花（打花共做3次）。

2. 6拍：1–2拍左脚扫腿动作，3–4拍往右转身，同时吸右腿，5–6拍左脚吸腿空中划个小圈。

3. 1×8：1–6拍，左脚做3次点弹步，7–8拍落地。

4. 6拍：1–2拍右脚扫腿动作，3–4拍往左转身，同时吸左腿，5–6拍右脚吸腿空中划小圈。

5. 1×8：1–6拍，右脚做3次点弹步，7–8拍落地。

6. 1×8：左脚扫腿转身探花动作，1–2拍蹬右脚，3–4拍左扫腿，5–6拍转身吸右腿，7–8拍左脚探花。

7. 2×8：吸腿探花步：1–2拍左腿吸腿后退，3–4拍右脚吸腿后退，5–6拍左脚探花步，左手往右肩甩巾。

8. 1×8：1–2拍吸左脚后退，3–4拍吸右脚后退，5–8拍右转身的蹬跳落动作。

9. 1×8：1–2拍右脚探花，3–4拍收回，5–6拍左扫腿，7–8右吸腿转身。

10. 1×8：1–4左脚从旁划至前踩跺，5–8重复一次。

组合二　鬼跳脚组合

1. 1×8：1–4拍蹬跳落动作，5–8拍，右脚打花，手上打鼓甩巾。

2. 1×8：1–2拍左脚扫腿转身，3–4拍吸右腿，5–8拍左脚旁划至前踩跺。

3. 4拍左脚旁划至前踩跺。

4. 1×8：1–2拍向前双脚跳一步，3–4拍重复双脚跳一步，5–7拍后退双脚跳，1拍跳一步，8拍停止。

5. 12拍：4拍做一次三步蹬动作，共做3次。

6. 12拍：1–2拍右脚颠脚步，3–4拍左脚扫腿转身，5–6拍吸右脚，7–8拍左脚半蹲前踏一步，9–12拍蹬左脚，右脚半蹲前踏一步。

7. 6拍：1–2拍前蹬一步，3–4拍左脚扫腿转身，5–6拍右脚吸腿。

8. 1×8：1–4左脚从旁划至前踩跺，重复做2次。

组合三　那波必组合

1. 12 拍：1–4 拍蹬跳落动作，5–8 拍右脚打花，9–12 拍左脚扫腿转身。

2. 1×8：面对 2 点方向，左脚在前，崴崴脚做 4 次。

3. 4 拍：1–2 拍右脚前蹬，3–4 拍左脚旁点地。

4. 1×8：1–4 拍左脚打花，5–6 拍右脚扫腿转身，7–8 拍吸左脚。

5. 1×8：面对 8 点方向右脚在前崴崴脚做 4 次。

6. 4 拍：1–2 拍左脚前蹬，3–4 拍右脚旁点地。

7. 1×8：1–4 拍右脚打花，5–6 拍左脚扫腿转身，7–8 拍吸右脚。

8. 1×8：左脚由旁划至前踩跺 2 次，4 拍一次。

组合四　三拜礼组合

1. 1×8：左脚先做的颠脚步，左右交替 2 拍一次，共 4 次。

2. 1×8：勾脚旁踢侧倾身动作，边做边后退，先左脚，后右脚 3 次，最后一拍蹲起。

3. 1×8：重复颠脚步动作 4 次。

4. 1×8：重复勾脚旁踢侧倾身动作，边做边向前，先左脚后右脚 3 次，最后一拍蹲起。

5. 1×8：1–4 拍蹬跳落，5–8 拍右脚打花。

6. 1×8：1–2 拍左脚扫腿转身，3–4 拍吸右腿，5–8 拍左脚旁划至前踩跺。

7. 2×8：左右转身甩巾动作，先转向左边做。

8. 2×8：1–4 拍对 7 点方向颠脚步，4 拍一次的转身后跺脚做 3 次。

9. 2×8：1–4 拍对 3 点方向颠脚步，4 拍一次的转身后跺脚做 3 次。

10. 2×8：（1×8）向左边单翻动作一次，（1×8）向右边单翻动作一次。

11. 2×8：（1×8）对向 1 点方向的引步，（1×8）对向 5 点方向的引步。

12. 2×8：崴膝动作，4 拍蹲做，4 拍立做，重复 2 遍。

13. 4 拍：1–2 拍打鼓 2 次，3–4 拍双手斜上举顶左胯。

专题二　峨山彝族课间舞

【彝族课间舞简介】

《峨山彝族课间舞》是采集提炼彝族跳乐、烟盒舞和花鼓舞三种民间舞蹈的典型动作元素，遵循课间舞的运动规律进行编排的一种双圈集体舞，展现峨山彝族人民在跳舞时团结、欢乐的情景。本套课间舞共分三段，第一段为彝族花腰拍手舞，第二段是彝族烟盒舞，第三段是彝族花鼓舞。花腰拍手舞采用小街宝泉棚租一带花腰彝的拍手舞曲调和舞蹈动作元素进行创编；烟盒舞采用小街宝泉一带烟盒舞的动作元素进行提炼；花鼓舞采用塔甸花鼓舞的动作元素进行编排。彝族课间舞适合中小学生在开展课间活动时进行。课间舞时长 5 分 30 秒，在 5 分 30 秒的时间里展示了彝族跳乐、烟盒舞和花鼓舞的基础动作和典型动作，运动量适中，既传承了峨山彝族民间舞蹈基础动作，又达到愉悦身心锻炼身体的目的。

【分解动作介绍】

队形：学生站成双圈，面向圆心站立。

第一段　花腰拍手舞

引子：2×8 ＋ 1×10 共 36 拍，不做动作，双手自然下垂体侧站立，做好跳舞准备。

第一节　吸跳步左右前踏（4×12 拍）

1. 1×12：1–2 拍起左脚做吸跳步（带崴胯），双手在胸前拍手 1 次；3–4 拍换右脚起跳，手动作不变。4 拍完成动作，做 3 次。

2. 1×12：1–2 拍左脚吸腿，3–4 拍右脚转体在左前方前踏，5–8 拍换方向做，手动作不变，做 3 次

3. 1×12：起右脚吸跳步拍手，重复 1 动作。

4. 1×12：起右脚吸腿前踏，重复 2 动作。

第二节　三步一蹬拍手跳步（6×8 拍）

1. 1×8：1–4 拍起左脚往左方向走三步，右脚往左前方蹬一步，双手在右肩上方

拍手 4 次；5–8 拍起右脚往右方向走三步，左脚往前右前方蹬一步，双手在左肩上方拍手 4 次。

2. 1×8：1–4 拍起左脚往圆心方向走三步，右脚往圆心方向蹬一步，双手在胸前拍手 4 次；5–8 拍起右脚往后方向退三步，左脚收回并步，双手在胸前拍手 4 次。

3. 1×8: 1–4 拍起左脚吸跳往左转体一圈，5–8 拍起右脚吸跳往右转体一圈。

4. 3×8: 重复动作 1、2、3 一遍。

第三节　崴崴弦双人对拍（8×8 拍）

1. 2×8 拍 : 同圈学生两人面对站立。第 1 个 8 拍双人面对，弯腰起右脚在前左脚在后交叉崴脚 8 次，右手在上双手在膝盖前交叉翻腕拍手 8 次。第 2 个 8 拍两人做吸跳步拍手 4 次交叉穿花，顺时针站立的学生往外穿，逆时针站立的学生往里穿。

2. 其余 6×8 拍：重复 1 动作 3 次。

第四节　拍手环腰跪跳转（3×10 拍＋ 1×12 拍）

1. 1×10 拍：两脚分开站立，环腰双手伸直拍手 10 次，每个方位拍两次。方位为左下方——左斜上方——正上方——右斜上方——右斜下方。

2. 1×10 拍：1–4 拍，起右脚吸跳步，左脚跪地，双手在胸前拍手；5–8 拍，起立向右方向吸腿拍手转体一圈（4 步）。

3. 1×10 拍：反方向重复 1 动作。

4. 1×12 拍：反方向吸腿跳跪转体拍手走 6 次。

结束动作：2 拍

1 拍弯腰双手在膝前拍 1 次手，2 拍直立右腿旁点，双手在左上方拍一次。保持此舞姿等待下一节开始。

第二段　烟盒舞

前奏动作：1×8 拍（前奏动作）

1–4 拍，双手在左上方拍手 4 次；5–8 拍，右脚收回正步位，双手打开自头上方划落至腰间背手，准备跳烟盒舞。

第一节　小蹲颤膝左右摆动（4×8 拍）

1. 1×8 拍：1–4 拍，双腿屈膝小蹲 4 次，双背手；5–8 拍，颤膝往左－右－左－

右转体各 4 次。

2. 1×8 拍：1–4 拍右腿旁点，右手在前交叉摆手弹烟盒 3 次； 5–8 拍，左手在前交叉摆手弹烟盒 3 次。身体方向：左右左、右左右。

3. 1×8 拍，反方向重复 1 动作。

4. 1×8 拍，反方向重复 2 动作。

第二节　十字步高低手（3×8 拍）

1. 1×8 拍：双圈面向圆心做动作。1–2 拍，起左脚向右斜前方走一步，双手伸直右高左低弹烟盒 1 次；3–4 拍，右脚向左斜前方上一步，双手左高右低弹烟盒 1 次；5–6 拍，左脚后撤一步，双手右高左低弹烟盒；7–8 拍，右脚撤回正步位，双手收回垂于体侧。

2. 2×8 拍：重复 1 动作 2 次。

第三节　双圈流动踩桥（3×8 拍 +1×10 拍）

1. 1×8 拍：向右逆时针方向行进。起左脚向右方向逆时针柔踩步走 4 步（膝盖同弯同直），左手腰后背手，右手做旁盖手弹烟盒，左右手交替弹烟盒 4 次。

2. 1×8 拍：起左脚向左顺时针方向做踩桥弹烟盒 4 次。

3. 1×8 拍：重复 1 动作

4. 1×10 拍：1–8 拍重复 2 动作，最后 2 拍向左转身做踩桥动作 1 次。

第四节　跨步蹭三步弦（5×8 拍）

1. 1×8 拍：1–4 拍，起右脚向圈外屈膝跨一步，左脚跟上并步，手右高左低在右斜上方弹烟盒 2 次。5–8 拍，起左脚向圈心方向重复 1–4 拍，手左高右低在左斜上方弹烟盒 2 次。

2. 1×8 拍：三步弦。1–4 拍：1 拍起左脚勾脚开胯在右脚前靠脚 1 次，2 拍左脚移至右脚后方靠脚 1 次，3 拍左脚落地，右脚脚尖前点（开胯），4 拍停 1 拍；手左上右下转腕花 3 次（左右左）。5–8 拍：起右脚靠左脚做三步弦动作 3 次，手（右左右）交叉做腕花 3 次。

3. 1×8：重复 1 动作

4. 1×8：重复 2 动作

5. 1×8：重复 1 动作

第五节　吸勾崴膝抬手（3×8 + 1×12 拍）

1. 1×8 拍：1–4 拍，学生逆时针方向行进，起左脚（勾脚）做大吸跳 2 步；手右高左低伸直自下至上弹烟盒 2 次。5–8，往圈心转身，双手后背，起右脚塌腰崴膝 4 次（右左右左），

2. 2×8 拍：重复 1 动作两遍

3. 1×12 拍：1–8 拍，重复 1 动作 1 遍。10–12 拍，转体面向圈心，起右脚塌腰崴膝转腕花 4 次（手：右左右左交叉）

结束动作：2 拍

面向圈心，左脚踏出一步，右脚后点步，沉右腰；左手斜上方高举，右手在胸前压腕摆造型。保持造型准备开始下一段舞蹈。

第三段花鼓舞

前奏动作：1×8 拍

1–4 拍，收左脚回正步位面向圈心站立，双手自高低手弹烟盒位收回后自下至上甩手臂 2 次；5–8 拍双手在头上方快速摆手腕。

第一节　颠脚左右转圈（4×8 拍）

1. 1×8 拍：起左脚面向圈心做蹬脚步 8 次，左手甩毛巾右手打鼓动作，右手打鼓时左手扬毛巾，第 8 拍收回正步位。

2. 1×8 拍：起左脚蹬脚步往左转一圈，7–8 拍，右脚跺一步。

3. 1×8：起右脚反方向做 1 动作

4. 1×8：起右脚反方向做 2 动作

第二节　颠脚前后踏步（4×8 拍）

1. 1×8 拍：1–4 拍，1、2 拍起左脚前蹬一步，3、4 拍右脚向左前方踏步，手甩左毛巾右打鼓。5–8 拍起右脚反方向做蹬脚踏步动作。

2. 1×8 拍：1–4 拍，1、2 拍起左脚向前蹬一步，3、4 拍右脚向后方踏步，手甩左毛巾右打鼓。5–8 拍起右脚反方向做颠脚后踏步动作。

3. 1×8：起左脚重复 1 动作

4. 1×8：起右脚重复 1 动作

第三节　老将拔刀后踢小跑步（4×8 拍）

1. 1×8 拍：1–4 拍左脚吸腿右脚擦步落至左斜前方； 5–8 拍左脚吸腿收回，右脚吸腿收回正步位。手：左手叉腰，右臂自腰间上提至头顶上方挥鼓棒 4 次。

2. 1×8 拍：起左脚做后踢小跑步 8 次；手：左手叉腰，右手打鼓 8 次。

3. 1×8：起左脚重复 1 动作

4. 1×8：起右脚重复 2 动作

第四节　蹬三步（4×8 拍）

1. 1×8 拍：1 拍左脚向前蹬一步， 2 拍右脚向后踢，3 拍右脚向后落步，同时左脚翘起， 4 拍左脚落地， 5 拍右脚落地，6 拍左脚落地，7–8 拍收回正步位，身体中心在落地腿之间交替。手做打鼓甩毛巾动作。

2. 1×8 拍：起右脚反方向做蹬三步动作。

3. 1×8：重复 1 动作

4. 1×8：重复 2 动作

第五节　鬼跳脚（4×8 拍）

1. 1×8 拍：两人面对做双脚跳交换位置，顺时针站立学生在外，逆时针站立学生在内。1–2 拍双脚并步向前跳一步，左手叉腰，右手打鼓后向上提至最高位，3–8 拍同 1–2 拍 . 跳 4 次。

2. 1×8 拍：圈上两人面对 交换位置至原位。起左腿做吸腿跳转一圈交换位置，手臂动作打鼓甩毛巾。

3. 1×8：重复 1 动作

4. 1×8：重复 2 动作

第六节　探花步（4×8 拍）

准备：面向圈心站立。

1. 1×8 拍: 1–2 拍，起左腿做吸腿后退，3–4 拍原地吸右腿，5–6 拍右腿向前迈一步，左腿前点地探出，身体向后倾，左手将毛巾搭在右肩上，右手自然垂放，7–8 拍收回原位，双手放在体侧。

2. 1×8 拍：重复 1 动作

3. 1×8 拍：重复 1 动作

4. 1×8 拍：重复 1 动作

第七节　搓步转身探花（1×12+2×8 拍）

1. 1×12 拍：1—4 拍：1—2 拍，起右脚跳开弯曲，左脚顺着左方擦地向旁点地，身体向右方向倾斜；左手叉腰右手打鼓 2 次。3—4 拍，起左脚跳开，反方向做搓步，手动作不变。5—12 拍重复做 4 次。

2. 1×8 拍：吸腿蹬脚对脚。1—6 拍起左脚吸腿自转一圈，7—8 拍右腿向前点地探花，双手在左边抱鼓。

3. 1×8 拍：反方向做 2 动作。

第八节　转身扫腿点弹步（4×8 拍）

1. 1×8 拍：1—2 拍，起左腿向前蹬一步，3—4 右脚直腿往左方向扫半圈，5—6 原地吸左腿，7 拍右腿吸勾转向左方向，身体面向左方，8 拍停住不动。手打鼓甩毛巾。

2. 1×8 拍：1 拍右腿落地点弹，2 拍右脚跳起，3 拍落 4 拍跳，5 拍落 6 拍跳，做点弹步 3 次，7—8 拍收回正步位。手：左手叉腰，右手向上方提鼓棒 3 次，脚落地手打鼓，脚离地，手上提。

3. 1×8 拍：反方向起右腿重复 1 动作。

4. 1×8 拍：反方向重复 2 动作。手：右手叉腰，左手向上方撩毛巾 3 次，脚落地下垂，脚离地，手上撩。

结束动作

左脚向前踏步，右脚后点成踏步位，双手向斜上方举起。

【教学示例】

1. 曲谱《花腰拍手舞》《烟盒舞》《花鼓舞》

2.《峨山彝族课间舞》音频，扫描二维码播放音频。

3. 完整动作示范，扫描二维码播放视频。

4. 双圈队形完整动作示范，扫描二维码播放视频。

（一）花腰拍手舞

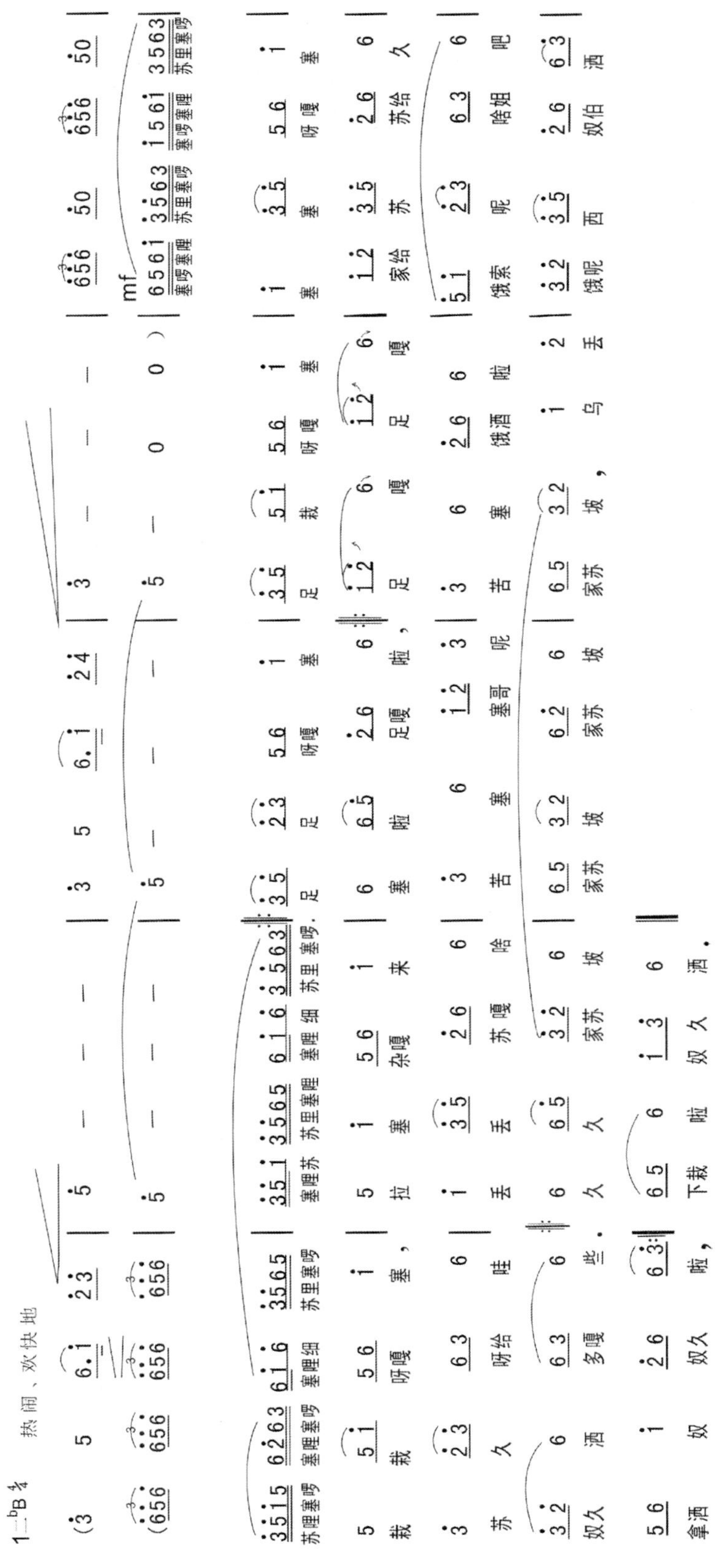

1=♭B 4/4　热闹、欢快地

(3 5 6.1 23 | 5 — — — | 3 5 6.1 24 | 3 — — — | 656 50 656 50 |

(656 656 656 656 | 5 — — — | 5 — — — | 5 — 0 0) | mf 6561 3563 1561 3563 |
塞啰塞哩 苏里塞啰 塞啰塞哩 苏里塞啰

3515 6263 616 3565 | 351 3565 616 3563 ‖: 35 23 56 1 | 35 51 56 1 | 1 35 56 1 |
苏哩塞啰 塞哩塞啰 塞哩细 苏里塞啰 塞哩苏 苏里塞哩 塞哩细 苏里塞啰. 足 足 呀嘎 塞 足 栽 呀嘎 塞 塞 塞 呀嘎 塞

5 51 56 1 | 5 1 56 1 | 6 65 26 6 ‖: 12 6 12 6 | 12 35 26 6 |
栽 栽 呀嘎 塞， 拉 塞 杂嘎 来 塞 啦 足嘎 啦， 足 嘎 足 嘎 家给 苏 苏给 久

3 23 63 6 | 1 35 26 6 | 3 6 12 3 | 3 6 26 6 | 51 23 63 6 |
苏 久 呀给 哇 丢 丢 苏嘎 啥 苦 塞 塞哥 呢 苦 塞 饿酒 啦 饿索 呢 啥姐 吧

32 6 63 6 ‖ 6 65 32 6 | 65 32 62 6 | 65 32 1 2 | 32 35 26 63 |
奴久 洒 多嘎 些. 久 久 家苏 坡 家苏 坡 家苏 坡 家苏 坡， 乌 丢 饿呢 西 奴伯 洒

56 1 26 63 :‖ 65 6 13 6 ‖
拿酒 奴 奴久 啦， 下栽 啦 奴 久 洒.

（二）烟盒舞

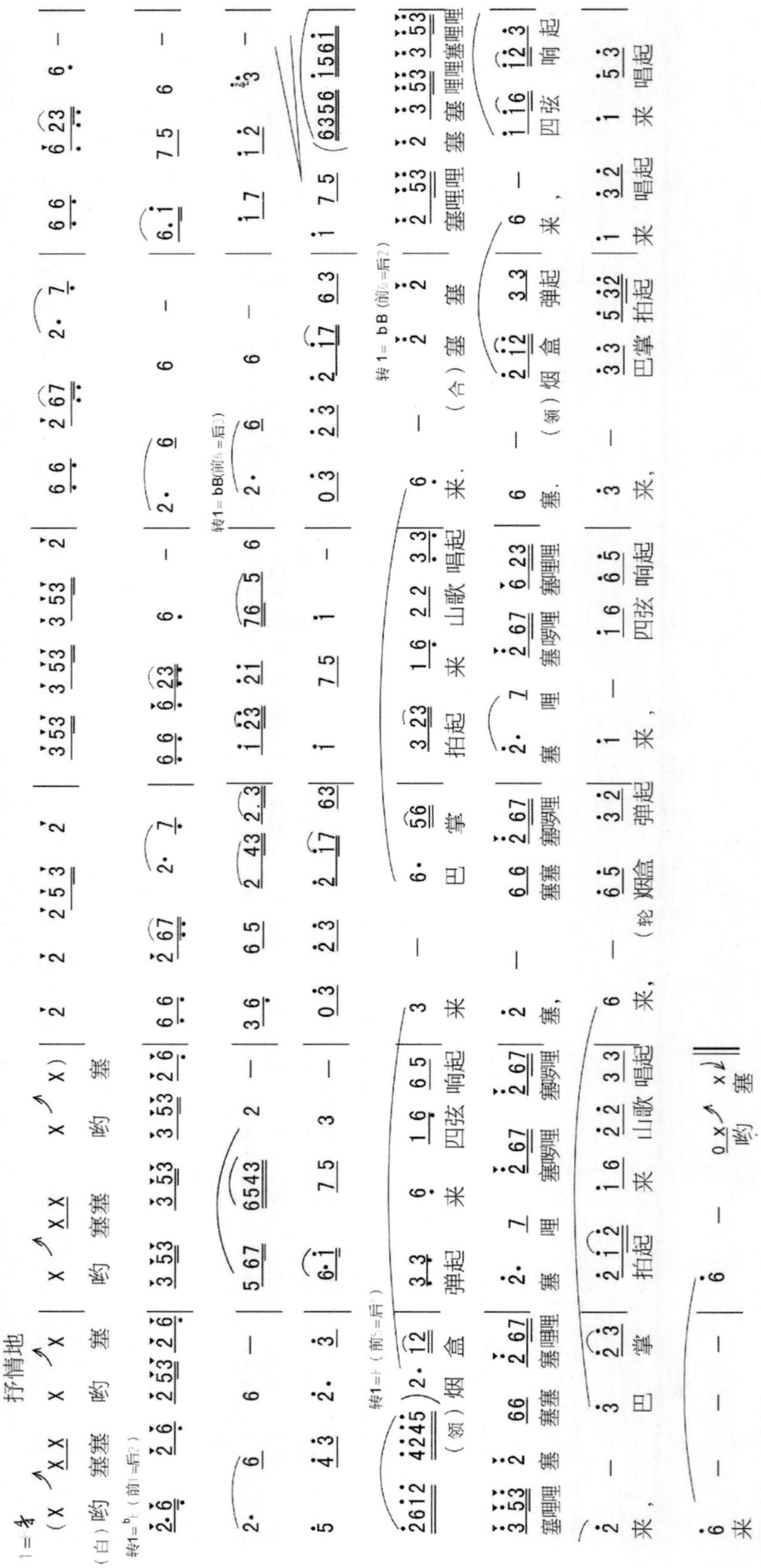

1= 4/4 抒情地

(X X X X X | X X X X X) | 2 2 253 2 | 353 353 353 2 | 66 267 2· 7 | 66 623 6 — |

（白）哟 塞塞 哟 塞 哟 塞塞 哟 塞

转1=♭E（前1=后2）

2·6 26 2532 26 | 353 353 353 26 | 66 267 2· 7 | 66 623 6 — | 2· 6 6 — | 6.1 75 6 — |

2· 6 6 — | 567 6543 2 — | 36 65 2 43 2.3 | 1 23 21 76 5 6 | 转1=♭B(前6=后3) 2· 6 6 — | 17 12 3 — |

5 43 2· 3 | 6·1 75 3 — | 03 23 2 17 63 | 1 75 1 — | 03 23 2 17 63 | 1 75 (6356 1561 |

2612 4245) 转1=F（前5=后1）2· 12 | 33 6 16 65 | 3 — 6· 56 | 323 16 22 33 | 6 — 转1=♭B（前6=后2）2 2 | 2 53 2 353 353 |

（领）烟 盒 弹起 来 四弦 响起 来 巴 掌 拍起 来 山歌 唱起 来.（合）塞 塞 塞哩哩 塞 塞 哩哩塞哩哩

353 2 66 267 | 2· 7 267 267 | 2 — 66 267 | 2· 7 267 623 | 6 — 212 33 | 6 — 116 123 |

塞哩哩 塞 塞塞 塞哩哩 塞 哩 塞啰哩 塞啰哩 塞， 塞塞 塞啰哩 塞 哩 塞啰哩 塞哩哩 塞.（领）烟 盒 弹起 来， 四弦 响起

2 — 3 23 | 212 16 22 33 | 6 — 65 32 | 1 — 16 65 | 3 — 33 532 | 1 32 1 53 |

来， 巴 掌 拍起 来 山歌 唱起 来，（轮 烟盒 弹起 来， 四弦 响起 来， 巴掌 拍起 来 唱起 来 唱起

6 — — — | 6 — 0X X ‖

来 哟 塞

（三）花鼓舞

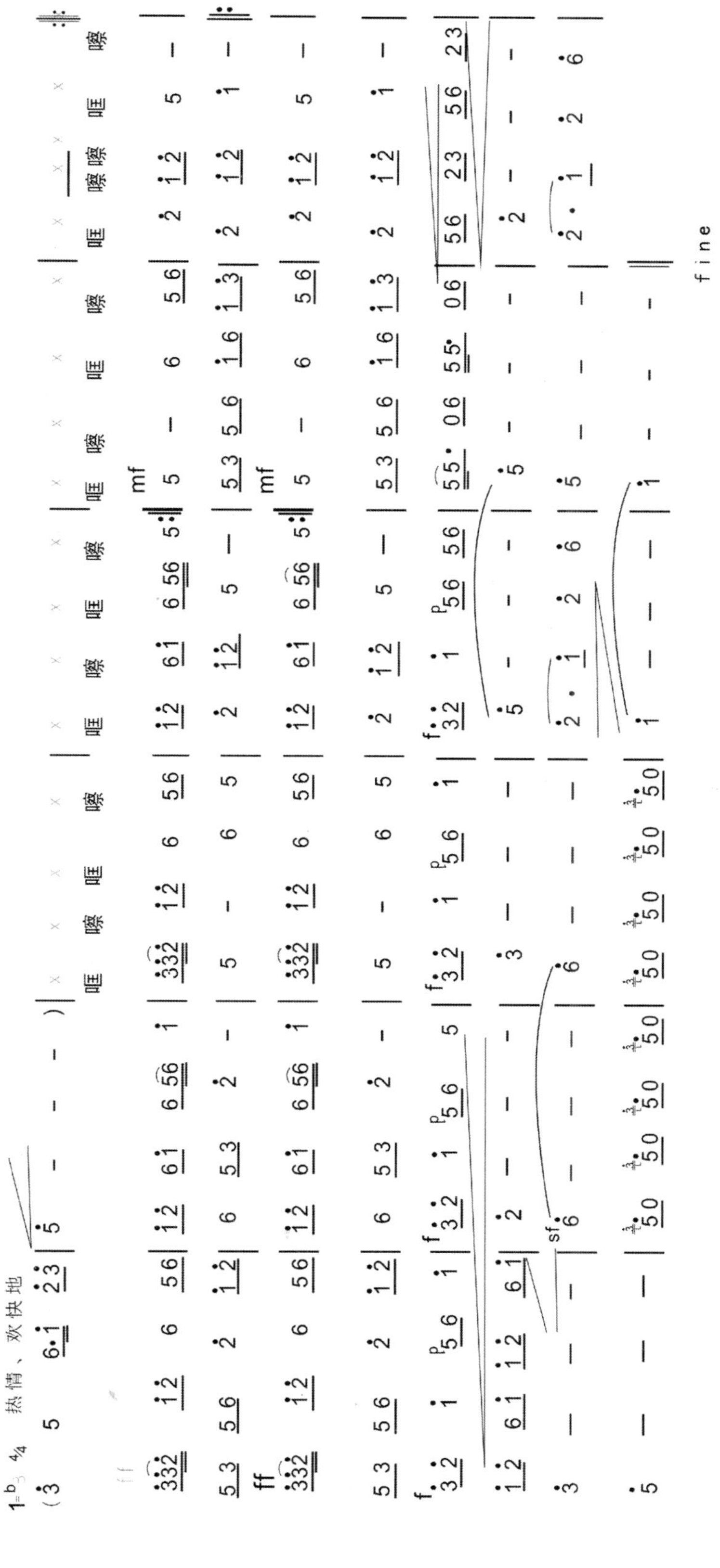

1=bE 4/4 热情、欢快地

(3 5 6·1 23 | 5 - - -) | × × × × | × × × × | × × × × | × ×× × × :||

哐 嚓 哐 嚓 | 哐 嚓 哐 嚓 | 哐 嚓 哐 嚓 | 哐 嚓嚓 哐 嚓

ff

332 12 6 56 | 12 61 656 1 | 332 12 6 56 | 12 61 656 5 :|| mf 5 - 6 56 | 2 12 5 - |

53 56 2 12 | 6 53 2 - | 5 - 6 5 | 2 12 5 - | 53 56 16 13 | 2 12 1 - ||:

ff

332 12 6 56 | 12 61 656 1 | 332 12 6 56 | 12 61 656 5 :|| mf 5 - 6 56 | 2 12 5 - |

53 56 2 12 | 6 53 2 - | 5 - 6 5 | 2 12 5 - | 53 56 16 13 2 12 1 - |

f 32 1 p 56 1 | f 32 1 p 56 5 | f 32 1 p 56 1 | f 32 1 p 56 56 | 55· 06 55· 06 | 56 23 56 23 |

12 61 12 61 | 2 - - - | 3 - - - | 5 - - - | 5 - - - | 2 - - - |

3 - - - | sf 6 - - - | 6 - - - | 2·1 2 6 | 5 - - - | 2·1 2 6 |

5 - - - | 50 50 50 50 | 50 50 50 50 | 1 - - - | 1 - - - ||

fine

第三部分　彝族刺绣

【基本介绍】

在峨山民间流传着："不长树的山不算山，不会绣花的女子不算彝家女"的谚语。女子刺绣，是峨山彝族千百年流传下来的古规和技艺。彝族女孩子自幼学习刺绣，从简单的花边、单一的绣片开始学起，慢慢学习绣制手帕、鞋垫，再到头巾、围腰，一直学到绣制节日盛装、婚嫁礼服。闲暇时间，彝家女子就会三五成群地围坐在一起，一边谈笑风生，一边飞针走线，凭着简单的绣花针和灵巧的双手，将自己对美好爱情和幸福生活的向往一针一线地绣进绚丽多彩、仪态万千的图案里，绣出一个个梦幻般的世界。

据考证，峨山彝绣发源于三国时期，至今已有1700多年的发展历程。在一千多年里，勤劳聪慧的峨山彝家女代代相传，不断发展、创新刺绣技艺，创制出纳苏堆绣、聂苏挑绣、山苏平绣、花腰贴绣等多种技法和长短针、水草针、打籽针、鸡眼针、三角针、辫针、倒针等二十多种针法，形成了独具峨山特色的彝绣风格，彝族刺绣也成为彝文化的重要组成部分。峨山彝绣纹样丰富多样，有人物动态图案，有虎、龙、凤凰等崇拜物及与生产生活密切相关的动物图案，有以根、茎、叶、花、果为内容的植物图案，有日、月、天、地、水、火等自然图案，还有文字、符号、图腾等抽象图案和菱形、方形、八角形等几何图案，不同的图案有不同的含义，不同的图案有不同的美感。绣品色彩艳丽、图案精美，将彝家女子的聪慧美丽和彝族文化的绚丽多彩展现得淋漓尽致。产品类型包括彝族服饰、钱包、枕头、挎包、背裳、桌布、各种饰品等等，丰富多样，涵盖了彝族生活的方方面面，具有很高的实用价值、观赏价值和收藏价值。

峨山彝族刺绣因制作民族服饰的需要而产生，因此，彝族传统服饰自然成了彝族刺绣文化最主要的载体和最精美的杰作，于2009年被列为云南省第二批非物质文化遗产保护目录。彝族传统服饰图案设计精巧、刺绣技法精湛、色彩对比鲜明，充分展示了峨山彝族的精神风貌，是彝文化中最耀眼亮丽的部分。峨山彝族分纳苏、聂苏、山苏三个支系，各个支系的服饰既有相同之处，又有明显区别。纳苏服饰由包头、喜鹊帽、长褂、小褂、围腰、裤子、绣花鞋及手帕等组成，绣有鲜艳逼真的花草树木、虫鱼鸟兽，饰于金银铜铁，活泼灵动、色彩斑斓；聂苏服饰以红、黑两色为主，另杂有绿、蓝、白等色，由头饰、长褂、小褂、腰带、围带、肚兜、黑裤和绣花鞋，以及挂物烟包、手帕、银饰等组成，绣有日、月、星、火以及花、鸟、鱼、蝶等多种图案，结构复杂、端庄典雅；山苏服饰以蓝色为主，由头帕、衣服、围裙、裤子、鞋子等组成，结构简单、朴素大方。

本教程针对学生的接受能力，介绍了适合学生学习的彝族纳苏、聂苏刺绣的工艺流程，基础针法、传统图案及应用，并在专题四列举了大量民间艺人的作品作为范例，为学员学习峨山彝族刺绣技艺提供示范。

专题一　纳苏、聂苏刺绣工艺流程

峨山彝族刺绣工艺流程相对复杂，主要包括选布、裱袼褙、裁剪、绘画（剪纸）、刺绣、拼接等环节。纳苏、聂苏刺绣流程有相同之处，都包括以上六个环节，但是两者之间也有各自独特的工艺，其中最大的区别在于纳苏刺绣是在布上直接绘画出所需图案进行刺绣，而聂苏刺绣是先用牛皮纸剪出所需图案，然后把图案粘贴在布上再进行刺绣。

第一步：选布

峨山彝族先民选用棉麻纺织成的土布作为绣布，现在随着经济社会的发展，主要从市面采购。彝族审美崇尚黑、白、红、蓝，可根据年龄及个人的喜好选择不同颜色的绣布。

第二步：裱袼褙

把选择好的棉布用浆糊一层一层粘贴在一起，粘贴的厚度根据所要绣制产品（如鞋垫、喜鹊帽、围腰芯等）的不同而有所区别，然后晾晒成布板（俗称“袼褙”）即可。

第三步：裁剪

根据不同的绣品需求，将选好的绣布或裱好的袼褙进行裁剪，做成彝族刺绣的半成品。

第四步：绘画或剪纸

这是彝族刺绣的核心步骤，纳苏绣女根据绣品的需要和个人的审美在绣布上绘制刺绣图案；聂苏（花腰）绣女则用牛皮纸剪好花样图案，再将剪好的花饰（纹样）用浆糊粘贴在要绣制的布条上，构图精美和蕴含文化内涵丰富与否最能考验师傅功底。

第五步：刺绣

在已绘制好的图案或已粘贴好的剪纸花样上，挑选彩色绣花线进行刺绣，这道工艺中色彩搭配以及刺绣技艺好坏是一件绣品成败的关键。

第六步：拼接

将绣好的半成品，按照一定的顺序拼接或再加工成所需的产品，一件精美的绣品就完成了。

专题二　彝绣基础针法

峨山彝绣历经1700多年的发展历程，勤劳聪慧的峨山彝家女代代相传，不断发展、创新刺绣技艺，创制出纳苏堆绣、聂苏挑绣、山苏平绣、花腰贴绣等多种技法和平针、长短针、套针、打籽针、拱针、三角针、辫针、倒针等二十多种针法，形成了独具峨山特色的彝绣风格。

一、纳苏刺绣基础针法

要组成一幅好的绣品，如果只用一种针法绣，就会显得单调，为使绣片更加生动形象，好的绣娘往往会选用多种不同的针法进行组合刺绣，由此针法显得尤为重要。

1. 平针绣

平针绣又称为“齐针绣”，是纳苏刺绣中最基础、最常用的针法之一，平绣又可以分为直纹绣和斜纹绣，根据花样的形状来选择，如叶子部分可选择斜纹平绣，而大花朵部分多用直纹平绣。平针要求针迹整齐平滑，不重叠不露底，起针落针方向一致，填色饱满。具体针法如下：

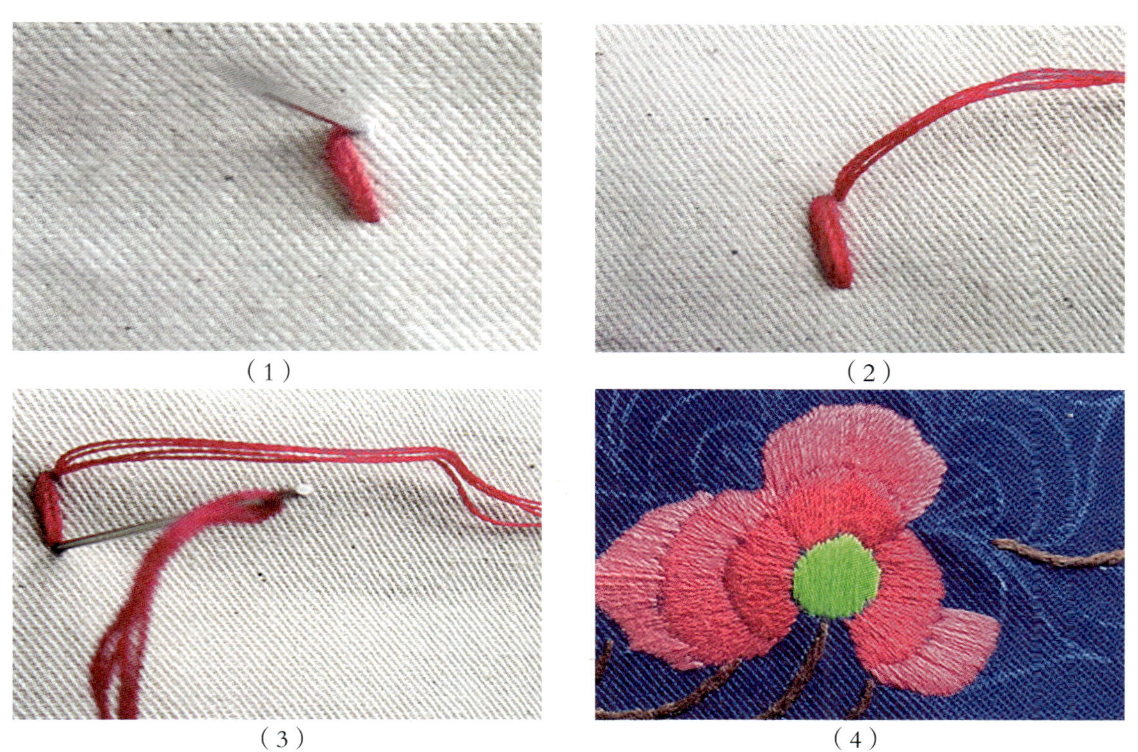

（1）　（2）　（3）　（4）

2. 长短针

长短针是在平针绣的基础上演变出来的一种针法，常用于绣花瓣、叶子等，这种针法的特点是会使花瓣颜色出现渐变，增强立体感。具体针法如下：

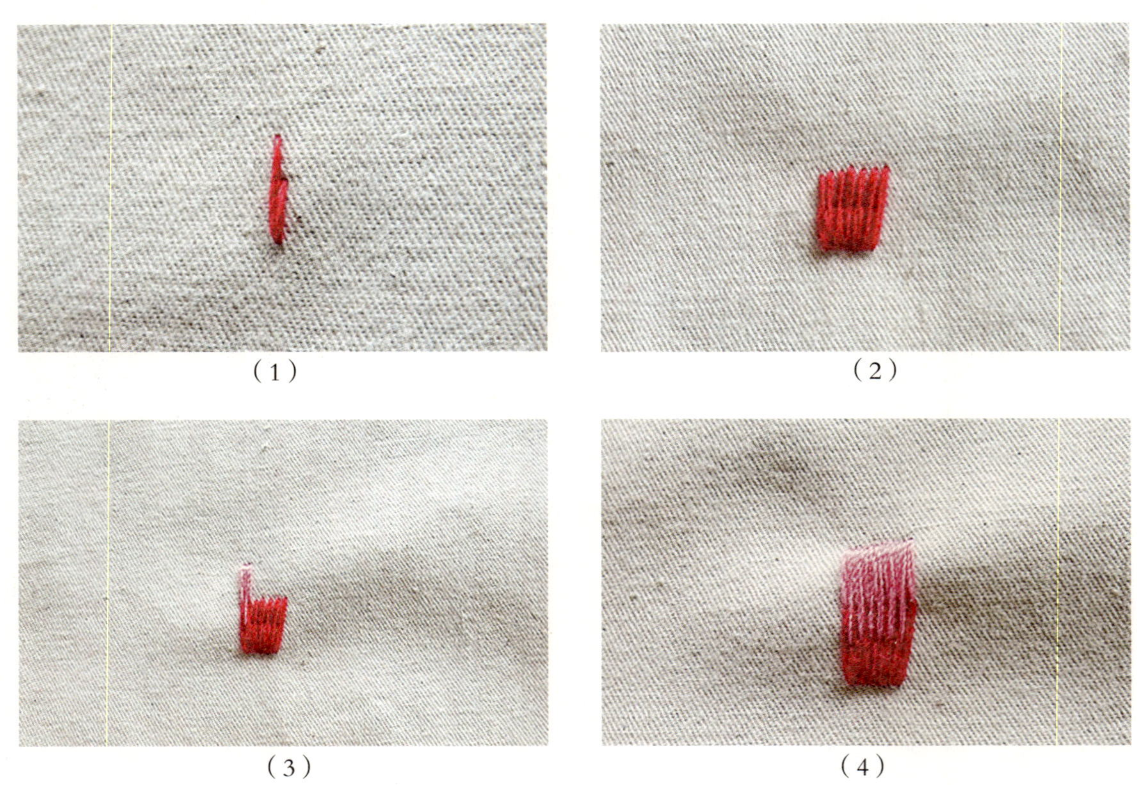

（1）（2）

（3）（4）

3. 堆绣

堆绣是峨山纳苏刺绣的一大特色，它具有很强的立体感、不易被勾起等优点，是很多绣娘比较喜欢的针法之一，运用面很广，主要运用在花瓣、叶子、果实、动物以及绣制大幅绣品中。具体针法如下：

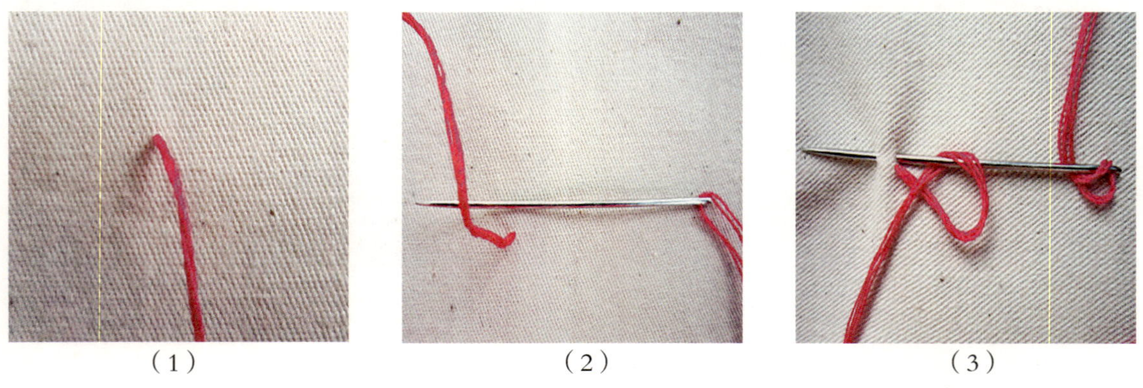

（1）（2）（3）

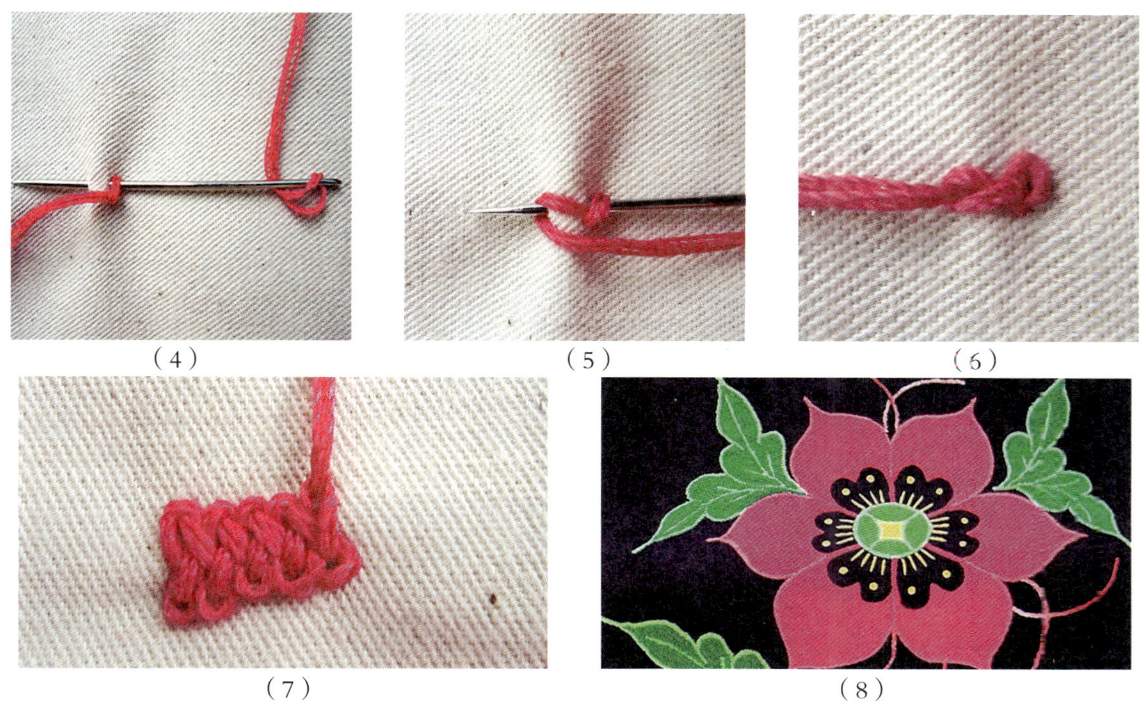

（4）　（5）　（6）

（7）　（8）

4. 辫子针（链子扣）

辫子针形如辫子，在彝绣中主要运用在勾边、绣制树枝处，有的民间艺人也用此针法绣花卉、叶子等。具体针法如下：

（1）　（2）　（3）

（4）　（5）　（6）

5. 倒针

倒针，顾名思义针的走向是倒着走，主要运用在绣制比较粗的如树干、树枝等，有的绣娘也用此针法绣花瓣、叶子。具体针法如下：

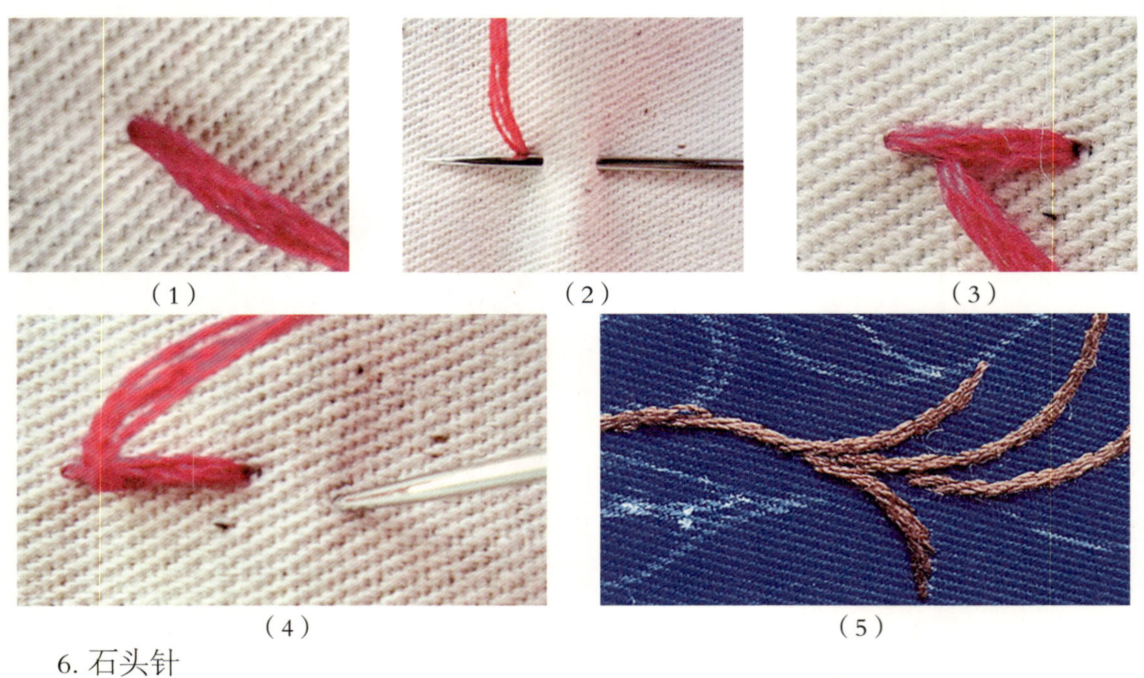

（1）（2）（3）（4）（5）

6. 石头针

该针法绣出的绣品呈镂空状，立体感比较强，主要运用于一些面积比较大的绣品中。具体针法如下：

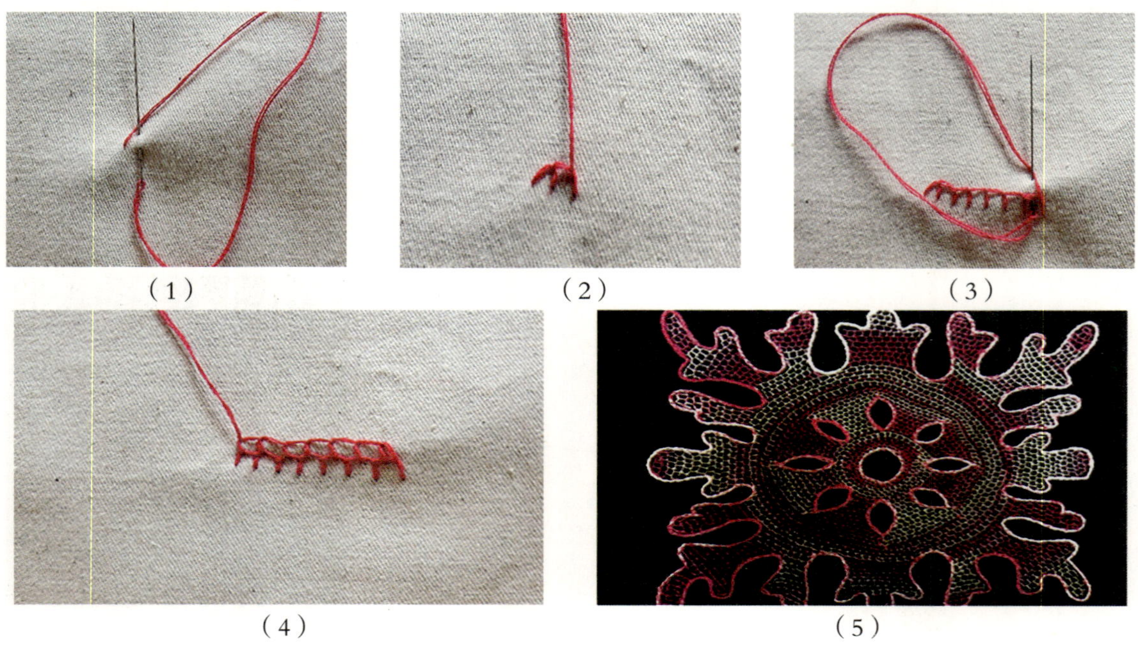

（1）（2）（3）（4）（5）

7. 鸡眼针（菊眼针）

鸡眼针因用其针法绣出的图案如鸡眼一样而得名，主要用于绣圆形图案，具体针法如下：

（1）　（2）　（3）　（4）

（5）　（6）

8. 打籽绣

用线在绣针上绕一圈于圈心落针，也可绕针二、三圈，与原起针处旁边落针，形成环形疙瘩，此针法可用于花蕾，也可独立用于花卉等图案。具体针法如下：

（1）　（2）

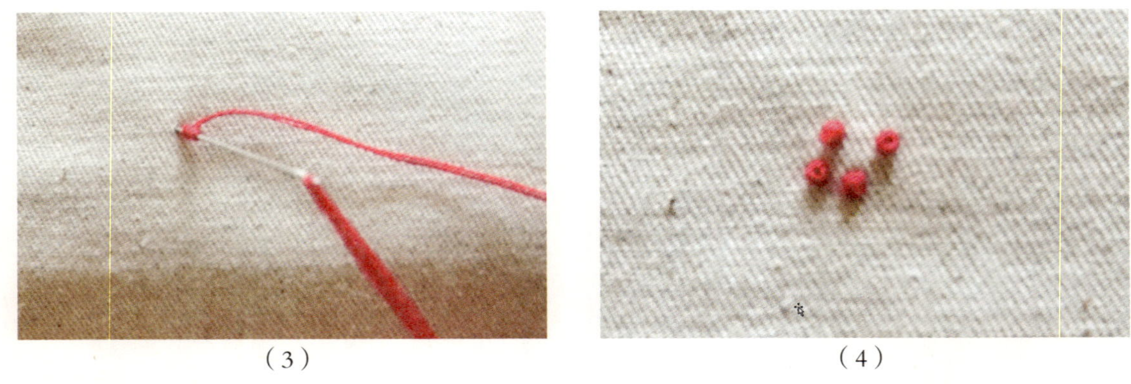

（3）　　（4）

9. 挑花绣（十字绣）

挑花绣是一种运用比较广泛的针法，但是在纳苏刺绣中因为布料没有一般十字绣布料的针孔，只能按照布料的纹路进行挑绣，因此比一般的十字绣要更难。主要用于围腰、围腰带的纹样刺绣。具体针法如下：

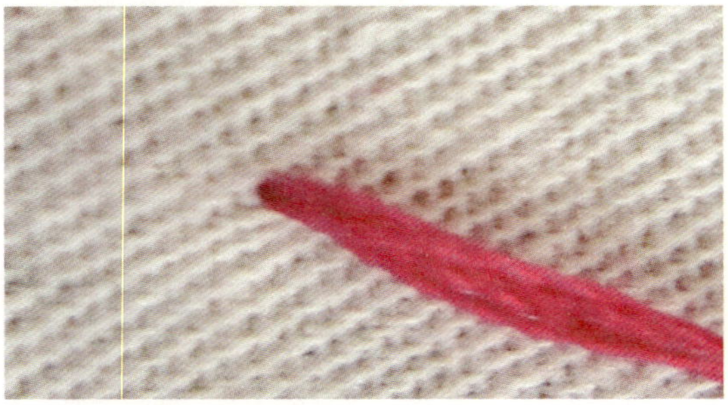

（1） 　　（2）

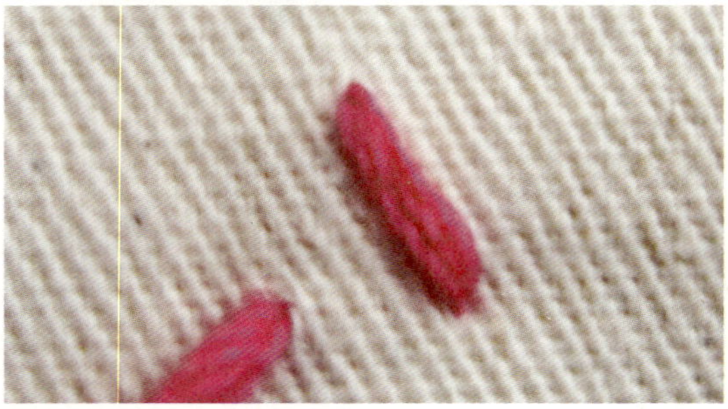

（3） 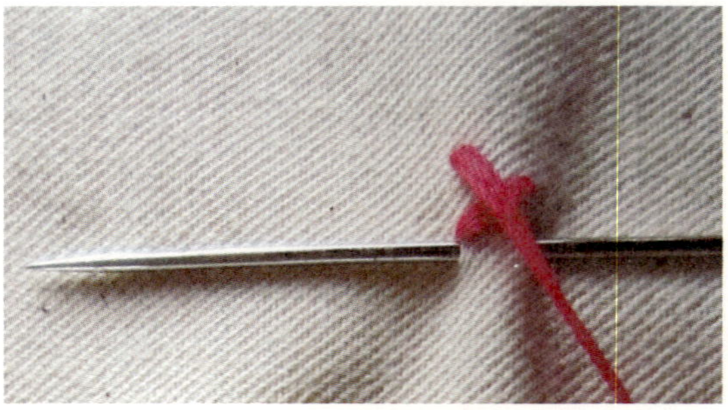　　（4）

（5） 　　（6）

10. 叶子针（左右绣）

该针法主要运用于绣叶子，采用此针法绣出的叶子形象生动，具体针法如下：

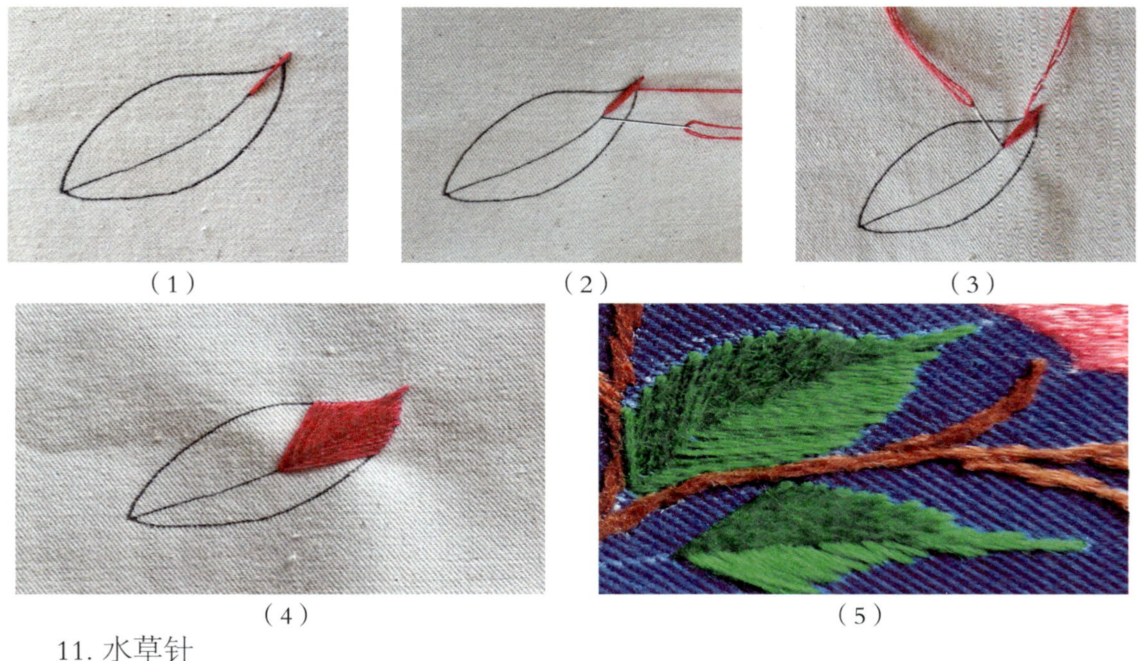

（1）　（2）　（3）

（4）　（5）

11. 水草针

顾名思义绣出的图案形同水草，采用此针法，可以直观地把水草的样子呈现在绣片上，此针法可以用于绣水草、围边等。具体针法如下：

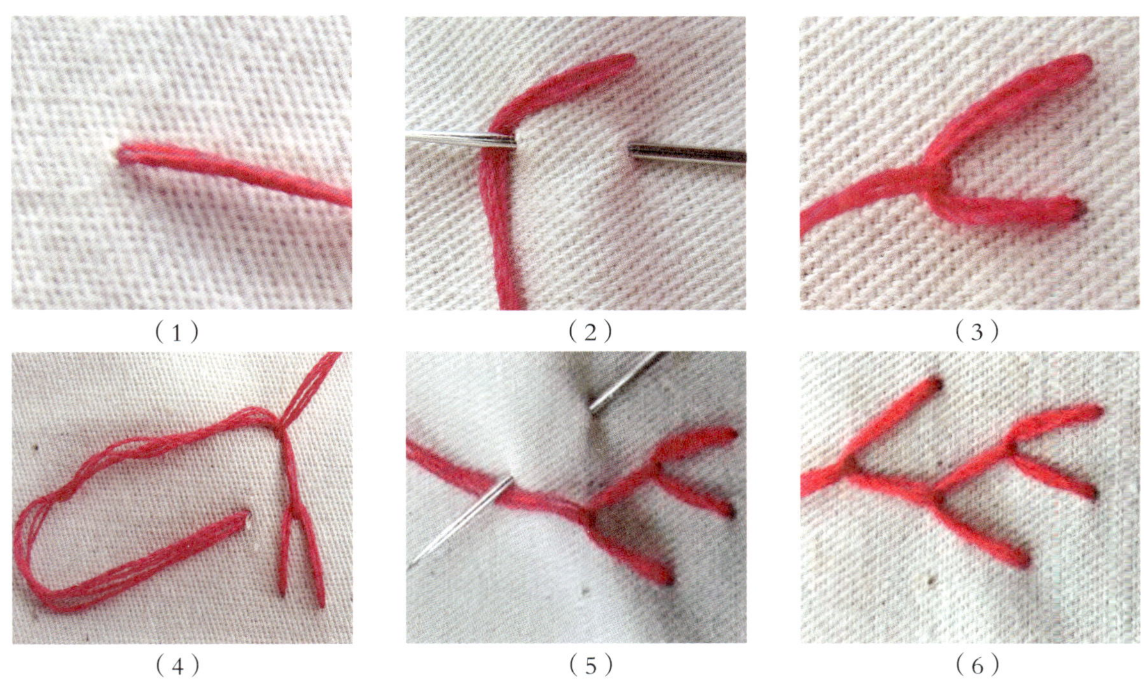

（1）　（2）　（3）

（4）　（5）　（6）

12. 疙瘩针

疙瘩针法是一种比较牢固的针法，一般用于绣制花干、花径、叶脉等，具有很强的立体感。具体针法如下：

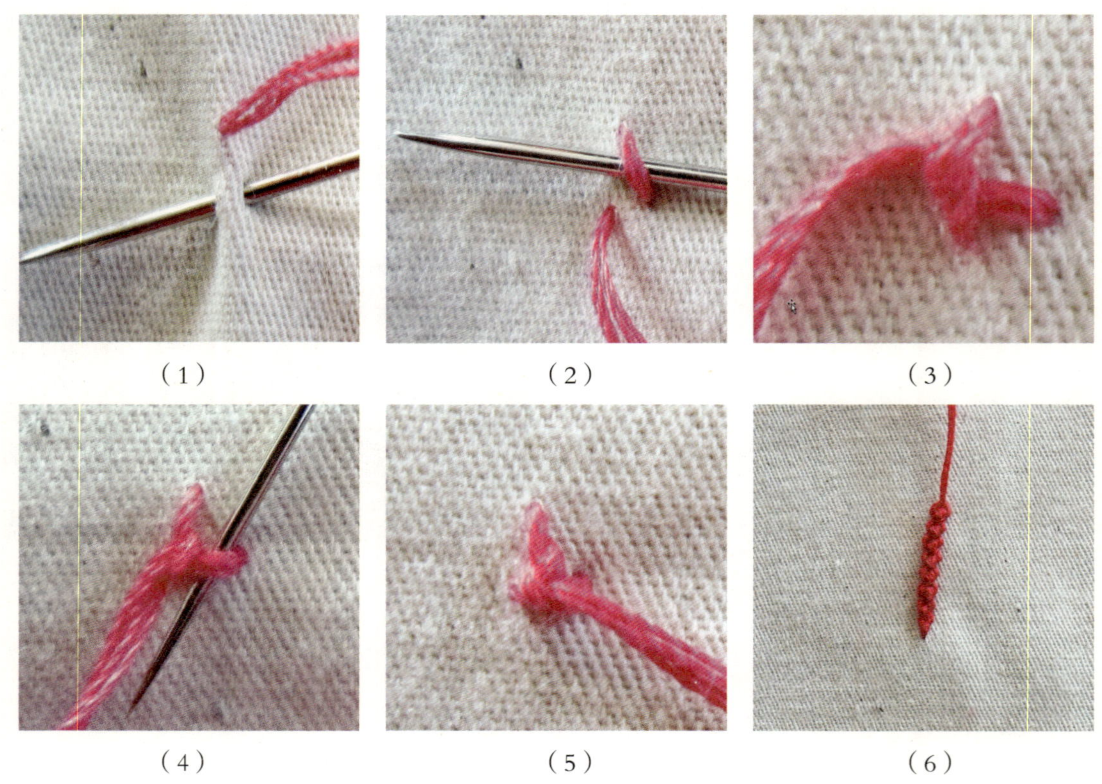

（1）（2）（3）

（4）（5）（6）

13. 自由直线

自由直线针法主要运用于绣制花瓣、叶子等体现颜色渐变的绣品上，绣品层次感强烈，生动灵活。具体针法如下：

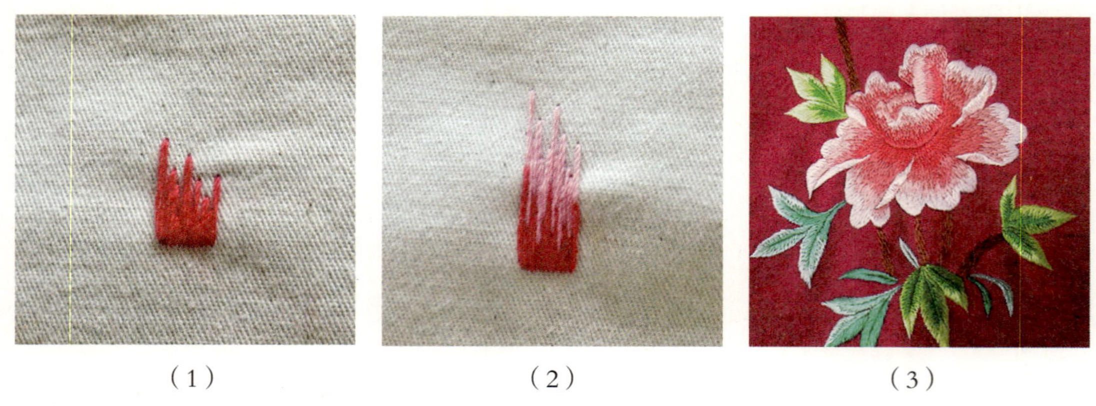

（1）（2）（3）

14. 谷子针

谷子针是峨山县境内比较古老的传统针法，主要运用于花瓣，或面积较大的绣品。具体针法如下

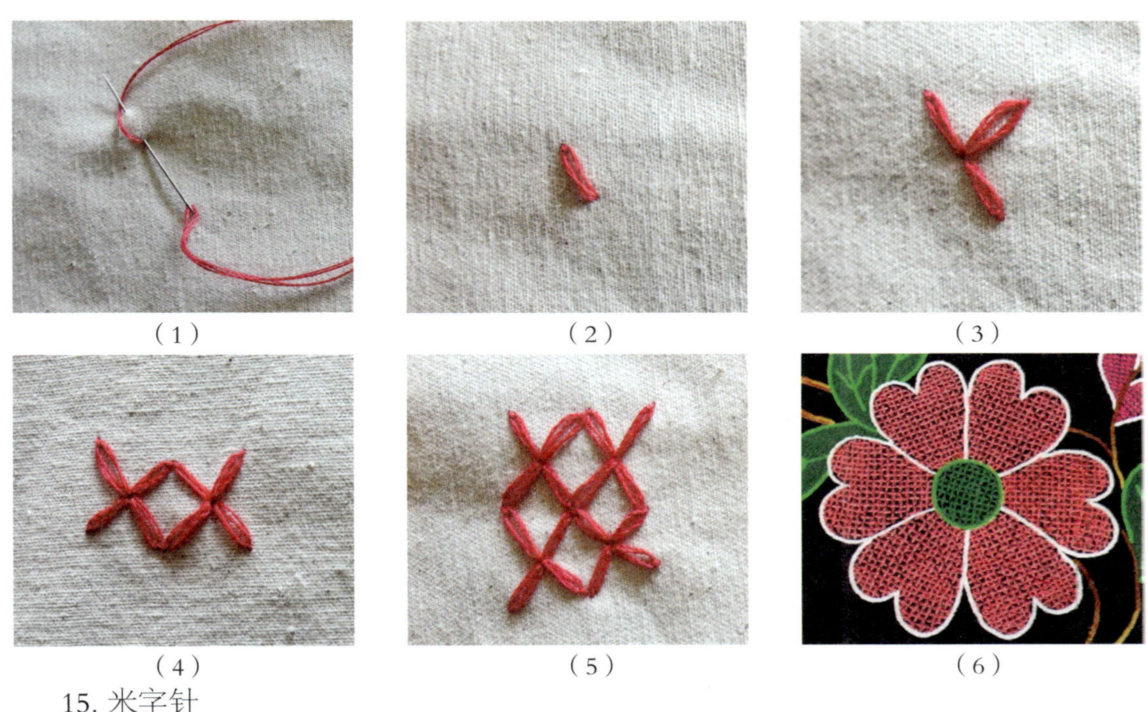

（1）　（2）　（3）

（4）　（5）　（6）

15. 米字针

米字针，形似米字，也是峨山境内古老的针法，主要运用于花瓣、树叶等面积较大的绣品中，具体针法如下：

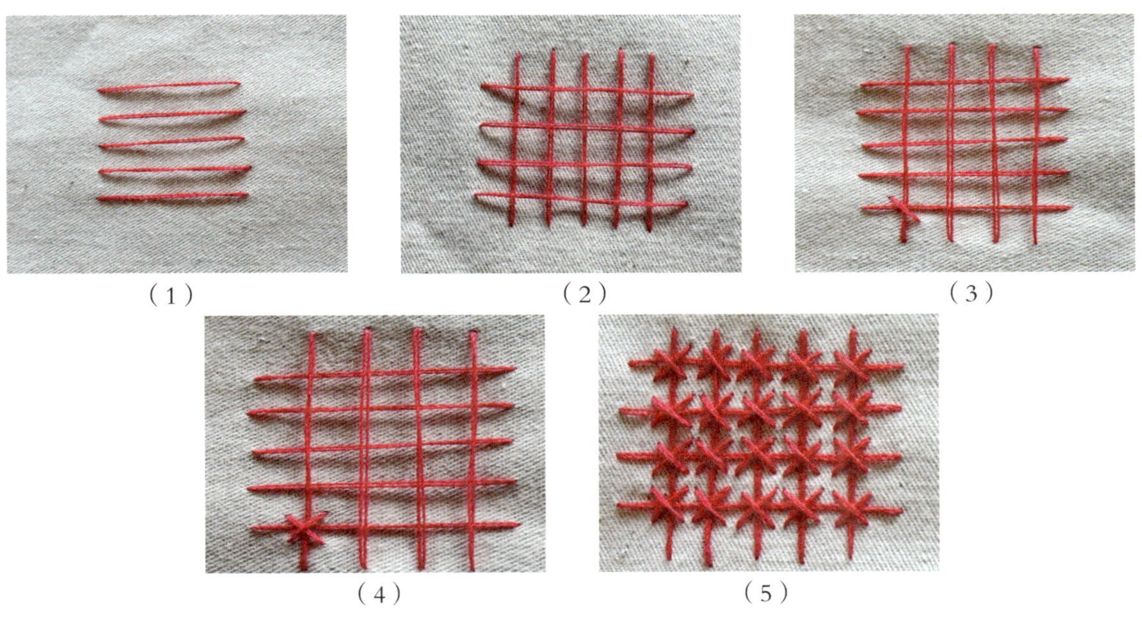

（1）　（2）　（3）

（4）　（5）

16. 井字针

井字针，形似井字，也是峨山境内古老的针法，主要运用于花瓣、树叶等面积较大的绣品中，具体针法如下：

（1）　（2）　（3）　（4）　（5）　（6）

17. 四角花

四角花，花型饱满，主要运用于花瓣、树叶等面积较大的绣品中，具体针法如下：

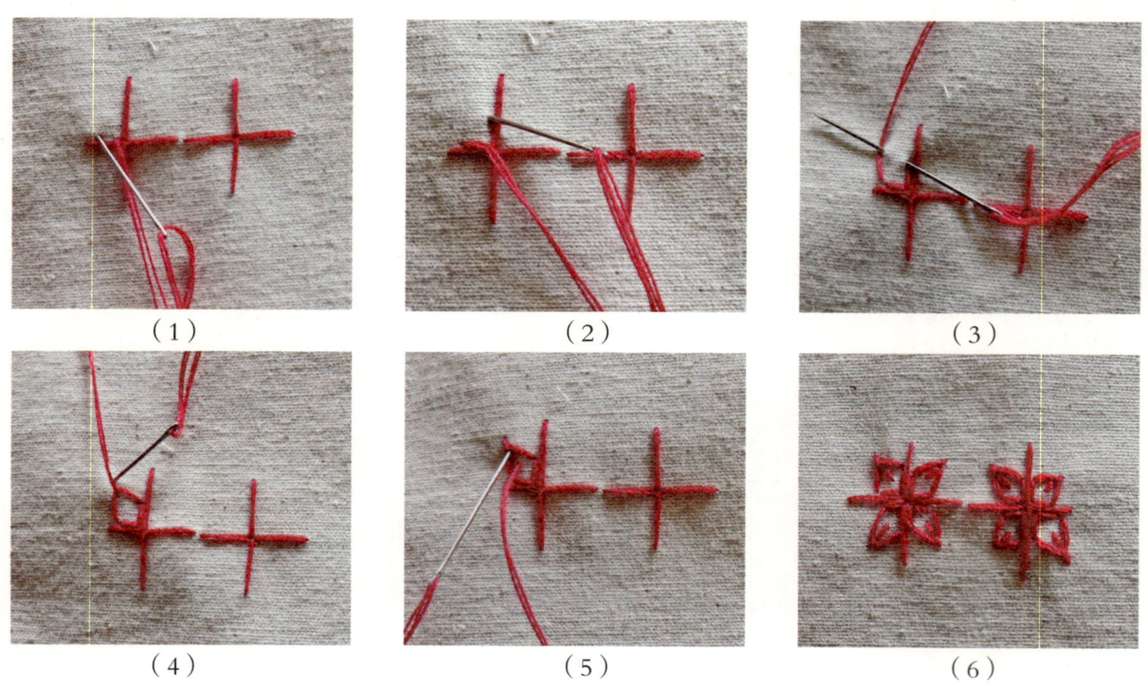

（1）　（2）　（3）　（4）　（5）　（6）

二、聂苏刺绣基础针法

刺绣技艺是聂苏女子必备的一种技能，刺绣技艺的高低往往显示着聂苏女子的手艺灵巧程度和贤惠持家能力。所使用的工具十分简单，一针一线到哪里都可以刺绣。峨山聂苏刺绣针法主要分为平绣、挑花绣、锁边绣、贴补绣和织网绣。

1. 平针绣

聂苏平针绣多用在花瓣的绣制上，刺绣时起针、落针都在剪花纹样两边轮廓的边缘处，绣线纹路全部是平行排列，边沿整齐光洁。最后绣出的花样与剪花的花样一模一样，剪花则被绣线完全遮盖住，被包裹在绣线里。具体针法如下：

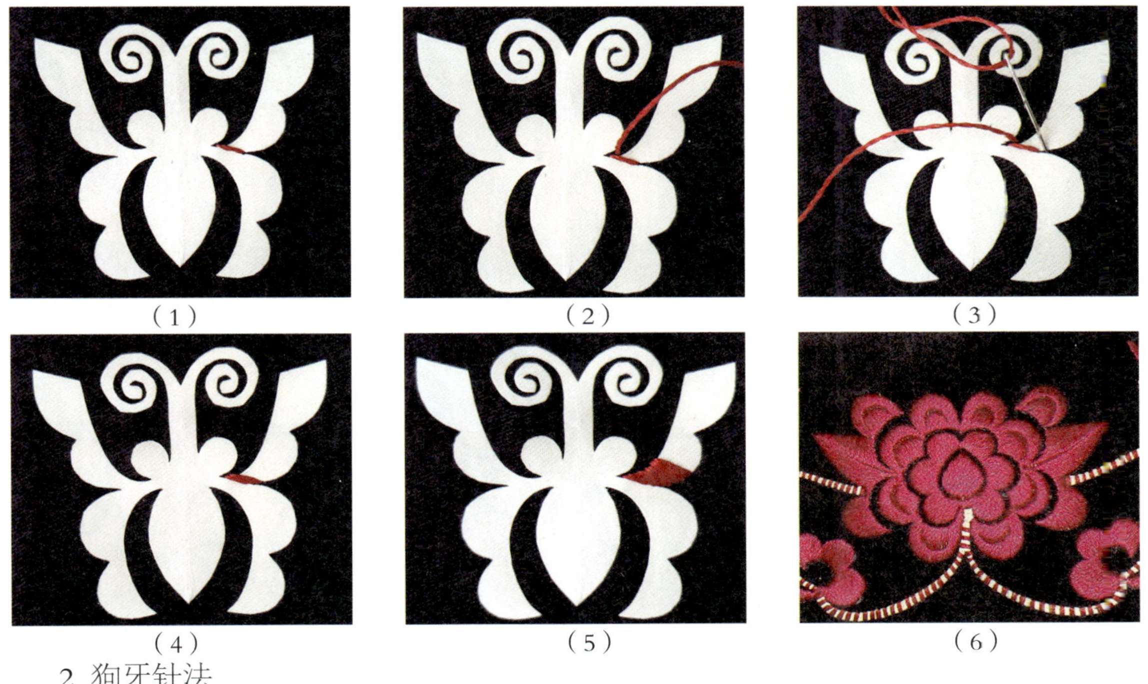

2. 狗牙针法

狗牙针法，主要运用在锁边，让绣品的边变得更加漂亮和牢固。具体针法如下：

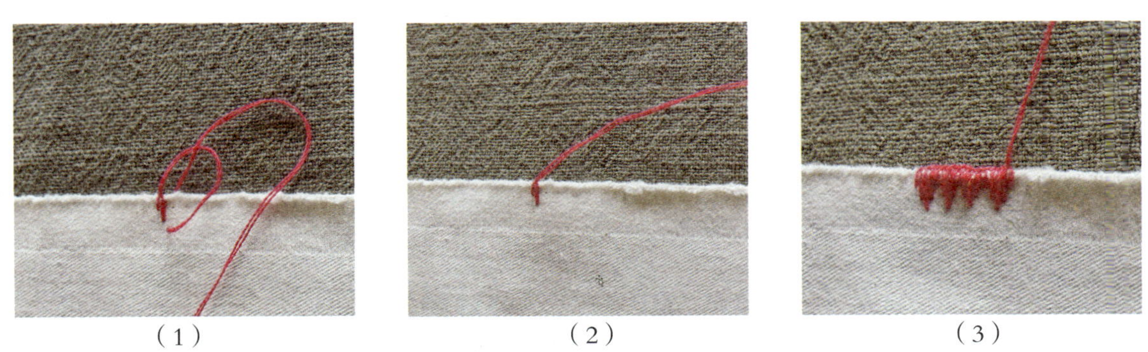

（1）　（2）　（3）

3. 挑花绣

挑花绣又称数纱绣，其技法一般采用经纬纹路明显的平布作为挑花布。挑花时依据布料的经线和纬线交叉形成的网眼，上下两针斜角相交，用绣花线挑出“X”字形，并以此作为完整构图的基本单位，曲直转折形成格局，延伸组合成各种造型的图案花纹。针法与纳苏挑花绣一样，具体针法如下：

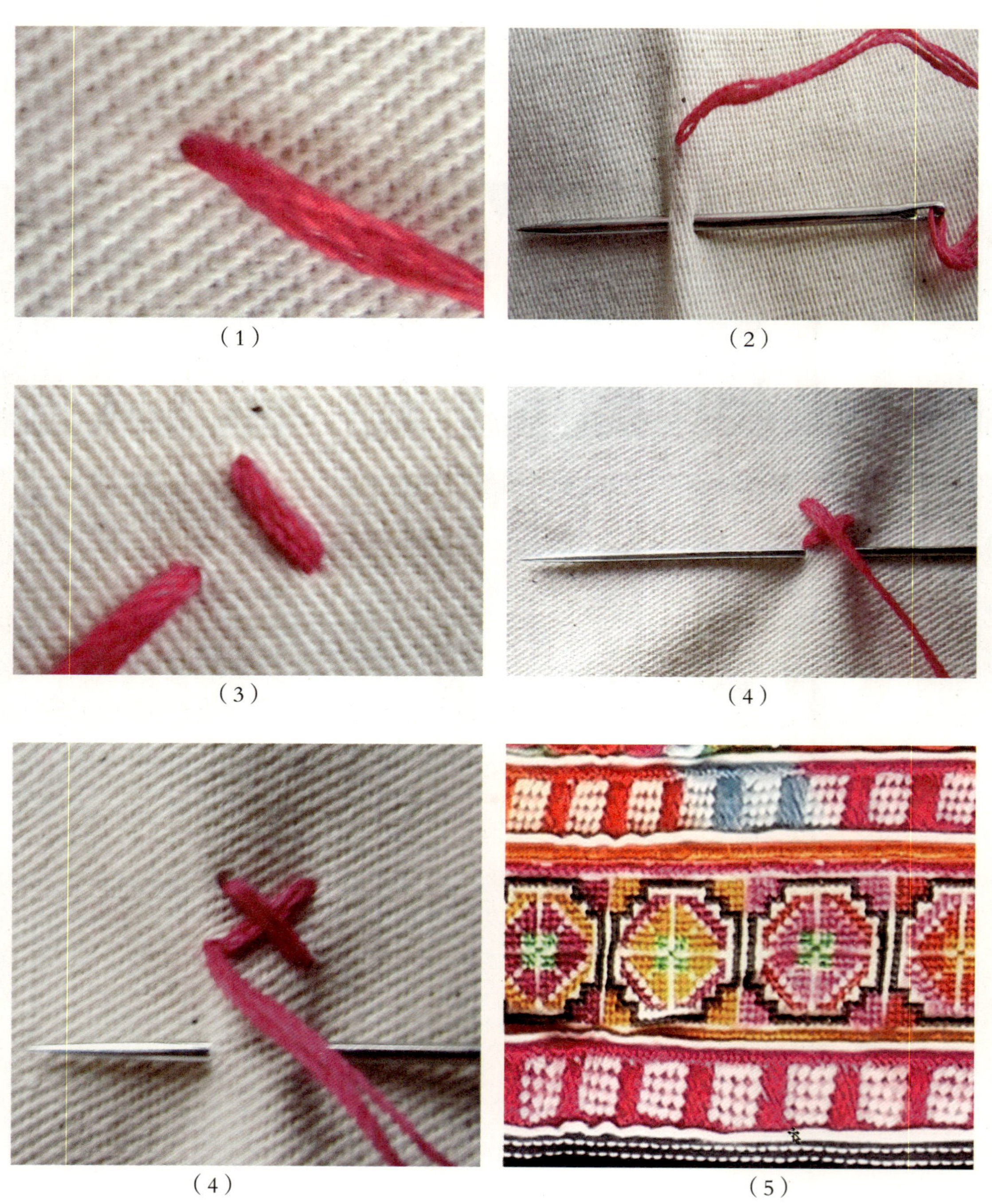

（1） （2）

（3） （4）

（4） （5）

4. 贴面锁边绣

锁边绣是聂苏花腰服饰刺绣中经常使用的针法之一，多用于绣片边缘锁边装饰，通常是用布剪出所需图案，然后粘贴在底布上，用一根颜色相近的毛线沿图案边缘用锁边绣锁边。锁绣时每一针的下针位置距离绣片边缘相同，针针之间的间隔较近，形成后的绣纹紧紧相依，结实且均匀。锁边后的绣纹效果好似一条锁链，环圈形成的绣纹又像辫子一样立体。每一片绣片都是先将花纹绣满之后才锁边，最后再将绣好的绣片拼接固定在服装面料上。具体针法如下：

（1）　（2）　（3）

（4）　（5）　（6）

专题三　彝绣传统图案及运用

彝家女子心灵手巧，她们会把生活中美好的事物和对幸福生活的向往通过一根根绣花线呈现在绣片上，最终做成美丽漂亮的服饰、背裳、装饰品等。每一个图案都赋有一定的美好意境或一段美丽的传说，以下是彝绣中常用的图案。

1. 马缨花

在峨山还有一段关于马缨花的传说：相传很久以前，有一个美丽善良的彝家姑娘阿兰与阿嫫（母亲）俩过着清苦的生活，家里唯一的收入来源就靠几亩茶地，每天清晨，姑娘都要背着背箩去采茶，对面山上，有一个穷苦的小伙子阿龙，每天都来放羊砍柴，天长日久，这对青年人产生了深厚的感情并相爱了。而此时，寨子里的大财主也看上了美丽的阿兰，要娶回去做小老婆，阿兰早已心有所属，非阿龙不嫁。财主于是心生毒计，花言巧语约阿龙去山上烧蜂，并在山上害死了阿龙，姑娘听到这个噩耗悲痛欲绝，来到小伙子遇害的地方殉情。第二年便在此地长出了一棵美丽的马缨花，那红硕的花朵，正是那忠贞爱情的象征。因此，彝族人民喜爱马缨花，在他们的服饰中经常绣有马缨花，以此来表示对美好爱情的向往。

马缨花图案在彝族的服饰中大量出现，常用于帽子、衣服、围腰、裤子、鞋子，还有背小孩用的背裳也绣有马缨花。

背裳（聂苏）

衣服（聂苏）

背裳心（纳苏）

围腰爪（纳苏）

喜鹊帽（纳苏）

2. 火把花

彝族是一个崇尚火的民族，与火有关的传说也很多。

一说火种的起源，相传在很久以前发生了一场滔天洪水灾难，灾难过后，大地上千日行程没有一户人家，百日行程地没有一个人影，门前无狗吠，路旁无鸡鸣，灶里无火种，世间只留下了阿普笃慕一人，后来娶了天庭的三仙女为妻。有一天，阿普笃慕与三仙女一同到天庭游玩，天帝策格兹把大地已经灭种的各种农作物种子和畜群等馈赠给阿普笃慕，问阿普笃慕还需要什么帮助。阿普笃慕一时高兴，忘了向天帝讨要火种。后来，阿普笃慕和三仙女只得通过三仙童向天庭请求赐予火种，天帝策格兹并没有直接赐予火种，而是教给阿普笃慕钻木取火的方法。从此，世间有了火种，人们饿了可以蒸煮食物吃，寒冷的冬天也有了火烤，疾病也少了，人类又一天天兴旺起来。

二说火把节的来历，远古时候，天与地的距离很近，有天地之树相连，可相互往来。天神不仅管辖天上各路神仙，同时管辖着世间人类。天神在天上看见人间山清水秀、男耕女织幸福美好的生活，心中不禁产生嫉妒之心，在派遣天庭差役到人间收税，遭到反抗之后，决定于农历六月二十四日夜施放害虫，侵害人间庄家。人们从一个善良的神仙那里听到这事后，既为了保护善心的神仙，又为了保护自己的庄家免遭害虫的侵害，于六月二十四日夜点燃火把绕行于山野田间，用火焚烧害虫。后来相沿成习，意表焚烧害虫驱逐瘟疫。

由此可见，彝家人民对火的崇敬之情有多深厚，人们把这种情义通过刺绣的方式表达在服饰中，特别是聂苏花腰彝的服饰中多处出现火把花。常用于服饰的袖口、肩膀、围腰带、背裳、男士衣服口袋等地方。

衣服袖口（聂苏）　衣服裤腿口（聂苏）

衣服袖头（聂苏）　围腰腰带（聂苏）

3. 石榴花

造型似石榴。榴开百子，多籽与多子谐音，是子孙繁盛、对爱情忠贞不渝之意。石榴树被彝家人称为爱情树，据说，石榴原先是白的而且很甜，只因一桩爱情悲剧，才变成今天的样子。

在一个遥远得不能再遥远的小村，有一对热恋着的青年。男的是村里的“猎神”，女的名字叫叶芳，方圆九沟十八寨，数她最聪明漂亮。村口有一棵石榴树，开着洁白的花。从早到晚，纷飞着嗡嗡的蜜蜂，起舞着翩翩彩蝶。黄昏和初夜，属于痴迷的情人了。每天，“猎神”从山上归来，收拾好猎物，就跑来石榴树下和叶芳相会。有一天，叶芳跟往常一样到石榴树下等“猎神”，被突然窜出的一头猛虎掠走了。当“猎神”找到叶芳的尸体后，把她埋在了石榴树下，并在叶芳的坟前守了三天三夜，三天后“猎神”独自进山寻找猛虎。一天黄昏，“猎神”终于背着死虎从山上归来了，当夜，“猎神”在石榴树下自杀了！人们依据现场原样掩埋了“猎神”。石榴树下，前面是叶芳，中间是献祭的猛虎，后面是自杀的“猎神”。到了第二年春天，石榴树又开花了，人们惊异地发现，原来纯白的花朵变成了血红。石榴果熟了，人们摘下一个瓣开一看，发现石榴果实也变成红的，像血滴，像泪珠。

一对忠贞的情侣，相爱在石榴树下，死在石榴树下，这是一个动人的爱情故事，寄托了彝族青年对爱情的向往和忠贞。因此，彝家姑娘把象征爱情的石榴绣在衣服上，谕示对爱情的忠贞。此种花一般用于头帕及长衫摆尾、鱼肩峰、背裳等部位。

背裳（纳苏）

衣服花边（聂苏）

4. 喜鹊

喜鹊是自古以来深受人们喜爱的鸟类，是好运与福气的象征，象征着喜事临头、吉祥如意的象征。峨山彝家儿女对喜鹊的喜爱之情也是由来已久。

相传，很久以前，某山寨有一个美丽的姑娘叫桑妹，与英俊的小伙子龙达相爱。他们白天一同劳动，夜间一同唱歌跳乐，倾述爱慕之情。后来，他们相爱之事被一个藏在深山的恶魔知道了，它嫉妒得心里直冒火。妖魔常在夜间变成一个小伙子，趁龙达不在的空隙来到桑妹身边，想讨桑妹的欢心要占有桑妹，但桑妹不予理睬。妖魔因此怀恨在心，想伺机下毒手。

在一个月光皎洁的夜晚，妖魔得知桑妹与龙达要在山林中约会，就想趁此机会下毒手。那天晚上，桑妹先来到林子中，一边吹树叶，一边等龙达，妖魔看到只有桑妹一人，于是就指挥众小妖要抢走了桑妹，恰好有一只喜鹊在树林中过夜，当它得知妖魔的诡计后，就一边叫唤一边飞出林子去找龙达。龙达听到喜鹊叫声，知道事情不好，急忙背着弓箭朝林子赶去。只见众妖魔把桑妹团团围住，正要抓她，于是龙达拉开弓箭射死了老妖魔，桑妹终于得救了。为了表达对喜鹊的敬爱之情，他们商量决定，要做一件礼物，永远纪念那只喜鹊。美丽的姑娘心灵手巧，按照喜鹊的样子做了一顶帽子戴在头上，也有人按照喜鹊的样子用绣线绣在服饰上。

喜鹊帽（纳苏）

围腰爪（纳苏）

5. 鸳鸯

鸳鸯的寓意是爱情忠贞、夫妻恩爱、琴瑟和谐、家庭幸福和生活美好，常以成对形式出现，意为双栖双飞。峨山的彝家女喜欢把鸳鸯绣在衣服、枕头上，其实还有一段凄美的爱情故事。

传说，很久以前，有个叫山花的小姑娘，父母都去世了，她不得不到头人家里做丫头。长大后，山花姑娘和一个猎人的儿子箭娃相爱了。这事被头人知道后，非常生气，因为山花长得非常俊俏，又聪明伶俐，头人早就对她垂涎三尺，一心想占有山花。但山花死活不依，因为她心里只有箭娃。为此，头人一心想除掉箭娃，让山花死心。后来头人把山花关起来，箭娃得知此事后，于是挎上长刀和弓箭，毅然去救山花。因山花始终不肯嫁给头人，被头人打得不省人事后丢到了野外。头人临走时说："你等着吧！箭娃已被我处死了。"

再说箭娃为搭救山花，翻山越岭，躲过了头人的兵马。当他找到山花时，她已奄奄一息。他含泪抱起山花走到他们相会的河边为她洗脸，梳理秀发。正在这时，头人的追兵从四面八方冲上来，将他们包围，箭娃见此，心里明白没有活路了，于是，抱起山花投河自尽了。

不久，人们在这条河里看见了两只鸳鸯。据说，这是山花和箭娃变的。至此，世上的鸳鸯都是一对对的，从不分离。后来人们结婚时总把鸳鸯图案绣在枕头上，用来表示对爱情的忠贞。

除了绣在枕头上，心灵手巧的彝家姑娘还把鸳鸯图案绣在衣服、围腰等地方。有的还与其他图案组合在一起，如鸳鸯并蒂莲，意为双宿双栖、和和美美和出淤泥而不染的风格。

围腰（纳苏）

小花包（聂苏）

6. 蝴蝶

相传很早以前，有一对彝家青年男女倾心相爱，但姑娘的阿爸阿妈嫌小伙子穷，逼着姑娘嫁给一个大富婆的独生子，姑娘执意不肯。就在大富婆来“抢亲”那天，小伙子悲愤地死在他俩经常约会的溪水边，化作了飞舞的彩蝶。小姑娘得知情人死去，也悲愤地在抢亲路上断了气，变成鲜艳美丽的花朵。森林中的鸟儿给蝴蝶和花朵传递了信息，这一对“情侣”又能相聚。从此，每当花朵开放的时候，蝴蝶就会飞落在花朵上窃窃私语。这就是花腰带上绣着花朵、蝴蝶和鸟儿的含义，也是彝族青年男女坚贞爱情的象征。

蝴蝶是最美丽的昆虫，被人们誉为“会飞的花朵”，蝴蝶忠于情侣，是彝族所喜爱的吉祥物，是幸福美好的象征。多与花搭配在一起，寓意甜美的爱情和美满婚姻。常用于围腰、围腰带、背裳、头帕、长衫下摆等部位。

背裳（聂苏）

围腰带（聂苏）

围腰（纳苏）

背裳（聂苏）

7. 山茶花

山茶花主要生长在高海拔的高寒山区，而彝族人民大多生活在这些地方，山茶花在冬春季节开放，它不仅美丽，而且具有耐寒、耐旱的特点，因此山茶花也是峨山彝族性格的象征，象征着居住在高寒山区的彝族有着山茶花一样顽强和坚韧的品质。再者，山茶花花姿丰盈、端庄高雅，花朵多为红色，象征着浪漫的爱情，其图形的运用表达了彝族人对美满爱情的一种追求和向往。山茶花图案主要运用在衣服、帽子、鞋子、围腰、背裳、包等地方。

围腰带（聂苏）

8. 金鱼莲花

莲花又名荷花，在我们的日常生活中比较常见，多年生长在水中，其花单生于花梗顶端，有单瓣、复瓣、重瓣等花型，芳香美丽。莲花是圣洁之物，出淤泥不染，彝族儿女用莲花代表纯洁的情谊。而心灵手巧的彝家姑娘则把莲花与金鱼组合在一起，鱼与余谐音，莲与连谐音，金鱼莲花是峨山彝刺绣中常为常见的组合之一，有连年有余之意。常用于背裳、钱夹等物件中。

背裳（纳苏）

9. 葫芦

在彝族人心中葫芦具有祈祥纳福的作用，能够给人带来吉祥平安，并把葫芦视为神品，崇拜葫芦、喜爱葫芦。

传说，在天地初开时，人间洪水泛滥，唯有阿普笃慕因其笃信诚实、心地善良而得到天神指点，藏于神葫芦漂落高山一棵马樱花树杈间幸免于难。洪水退后与三个仙女结合，夫妻恩恩爱爱过着幸福快乐的生活，可是一年过去仍不见一个妻子怀孕。阿普笃慕钻进神葫芦里，焚香叩头，祈求上天赐予子女，此后三妻共生下六个儿子。因此，葫芦象征生命的繁衍、子孙绵延不绝。彝家姑娘一般把葫芦绣于衣服、包、装饰品等。

装饰画（纳苏）

10. 凤穿牡丹

古代传说，凤为鸟中之王，牡丹为花中之王，寓意富贵。牡丹、凤结合，像征着美丽、光明和幸福，民间常把以凤凰、牡丹为主题的纹样称之谓“凤穿牡丹”、“凤喜牡丹”及“牡丹引凤”等视为祥瑞、美好、富贵的像征！常用于背裳、装饰画、聂苏花腰服饰中。

装饰画（纳苏）

背裳（聂苏）

男子小褂口袋（聂苏）

11. 菊花

菊花自古就是中国文人心目中的“四君子”之一，也是彝族儿女所喜爱的花卉之一。菊花具有品性素洁高雅、色彩绚丽缤纷、风骨坚贞顽强、意趣丰富多彩等特点。在峨山纳苏彝族的心目中认为常食菊花可以延年，故以菊花象征长寿。因此，在纳苏围腰和围腰带、背裳等服饰中都有菊花图案。

围腰带（纳苏）　　背裳（纳苏）

12. 榔头花

榔头是彝族传统民居土掌房的修建和日常维护必不可少的用具，榔头花造型似榔头，反映了彝族人民的劳动观，常用于聂苏花腰服饰中裤脚、头帕、长衫下摆等部位，背裳中也会出现。

背衫（聂苏）

13. 孔雀

孔雀在古代被视为“文禽”，不仅翎羽光彩艳丽，而且很有德性（孔雀有九德：颜貌端正、声音清澈、行步翔序、知时而作、饮食知节、常念知足、不分散、不淫、知反复），自古以来就被视为吉祥的象征，称孔雀纹图为天下文明。由雌雄孔雀组成的各种图案寓意夫贵妻荣，恩爱同心。因此，彝家人喜爱孔雀，并把孔雀绣在服饰中，表示吉祥幸福，对未来美好生活的向往。

背裳头（聂苏）

专题四　彝族刺绣作品示例

一、彝族服饰示例

纳苏男士小褂

聂苏男士小褂

山苏女士服 01

山苏女士服 02

纳苏女士服 01

纳苏女士服 02

聂苏女士服 01

聂苏女士服 02

花腰彝族女士服 01

花腰彝族女士服 02

宝泉女士服

二、作品示例

围腰（纳苏）

凸型围腰（纳苏）

背裳（纳苏）

背裳（纳苏）

钱包（纳苏）

鞋子（纳苏）

钱包（纳苏）

提包（纳苏）

围腰带（纳苏）

围腰带（纳苏）

围巾（纳苏）

鞋子（纳苏）

鞋子（纳苏）

鞋垫（纳苏）

围巾（纳苏）

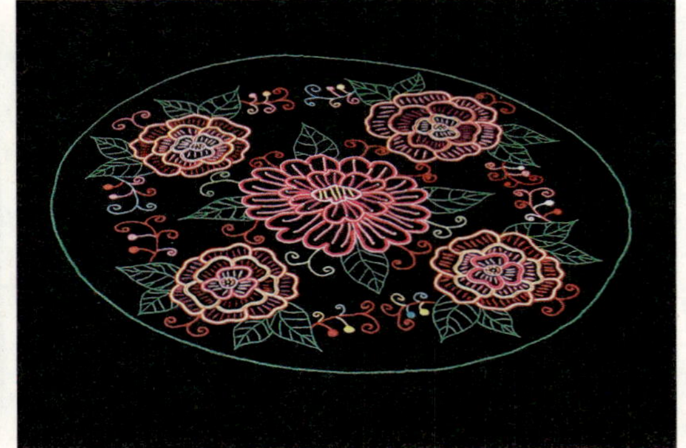

桌布（纳苏）

装饰画（纳苏）

腰带（聂苏）

衣服花边（聂苏）

单独纹样（聂苏）

背裳（聂苏）

装饰画（聂苏）

第四部分　峨山彝族花腰彝服饰刺绣剪纸

【基本介绍】

峨山彝族聂苏（花腰彝）刺绣服饰于2009年被列入云南省第二批非物质文化遗产，彝族刺绣是彝文化中最耀眼亮彩的部分，尤其是聂苏（俗称花腰彝）民族服饰风格独具特色，色彩绚烂、寓意深刻，被誉为穿在身上的民族文化史。花腰彝服饰的制作分为选布、裁剪、剪纸、裱糊、刺绣和拼接六个步骤，其中剪纸是花腰彝服饰文化传承中最基础、最关键，也是最难的一种技艺。

花腰彝服饰纹样是花腰彝妇女在生产、生活中创造出来的，有日、月、星、火以及花、鸟、鱼、蝶等多种变形图案，不同的图案代表了不同的文化内涵。这部分内容选取了花腰彝族服饰中最常用、最具有代表性的12种花样的剪纸方法在我校开办的非遗文化传承培训班学员中进行推广，传播花腰彝族传统文化。

结合我校实际，主要从花腰彝绣剪纸特征、基本技法、传统图案及运用和花腰剪纸图样应用示例四个部分进行编写。教材中大量列举了花腰剪纸纹样的应用示例，为学员的学习提供了示范。

专题一　花腰彝刺绣剪纸特征

彝族剪纸的主要特征是造型厚实，构图饱满，形象生动，用剪流畅，自然通顺，变化多端，走剪或方或圆，或实或虚，大量使用火把花、荷叶花、石榴花、犁头花、马樱花和喜鹊、鱼、蝴蝶、孔雀等吉祥图案。这些图案来源于生活，既是彝族人民追求和向往美好生活的表现，又有传统文化和自然信仰的内涵。如火把花图案反映了彝族人民对火的崇拜，石榴花是子孙繁盛、幸福生活之意，马樱花表现彝族男女青年对美好爱情的向往。这些文化意义赋予彝族剪纸艺术特殊的历史文化价值和艺术审美价值，因浓郁的地域和民族特色，在剪纸艺术中具有独特的地位。

剪纸的特征总结起来用四个字就可以概括了，即“镂空”与“连续”。一幅剪纸作品主要是通过“镂空”的形式把图案的造型和构图体现出来的。但只有“镂空”还不行，因为剪纸的图案造型并不是孤立存在的，而是彼此联系在一起才能使剪纸的整个构图得已完整的体现的。这也就是剪纸的第二个特征“连续”。“连续”有两层含意：一是图案造型与造型之间的连接。这种“连续”是一幅剪纸构图关系的体现，是体现剪纸图案的轮廓与基础的，即一幅剪纸整体关系的体现。二是单个造型内部各种纹样之间的“连续”，这种“连续”是对剪纸图案中单个造型的具体处理，是丰富一幅剪纸内容的基本元素。

花腰彝族刺绣纹样构成丰富，多以单独纹样、适合纹样和连续纹样的组织形式出现，其外形轮廓变饱满、内容丰富。峨山的彝族服饰图案多为单独纹样、适合纹样和二方连续图案。

（1）单独纹样

单独纹样即能够独立存在、独立运用的图案组织形式，具有不同程度的独立性和完整性，它是纹样构成的重要基础。在花腰彝族服饰中，独立纹样多运用在女装的帽子、袖口和肩部三个部位。

（袖口上的单独纹样）

花腰彝族妇女袖口处的凰纹和肩部的火焰纹也是常常单独作为装饰纹样。单独纹样的花型比其它构成形式纹样的花型大且复杂，其纹样多具有独特的象征意义，马缨花和火都是花腰彝族图腾崇拜的祖先，所以常被放在服饰显眼的位置，以体现出它们的重要意义。

（袖头上的单独纹样）

（2）适合纹样

适合纹样即将纹样的组织较完整地安置在一定的外轮廓之中，因此它在构成上具有一定的局限性。但是这种构成形式在花腰彝族服饰中运用较多，因为其服饰都是由各种几何形状的绣片组合而成，这些绣片就相当于一个个固定的外轮廓，而刺绣的纹样就是对绣片进行填充装饰。花腰彝族服饰主要采用的外轮廓形有矩形、三角形、正方形和一些多边形，譬如，在肚兜的装饰纹样中就用到了三角形和正方形。

（花腰肚兜）

从上图可以看出一个方形的固定轮廓中包含了两个长方形，两个适合纹样叠加组合成了一种新的构成形式，里面的填充纹样都是猫头花，使得纹样局部变化与内容统一相结合。此外，在花腰彝族男装和童装中，常以口袋的外形作为适合纹样的外轮廓，进行纹样填充设计。

（男式褂襟的口袋）

（3）二方连续纹样

连续纹样在构成上主要特点是运用一个或一组基本纹样做单位，使其向相对的两个方向或上下左右四个方向进行反复连续而成。花腰彝族刺绣纹样中运用最多的是二方连续纹样，它也是最基本的一种纹样构成形式，即用一个单位纹样向上下或左右两个相对方向作反复循环，连续而成的图案。在花腰彝族所有服饰中都能找到二方连续纹样，而且有的连续图案比较特别，在连续纹样的中心位置或转角处常会有一个不同于单位纹样的独特纹样，这个独特纹样的花形较为复杂，配色与周围纹样相统一，这种简单的变化使得单一的连续纹样多了几分看点。虽然重复的连续纹样外形都相同，但在刺绣时颜色也会有所变化，譬如花类纹样的花瓣为统一色调，花心则为彩色，还有的花瓣色彩变化多样。

（衣服后摆）

专题二　花腰彝刺绣剪纸基本技法

剪纸的基本技法，一般包括以下几个步骤：

第一步：构思

在剪之前，要先在脑中构思出自己想要的图案。

第二步：折纸，主要有以下几种折纸方法

1. 对称折剪法

沿对称轴对折

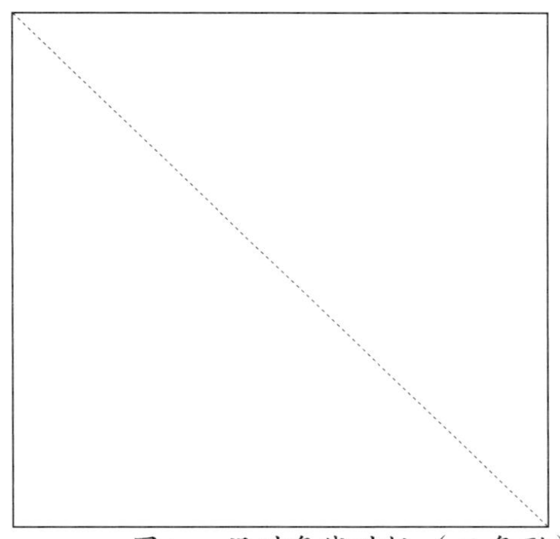

图一：沿对角线对折（三角形）

图二：沿中线对折（四边形）

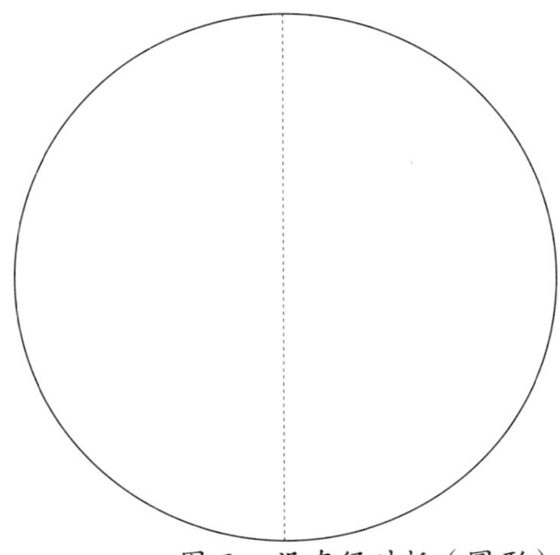

图三：沿直径对折（圆形）

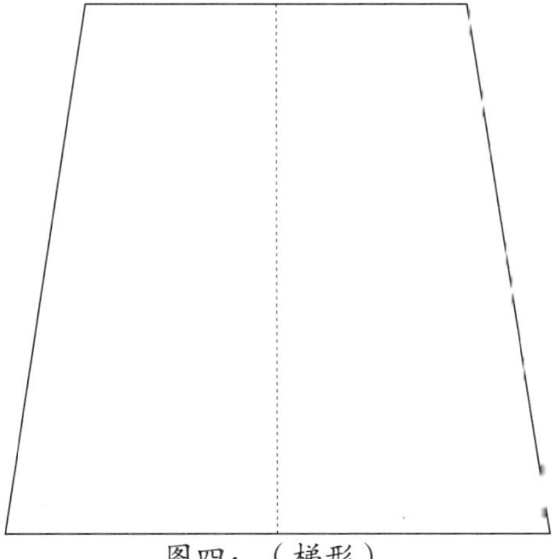

图四：（梯形）

2. 三角形折剪法

正方形纸对折 60° 角度按图示折叠：

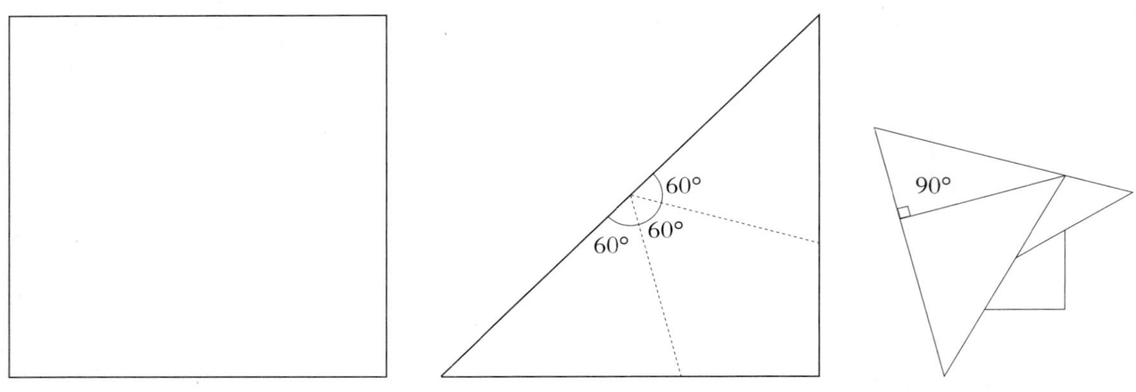

3. 四角形折剪法

两次对折，再沿对角线折，但设计时必须注意左右两边要有连接点，否则会剪成单独碎片。

用正方形的牛皮纸，按图折叁次，叠成叁角形，然后按四角、四边、中心的形态构成法。

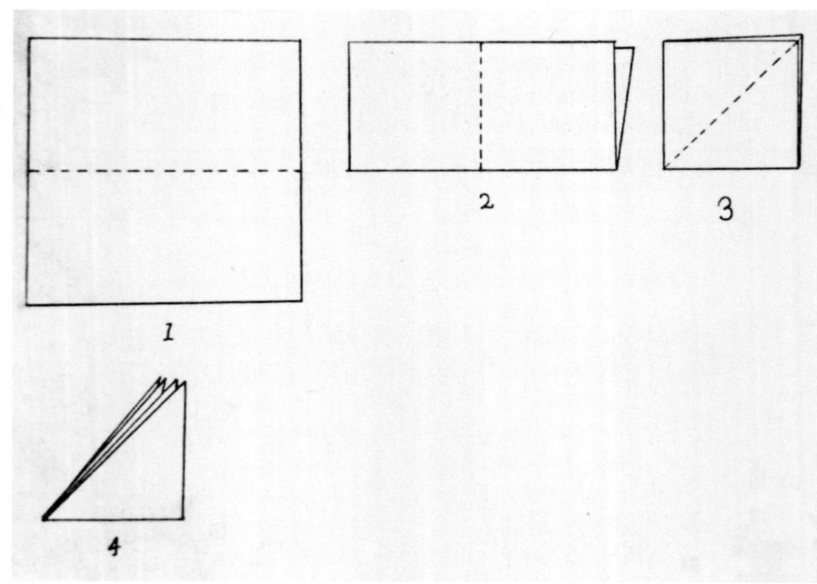

第三步：固定

用剪刀刀尖在已折好的纸的边缘戳几个小孔，再用事先准备好的纸钉穿入小孔，以达到固定的作用。

1. 在折好的纸上用剪刀尖戳小孔

2. 把事先准备好的纸钉穿入小孔

3. 把所有的小孔都穿上纸钉

第四步：画

初学者根据自己构思的图案在折好的纸上画出图案的一半。

第五步：剪

以犁头花为例，步骤如下：

专题三　花腰彝刺绣剪纸传统图案及运用

结合学校学生实际情况，我们选取具有代表性、易剪易绣的 12 种剪纸纹样进行教学。

一、榔头花

榔头是彝族传统民居土掌房的修建和日常维护必不可少的用具，榔头花造型似榔头，反映了彝族人民的劳动观，常用于聂苏花腰服饰中裤脚、头帕、长衫下摆、背裳中心四角等部位。

（用于被背裳上的榔头花）

二、火把花

彝族是一个崇火敬火的民族，每年农历六月二十四都要过火把节，认为火能驱散黑暗中的一切鬼邪，给人们带来吉祥和平安。火把花似红火的火焰，意在祈求幸福、吉祥和顺利。常用于长衫的袖口、鱼肩峰、下摆等部位。

（用于袖口的火把花）

三、犁头花

犁是彝族传统的农耕生产中不可或缺的生产用具，犁头花造型似犁头，反映出彝族人民的劳动观。常用于长衫袖口、头帕、围巾等部位。

（用于围巾上的犁头花）

四、马樱花

马樱花是彝族所崇拜的花，也是彝族的象征。它造型优美，色彩艳丽，除了爱美、赏美外，更是一种图腾式的祖先崇拜，彝族祖先阿普笃慕躲避洪水的神葫芦从天慢慢落下来时正好挡在一棵马樱花树杈间。意为保护彝家人的生存和繁衍。多用于妇女头帕、背裳头、大腰带等部位。

（用于上衣摆尾上的马缨花）

五、蝴蝶花

蝴蝶是最美丽的昆虫，被人们誉为“会飞的花朵”，蝴蝶忠于情侣，是彝族所喜爱的吉祥物，是幸福美好的象征。多与花搭配在一起，寓意甜美的爱情和美满婚姻。常用于背裳、头帕、长衫下摆、包等部位。

（用于背裳上的蝴蝶花）

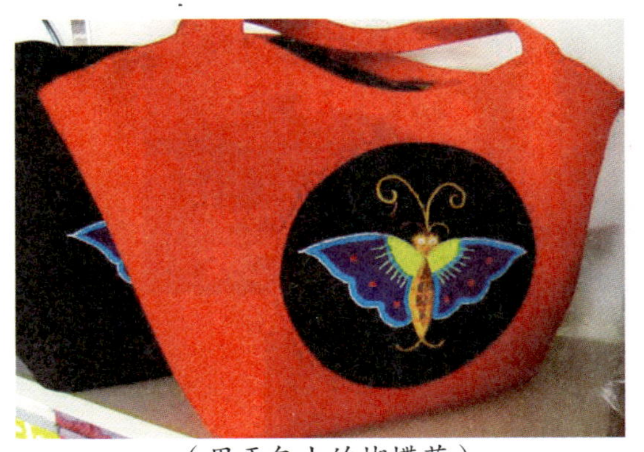

（用于包上的蝴蝶花）

（用于钱包上的蝴蝶花）

六、小鸟花

小鸟花似变形小鸟，给人以欢快、喜庆之感，是吉祥的象征。常以成对的形式出现，或与花搭配在一起。多用于背衫、大腰带、头帕、肚兜等部位。

（用于肚兜上的小鸟花）

七、凤凰花

古代传说凤为鸟中之王，常与花中之王牡丹搭配，凤穿牡丹，寓意富贵；双凤戏牡丹，意为男欢女爱、夫妻和美，或以龙搭配，龙凤吉祥。常用于烟包、兜肚、裤脚等部位。

（背裳上的凤凰花）

八、鸳鸯花

鸳鸯的寓意是爱情忠贞、夫妻恩爱、琴瑟和谐、家庭幸福和生活美好，常以成对形式出现，意为双栖双飞，或鸳鸯并蒂莲，意为双宿双栖、和和美美和出淤泥而不染的风格。常用于枕头套、兜肚、腰围芯及下部等部位。

（花腰姑娘包）

九、金鱼莲花

鱼与余谐音，莲与连谐音，金鱼莲花是花腰彝刺绣中常为常见的组合之一，是连年有余之意，常用于钱夹、背衫下部等部位。

（背裳头上的金鱼莲花）

十、石榴花

造型似石榴。榴开百子，多籽与多子谐音，是子孙繁盛、生活幸福之意。常用于头帕及长衫摆尾、鱼肩峰等部位。

（上衣摆尾上的石榴花）

十一、桃子花

形似桃子，桃子多具有富贵长寿的美意，表现了花腰彝群众对长命百岁、富贵吉祥的强烈期盼和迫切心愿。常用于衣领、烟包、长衫摆尾等部位。

十二、山茶花

山茶花是峨山彝族的象征，造型丰盈端庄的山茶花，是我国传统的十大名花之一，也是世界名花之一。常用于小褂、腰带、头帕女式鞋头等部位。

另外：常用的还有牡丹花：常用于花饰的接头处，是团结、和谐之意；猫头花（家中养的小猫头部）；荷花；螺丝花（水田的螺丝，寿服中一定要用，穿有螺丝花饰寿服，是指人下葬后防止水蛭来，螺丝吃水蛭）；瓜子；蜘蛛花；浮萍花等。

猫头花

（用于女上衣摆尾上的猫头花）

孔雀花

（用于背裳头上的孔雀花）

【教学示例】《非遗进校园花腰服饰花剪纸初级教学》视频

视频一：桃子花、山茶花、槲头花、石榴花、蝴蝶花、鸳鸯花、火把花教学视频

视频二：梨头花、小鸟花、凤凰花、金鱼莲花教学视频

专题四　花腰彝服饰刺绣剪纸图样示例

老式帽尾

新式女帽尾

新式帽带

老式女帽带

老式女帽额

新式女帽额

小儿帽顶

新式小儿帽顶

小儿帽檐

新式小儿帽檐

新式小儿帽里

耳环

女褂前襟

女褂前襟

新式男褂前襟

（老式小袖子）

新式女上衣小袖

老式女上衣后摆　老式女上衣后摆

新式女上衣后摆　女上衣后摆

领带

（女士腰带）

老式腰带

新式腰带

小儿围腰

小儿肚兜

龙凤图祥

肚兜

肚兜

老式背衫

老式背衫

新式背衫

背衫

背衫

背衫

背衫

鞋

花包

花边

花边

花边

花边

花边

花边

花边

（老式花包）

（新式花包）

新式钱包

新花样

新花样

自由花样

自由图样

参考文献

1. 彝绣、剪纸部分的民间传说参考了《文化玉溪—峨山》（曾丽娟主编）；峨山县彝学会编制的《峨山彝族一甲子》等典著。

2. 剪纸部分教学示例插入的视频均来自峨山县委宣传部录制的《非遗进校园花腰服饰剪纸初级教学光盘》，示范人为民间艺人钱映花。

3. 本教程专题四《花腰刺绣剪纸图样及应用示例》，来源于玉溪师范学院聂耳艺术学院教授陈江晓的《棚租村花腰彝族服饰研究》，图样剪纸均出自棚租村非遗传承人肖会玉、民间艺人普秀珍之手。

编委会对以上单位和个人表示衷心感谢！

2018 年 2 月 1 日